煤炭行业特有工种职业技能鉴定培训教材

矿井通风工

（初级、中级、高级）

河南煤炭行业职业技能鉴定中心　组织编写

主　编　王志学

中国矿业大学出版社

内 容 提 要

　　本书分别介绍了初级、中级、高级矿井通风工的基础知识、职业技能鉴定的知识要求和技能要求。内容主要包括矿井通风工基础知识，初级、中级、高级矿井通风工的专业知识和技能要求，矿井灾害预防、通风网络及通风系统图的绘制等。

　　本书适用于矿井通风工职业技能鉴定培训和自学，也可作为技术学校相关专业师生的参考用书。

图书在版编目(CIP)数据

矿井通风工：初级、中级、高级 / 王志学主编. —

徐州：中国矿业大学出版社，2014.4

ISBN 978-7-5646-2298-5

Ⅰ.① 矿… Ⅱ.① 王… Ⅲ.① 矿山通风—职业技能—鉴定—教材 Ⅳ.① TD72

中国版本图书馆 CIP 数据核字(2014)第 066660 号

书　　名	矿井通风工(初级、中级、高级)
主　　编	王志学
责任编辑	陈　慧
出版发行	中国矿业大学出版社有限责任公司
	(江苏省徐州市解放南路　邮编 221008)
营销热销	(0516)83885307　83884995
出版服务	(0516)83885767　83884920
网　　址	http://www.cumtp.com　E-mail：cumtpvip@cumtp.com
印　　刷	北京兆成印刷有限责任公司
开　　本	850×1168　1/32　印张 10.625　字数 275 千字
版次印次	2014 年 4 月第 1 版　2014 年 4 月第 1 次印刷
定　　价	34.00 元

(图书出现印装质量问题，本社负责调换)

前　言

本书依据中华人民共和国劳动和社会保障部制定的《国家职业标准制定技术规程》、国家对煤矿的有关规定、《煤矿安全规程》等要求进行编写。

本书在编写过程中充分考虑了有关煤矿安全生产的法律、法规,结合当前煤矿技术水平和煤矿新技术、新工艺、新材料、新设备的应用发展趋势,根据矿井通风工的职业特点,在初、中、高级工技能要求的基础上综合编制而成。

本书是在职业调查的基础上,广泛查阅了相关资料,并征求了各方专家和技术工人的意见和建议,经过详细研究和认真讨论进行编写的,在此编者向各位专家和技术人员表示诚挚的谢意!

本教材主编由王志学担任,参与编写人员还有张俊安、李丽、吕晓玲、魏国强和卢绍超。其中王志学编写了第二章、第六章、第十章、第十一章和第十四章,李丽编写了第一章、第三章、第四章、第五章和第九章,吕晓玲编写了第七章,张俊安编写了第八章,魏国强编写了第十二章,卢绍超编写了第十三章。

由于编者水平有限,难免出现错误和偏差,望读者批评指正。

编　者

2013 年 10 月

目　录

第一部分　煤矿安全生产基本知识

第二部分 初级工专业知识和技能要求

第三部分 中级工专业知识和技能要求

第一部分　煤矿安全生产基本知识

第一章 煤矿安全生产方针及法律法规

第一节 煤矿安全生产方针

　　煤矿安全生产方针是党和国家为确保煤矿安全生产而确定的指导思想和行动准则,"安全第一、预防为主、综合治理"是我国安全生产的基本方针。

　　安全第一,是强调安全、突出安全、安全优先,要求我们在工作中始终把安全放在第一位。要求各级政府和煤矿领导及职工把安全生产当做头等大事来抓,当安全与效益、安全与生产、安全与速度相冲突时,必须首先保证安全。要树立人是最宝贵的思想,努力做到不安全不生产、隐患不处理不生产、措施不落实不生产;在确保安全的前提下,实现生产经营的各项指标。安全第一是衡量煤矿安全工作的硬性指标,必须认真贯彻执行。

　　预防为主,是实现安全第一的前提条件。要实现安全第一,必须以预防为主。要求我们在工作中时刻注意预防安全事故的发生。在生产各环节,要严格遵守安全生产管理制度和安全技术操作规程,认真履行岗位安全职责,不断地查找隐患,谋事在先,尊重科学,探索规律,采取有效的事前控制措施,防微杜渐、防患于未然,把事故隐患消灭在萌芽之中。虽然在生产经营活动中还不可能完全杜绝事故发生,但只要思想重视,按照客观规律办事,运用安全原理和方法,预防措施得当,事故特别是重大恶性事故就可以大大减少。

综合治理,是指适应我国安全生产形势的要求,自觉遵循安全生产规律,正视安全生产工作的长期性、艰巨性和复杂性,抓住安全生产工作中的主要矛盾和关键环节,综合运用经济、法律、行政等手段,人管、法治、技防多管齐下,并充分发挥社会、职工、舆论的监督作用,有效解决安全生产领域的问题。综合治理具有鲜明的时代特征和很强的针对性,是我们党在安全生产新形势下作出的重大决策,体现了安全生产方针的新发展。

"安全第一、预防为主、综合治理"的安全生产方针是一个有机统一的整体。安全第一是预防为主、综合治理的统帅和灵魂,没有安全第一的思想,预防为主就失去了思想支撑,综合治理就失去了整治依据。预防为主是实现安全第一的根本途径。只有把安全生产的重点放在建立事故隐患预防体系上,超前防范,才能有效减少事故损失,实现安全第一。综合治理是落实安全第一、预防为主的手段和方法。只有不断健全和完善综合治理工作机制,才能有效贯彻安全生产方针,真正把安全第一、预防为主落到实处,不断开创安全生产工作的新局面。

煤矿安全生产方针是煤矿安全生产管理的基本方针。贯彻落实好这个方针,对于处理安全与生产以及与其他各项工作的关系,科学管理、搞好安全,促进生产和效益提高,推动各项工作的顺利进行有重大意义。

第二节　煤矿安全生产法律法规

为了更好地指导安全生产,煤矿企业从业人员必须树立法制意识,了解安全生产法律法规及相关经济政策,遵章守纪,杜绝"三违"现象,避免事故的发生。

一、煤矿安全生产法律法规体系

我国煤矿安全法律法规体系已基本形成,主要有如下四个部分：

一是全国人大及其常务委员会颁布的关于安全生产的法律，主要有《中华人民共和国安全生产法》、《中华人民共和国煤炭法》、《中华人民共和国矿山安全法》、《中华人民共和国劳动法》、《中华人民共和国矿产资源法》等。

二是国务院颁布的关于安全生产的行政法规，主要有《煤矿安全监察条例》、《乡镇煤矿管理条例》、《中华人民共和国矿山安全法实施条例》、《生产安全事故报告和调查处理条例》等。

三是省（自治区、直辖市）级人大及其常务委员会颁布的关于安全生产的地方性法规，如《××省矿山安全法实施办法》、《××省煤炭法实施办法》等。

四是国务院有关部委、省级人民政府颁布的关于安全生产的规章和地方规章。

二、主要煤矿安全生产相关法律法规

（一）《中华人民共和国安全生产法》（以下简称《安全生产法》）

《安全生产法》于2002年6月29日由第九届全国人民代表大会常务委员会第二十八次全体会议通过，同日由国家主席江泽民签发命令予以公布，于2002年11月1日起施行。

《安全生产法》对生产经营单位安全生产保障、从业人员的权利义务、安全生产的监督管理、生产安全事故的应急救援与调查处理及追究法律责任等方面有着明确规定。

（1）生产经营单位必须遵守该法和其他有关安全生产的法律法规，加强安全生产管理，建立健全安全生产责任制度，完善安全生产条件，确保安全生产。

（2）生产经营单位的从业人员有依法获得安全生产保障的权利，并应当依法履行安全生产方面的义务。

（3）生产经营单位应当具备该法和有关法律、行政法规和国家标准或者行业标准规定的安全生产条件；不具备安全生产条件的,不得从事生产经营活动。

(4)生产经营单位应当对从业人员进行安全生产教育和培训,保证从业人员具备必要的安全生产知识,熟悉有关的安全生产规章制度和安全操作规程,掌握本岗位的安全操作技能,未经安全生产教育或培训不合格的从业人员不得上岗作业。

(5)生产经营单位应当教育和督促从业人员严格执行本单位的安全生产规章制度和安全操作规程,并向从业人员如实告知作业场所和工作岗位存在的危险因素、防范措施以及事故应急措施。

(6)任何单位或者个人对事故隐患或者安全生产违法行为,均有权向负有安全生产监督管理职责的部门报告或者举报。

(二)《中华人民共和国矿山安全法》(以下简称《矿山安全法》)

《矿山安全法》于1992年11月7日由第七届全国人民代表大会常务委员会第二十八次会议通过,由国家主席以第65号命令发布,自1993年5月1日起施行,2009年8月27日修订。

矿山企业必须对职工进行安全教育、培训;未经安全教育、培训的,不得上岗作业。矿山企业安全生产的特种作业人员必须接受专门培训,经考核合格取得操作资格证书的,方可上岗作业。

矿山企业必须向职工发放保障安全生产所需的劳动防护用品。

(三)《中华人民共和国煤炭法》(以下简称《煤炭法》)

《煤炭法》于1996年8月29日第八届全国人民代表大会常务委员会第二十一次会议通过,2009年8月27日第十一届全国人民代表大会常务委员会第十次会议对其进行了第一次修正,2011年4月22日第十一届全国人民代表大会常务委员会第二十次会议对其进行了第二次修正,2013年6月29日第十二届全国人民代表大会常务委员会第三次会议对其进行了第三次修正。它是中国第一部煤炭法,主要内容有:

1. 重视安全教育与培训

煤矿企业应当对职工进行安全生产教育、培训；未经安全生产教育、培训的，不得上岗作业。煤矿企业职工必须遵守有关安全生产的法律、法规，煤炭行业规章、规程和企业规章制度。

2. 职工的劳动保护

煤矿企业必须为职工提供保障安全生产所需的劳动保护用品。煤矿企业应当依法为职工参加工伤保险缴纳工伤保险费。鼓励企业为井下作业职工办理意外伤害保险，支付保险费。

3. 重大责任事故罪

《刑法》第一百三十四条规定，强令他人违章冒险作业，因而发生重大伤亡事故或者造成其他严重后果的，处五年以下有期徒刑或者拘役；情节特别恶劣的，处五年以上有期徒刑。

（四）《煤矿安全监察条例》

该条例于 2000 年 11 月 7 日以国务院第 296 号命令颁布，于 2000 年 12 月 1 日起施行。2013 年 7 月 26 日，国务院总理李克强签署国务院令，公布《国务院关于废止和修改部分行政法规的决定》，对其部分内容进行修改。本条例共有五章 50 条。该条例明确了煤矿安全监察制度、权力、地位、职责、监察内容、行政处罚种类、工作原则及与政府的关系等，是我国第一部较为全面的煤矿安全监察的行政法规，是依法监察的法律武器，填补了煤矿监察法规空白，对于依法治矿，促进安全生产具有重大意义。

（五）《煤矿安全规程》（以下简称《规程》）

1. 《规程》的性质

《规程》是我国安全生产法律体系中的一个重要的行政法规，是煤矿安全管理领域最全面、最具体、最具权威性的技术规章，是《安全生产法》、《矿山安全法》、《煤炭法》等国家安全生产法律的具体化，是保障煤矿安全生产和职工人身安全、防止事故发生所必须遵循的安全准则，是煤矿安全监察机关和各级地方人民政府行业主管部门开展煤矿安全监察和行政执法的重要依据。

《规程》明确规定煤矿生产建设过程中哪些行为被禁止,哪些行为被允许,指明了行为标准尺度。它是认定职工行为是否构成违章的重要标准,是认定煤矿事故性质的重要依据,也是判断行为人是否需要承担责任的重要依据。

2.《规程》与作业规程、操作规程的关系

《规程》是煤矿安全管理领域最全面、最具体、最具权威性的技术规章,是有关法律、法规在煤炭行业的具体化,制定作业规程、操作规程都要以《规程》等为依据。《规程》是由国家安全生产监督管理总局、国家煤矿安全监察局制定的;而作业规程是指导施工的重要技术文件,操作规程是煤矿生产各岗位工人具体操作行为标准的指导性文件,二者是由行业主管部门或煤矿企事业单位制定的。

(六)《防治煤与瓦斯突出规定》

《防治煤与瓦斯突出规定》已经 2009 年 4 月 30 日国家安全生产监督管理总局局长办公会议审议通过,自 2009 年 8 月 1 日起施行。

该规定共七章 124 条。主要内容包括:区域、局部综合防突措施;突出危险性的基础资料、突出危险性鉴定及地质测量工作、采掘作业应该遵守的规定,防突管理及培训工作,防突措施的贯彻实施,防突技术资料的管理工作;区域综合防突措施、选择保护层的规定,区域效果检验、区域验证;工作面突出危险性预测,工作面防突措施,工作面措施效果检验,安全防护措施;等等。

(七)《国务院关于预防煤矿生产安全事故的特别规定》

《国务院关于预防煤矿生产安全事故的特别规定》于 2005 年 8 月 31 日国务院第 104 次常务会议通过,2005 年 9 月 3 日以国务院第 446 号令颁布,自公布之日起施行。2013 年 7 月 26 日,国务院总理李克强签署国务院令,公布《国务院关于废止和修改部分行政法规的决定》,对其部分内容进行了修改。该规定共 28 条,其核心内容:一是构建了预防煤矿生产安全的责任体系,二是明确煤矿预防工作的程序和步骤,三是提出了预防煤矿事故的一系列制度保障。

第二章　煤矿生产基础知识

第一节　煤矿地质知识

一、煤层的埋藏特征

（一）煤的形成与煤系

1. 煤的形成

煤是由地质历史上植物遗体演变而形成的，是一种沉积成因的可燃有机岩石，由大量有机物质和少量无机物质组成。在地质历史上成煤时期，死亡的植物遗体堆积在湖泊、沼泽底部，在细菌参与的生物化学作用下，变成泥炭层。随着时间推移，地壳继续缓慢下沉，泥炭层在压力和温度的作用下，逐渐失去水分而变得致密，这时，泥炭就变成了褐煤。随着地壳继续下沉，褐煤在地下深处受到高温和高压的作用，逐渐变成了烟煤。随着变质程度的进一步增高，烟煤会变成无烟煤。

2. 煤系的概念

在煤的形成过程中，煤层上下同时形成许多岩层。这些夹有煤层的岩层是在同一成煤时期形成的，通常称为某一地质年代的煤系地层。煤系是指含有煤层的沉积岩系，它们彼此间大致连续沉积，并且成因上有密切联系。煤系又称含煤地层。

（二）煤层的结构

在多数煤层中，含有的厚度较薄且有时很不稳定的岩层，称为夹矸。煤层中含有夹矸会造成开采工作困难，并影响煤的质

量。按含夹矸层的多少,常将煤层分为以下两种:

(1)简单结构煤层:煤层中一般没有夹矸或偶有1~2层稳定夹矸。

(2)复杂结构煤层:煤层中夹矸层数较多或很多,层数、层位、厚度及岩性变化大。

(三)煤层的分类

煤层的顶、底板岩石性质、形态与结构、厚度、产状等埋藏特征,是评价煤田经济价值的主要内容,也是影响煤矿生产技术和生产安全的重要因素。

1. 煤层按厚度分类

(1)薄煤层:地下开采厚度在1.3 m以下的煤层。

(2)中厚煤层:地下开采厚度在1.3~3.5 m之间的煤层。

(3)厚煤层:地下开采厚度在3.5 m以上的煤层。

2. 煤层按倾角分类

(1)近水平煤层:倾角在8°以下的煤层。

(2)缓倾斜煤层:倾角在8°~25°之间的煤层。

(3)倾斜煤层:倾角在25°~45°之间的煤层。

(4)急倾斜煤层:倾角在45°以上的煤层。

(四)煤层赋存条件

1. 埋藏深度

煤层埋藏的深度各不相同,最大埋藏深度可达2 km。但随着开采深度的增加,大大提高了开采难度,有些甚至无法开采。

2. 煤层层数

各煤田中的煤层数目不同,少的只有一层或几层,多的达十几层到几十层。相邻两煤层之间的距离可由几十厘米到数百米。

3. 煤层的顶、底板

煤层处于各种岩层的包围之中,处于煤层之上的岩层称为煤层的顶板;处于煤层之下的岩层称为煤层的底板。顶板按相对于煤层的位置及垮落的难易程度分为伪顶、直接顶和基本顶,煤层底板分为直接底和基本底,如图 2-1 所示。

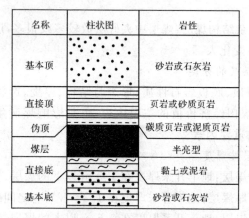

名称	柱状图	岩性
基本顶		砂岩或石灰岩
直接顶		页岩或砂质页岩
伪顶		碳质页岩或泥质页岩
煤层		半亮型
直接底		黏土或泥岩
基本底		砂岩或石灰岩

图 2-1　煤层顶、底板

(1)伪顶。它直接位于煤层上,是一层极易垮落的薄岩层,常随采随落,多由碳质页岩或泥质页岩组成,厚度一般在 0.3~0.5 m。

(2)直接顶。直接顶位于伪顶或煤层之上,常由一层或数层页岩、砂质页岩组成,厚度一般是几米至十几米,不很坚硬,是工作面支架支护的主要对象,一般在回柱或移支架后很快垮落,对工作面生产不会构成威胁。

(3)基本顶。位于直接顶或煤层之上,由砂岩、石灰岩或砾岩等组成的厚且坚硬的岩层。一般情况下,基本顶能在采空区上方维持很大的悬露面积,不随直接顶一起垮落。

(4)直接底。直接底位于煤层之下,是强度较低的岩层,如泥岩、页岩、黏土岩等。有时容易发生滑动、膨胀隆起和挤压支柱的现象。

(5)基本底。基本底位于直接底板之下,一般由砂岩或石灰岩等坚固的岩层组成。

二、煤矿常见的地质构造

地质构造是地壳运动的产物。沉积岩层和煤层在其形成时，一般都是水平或近水平的，后来受到地壳运动的影响，岩层的形态发生了变化，甚至产生裂缝和错动，使岩层失去完整性。这些由地壳运动造成的岩层的空间形态，称为地质构造。

（一）单斜构造

由于地壳运动的影响，地壳表层中的煤层或岩层在一定范围内，大致向一个方向倾斜，这样的构造形态称为单斜构造。单斜构造往往是其他构造形态的一部分，或是褶曲的一翼，或是断层的一盘。

岩层的产状是指岩层的空间位置及特征，常用三个产状要素，即走向、倾向及倾角来表示，如图 2-2 所示。

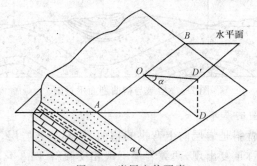

图 2-2 岩层产状要素

AOB——走向线；OD——倾斜线；OD'——倾向线；α——（真）倾角

1. 走 向

走向表示岩层在空间中的水平延伸方向。岩层面与水平面的交线称为走向线。

2. 倾 向

倾向表示岩层的倾斜方向，倾斜平面上与走向线相垂直的直线称为倾斜线。倾斜线的水平投影线称为倾向线,倾向线与倾斜线的夹角为倾角。

3. 倾角

倾斜线与它在水平面上投影的夹角称为倾角。倾角的大小反映了岩层的倾斜程度。倾角的变化范围在0°~90°之间。

(二)褶皱构造

1. 褶皱的定义

岩层或岩体在地应力长期作用下形成的波状弯曲称为褶皱,褶皱岩层中的一个弯曲称为褶曲,它是褶皱构造的基本单位(图2-3)。

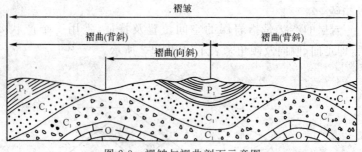

图 2-3 褶皱与褶曲剖面示意图

2. 褶曲的基本形式

背斜:背斜是岩层向上弯拱的褶曲,核部是老岩层,两侧是新岩层,且对称重复出现,两翼岩层一般相反倾斜[图2-4(a)]。

向斜:向斜是岩层向下弯拱的褶曲,核部是新岩层,两侧是老岩层,且对称重复出现,两翼岩层一般相对倾斜[图2-4(b)]。

(三)断裂构造

岩层受力后产生变形,当应力达到或超过岩层的强度极限时,岩层的连续完整性遭到破坏,在岩层一定部位和一定方向上产生的破裂称为断裂构造。根据岩层破裂面两侧岩块有无明显位移,可将断裂构造分为节理和断层。

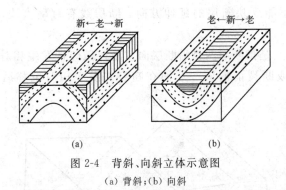

新←老→新   老←新→老

(a)   (b)

图 2-4 背斜、向斜立体示意图

(a) 背斜;(b) 向斜

1. 节理及其分类

岩层断裂后,两侧岩块未发生显著位移的断裂构造称为节理,又叫裂隙。节理的破裂面称为节理面。

(1) 原生节理

原生节理是指沉积岩在形成过程中,沉积物脱水和压缩后所生成的节理,如泥裂及煤层中的内生裂隙等。

(2) 次生节理

次生节理是指岩层形成后生成的节理。根据力的来源和作用性质不同,又可分为构造节理和非构造节理。

2. 断层

岩层受地应力作用后发生破裂,在力的继续作用下,两侧岩块沿破裂面发生显著相对位移的断裂构造称为断层。

(1) 断层要素(图 2-5)

断层面:断层的破裂面称为断层面,断层可以用走向、倾向和倾角三要素来表示。

断盘:断层面两侧相对位移的岩块称为断盘。相对上升的岩块称为上升盘,相对下降的岩块称为下降盘。

断层线:断层面与地面的交线称为断层线。若地面平坦,断层线的方向代表断层的走向。若地面起伏不平,断层在地表的出露线就不能反映断层的延伸方向。断层线有时呈直线,有时呈曲线。

断距:是指断层两盘沿断层面或断层破碎带发生相对位移量的大小或断裂前的同一层面在断裂并发生相对位移后的空间距离。

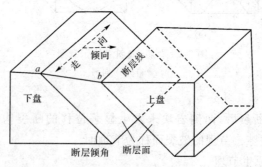

图 2-5　断层要素示意图

(2) 断层分类

① 根据断层两盘相对位移方向分类

正断层:上盘相对下降,下盘相对上升的断层称为正断层[图2-6(a)]。

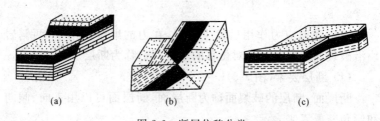

(a)　　　　　　(b)　　　　　　(c)

图 2-6　断层位移分类

(a) 正断层;(b) 逆断层;(c) 平移断层

逆断层:上盘相对上升,下盘相对下降的断层称为逆断层[图2-6(b)]。

平移断层:两盘岩块沿断层面作水平方向相对移动的断层称为平移断层[图 2-6(c)]。

② 根据断层走向与岩层走向关系分类

走向断层:断层走向与岩层走向平行或基本平行称为走向断层[图 2-7(a)]。

倾向断层:断层走向与岩层走向垂直或基本垂直称为倾向断层[图 2-7(b)]。

斜交断层:断层走向与岩层走向斜交称为斜交断层[图 2-7(c)]。

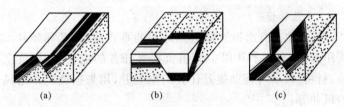

(a)　　　　　　　(b)　　　　　　　(c)

图 2-7　断层几何关系分类

(a) 走向断层;(b) 倾向断层;(c) 斜交断层

根据落差大小,可以将断层规模划分为大、中、小三种类型。一般将落差大于 50 m 的断层称为大型断层;落差在 20～50 m 之间的断层称为中型断层;落差小于 20 m 的断层称为小型断层。

(四)冲蚀、岩溶塌陷和岩浆侵入

(1)冲蚀。由于古河流在泥炭层或含煤地层中流过而形成的煤层厚度发生变化或形成了无煤带,称为冲蚀,又称煤层冲刷。根据古河流发育时期的早晚,冲蚀作用可分为同生冲蚀和后生冲蚀两种。

(2)岩溶塌陷。当煤层下部分布有可溶性的石灰岩、白云岩,且有发育的岩溶时,岩溶可能发生坍塌而引起上覆煤层和岩层垮落,从而破坏了煤层的完整性,通常称为陷落柱。有的陷落柱含有大量的水,易造成大型水害。

（3）岩浆侵入。由于地质作用,岩浆侵入煤层(俗称火成岩侵入),使煤层全部或部分遭到破坏。岩浆侵入破坏了煤层的连续性、完整性,从而降低了采出率,使煤质变差,同时也给生产带来了困难。

第二节　矿井开拓与生产系统

一、矿井巷道

（一）按空间特征分类

1. 垂直巷道

（1）立井。有出口直接通到地面的垂直巷道,又称竖井。立井按用途分,有位于井田中央担负提煤任务的主立井,担负全矿人员、材料、设备等辅助提升任务的副立井,用来担负矿井通风任务的风井等。

（2）暗立井。没有出口直接通到地面的垂直巷道。一般用来连接上、下两个水平,担负由下水平向上水平的任务。暗立井也分主暗立井和副暗立井。

（3）溜井。用来从上部向下部溜放煤炭的垂直巷道。

2. 水平巷道

（1）平硐。有出口直接通到地面的水平巷道,是进入煤体的方式之一。平硐按所担负的任务不同,有主平硐、副平硐之分。

（2）平巷。没有出口直接通到地面,沿岩层走向开掘的水平巷道。开在岩石中的平巷叫岩石平巷,开在煤层中的平巷叫煤层平巷。按用途分,有运输平巷、行人平巷、进风或回风平巷等。按服务范围分,有阶段(水平)平巷、分段平巷和区段平巷等。

（3）石门。没有出口直接通到地面,与岩层走向垂直或斜交的水平岩石巷道。按用途分,有运输石门、进风石门、回风石门等。按服务范围分,有阶段石门、采区石门等。

（4）煤门。与煤层走向垂直或斜交的煤层平巷。

3. 倾斜巷道

（1）斜井。有出口直接能到地面的倾斜巷道。按用途分,有主斜井、副斜井和回风井。

（2）暗斜井。没有出口直接通到地面,用来联系上、下两个水平并担负提升任务的斜巷,又称斜巷。暗斜井也分主暗斜井和副暗斜井。

（3）上山。没有出口直接通到地面,位于开采水平之上,连接阶段运输平巷和回风平巷的倾斜巷道。按用途分,有运煤的运输上山和运送材料、设备的轨道上山。按服务范围分,有阶段上山和采区上山。

（4）下山。下山与上山相对应,只是下山位于开采水平以下,其作用与上山相同。

4. 硐室

硐室是一种长度较小、断面较大的特殊巷道,主要有变电所、水泵房、火药库、电机车库、避难所、井下调度室、候车室等。

（二）按巷道在生产中的用途划分

1. 开拓巷道

开拓巷道是为全矿井、一个开采水平或阶段服务的巷道,如井筒、井底车场、水平或阶段运输大巷和回风大巷等。

2. 准备巷道

准备巷道是为一个采区服务的巷道,如采区上（下）山、采区上（下）山车场、采区石门等。

3. 回采巷道

回采巷道是为工作面采煤直接服务的巷道,如区段平巷和开切眼等。

二、矿井生产系统

煤矿的生产系统主要有采煤系统,运煤系统,通风系统,运料、排矸系统，排水系统，供电、供水、供压缩空气系统，等等。它们由一系列的井巷工程和机械、设备、仪器、管线等组成。

1. 采煤系统

采煤巷道的掘进一般是超前于采煤工作进行的。它们之间在时间上的配合以及在空间上的相互位置，称为采煤巷道布置系统，即采煤系统。实际生产过程中，有时在采煤系统内会出现一些诸如采掘接续紧张、生产与施工相互干扰的问题，应在矿井设计阶段或掘进工程施工前统筹考虑解决。

2. 运煤系统

运煤系统实际上就是把煤炭从采场内运出，通过一些关联的巷道、井（峒），运送到地面的提升运输路线和手段，各种矿井开拓方式、不同的采煤方法都有其独特和完整的运煤系统。

为了保持矿井产煤、运煤的稳定性和连续性，一般在井下都设有与矿井（或采区）产量、运力相匹配的一定容量的煤仓，用来缓解采、运之间的矛盾，以实现均衡生产。

3. 通风系统

风流由进风井进入矿井后，经过井下各用风场所，然后从回风井排出矿井，风流所经过的整个路线及其配套的通风设施称为矿井通风系统。矿井通风系统包括通风方法、通风方式和通风网路。

4. 运料、排矸系统

煤矿井下掘进、采煤等场所所需的材料、设备，一般情况下，都是从地面通过副井，经由井底车场、大巷等运送的；而采煤工作面回收的材料、设备和掘进工作面运出的矸石，又要由相反的方向运至地面，这就形成了运料、排矸系统。可见，不同的矿井，不同的工作地点，运料、排矸的路线也各不相同。

5. 排水系统

为保证煤矿的安全生产，井下的自然涌水、工程废水等，都必须排至井外。由排水沟、井底(采区)水仓、排水泵、排水管路等所形成的排水系统,其作用就是储水、排水,防止发生矿井水灾事故。

6. 供电、供水系统

煤矿的正常生产,需要许许多多的相关辅助系统。矿井供电是非常重要的一个系统,它是采煤、运输、通风、排水等系统内各种机械、设备运转时不可或缺的动力源网络系统。供水系统将保证井下工程用水,特别是防尘用水。

7. 其他系统

为保证矿井的安全生产,一般矿井都还建有瓦斯监控系统、灌浆防灭火系统和通信系统等。

三、矿井开拓方式

(一)阶段与水平

在地质历史的发展过程中由含碳物质的沉积而形成的大面积含煤地带称为煤田。煤田的面积相当大,可达几百平方公里,储量达几百亿吨,所含的煤层最多可达几十层。

由一个矿井开采的部分煤田叫井田。在井田范围内,按照一定的标高,将井田划分为若干个长条形部分,每一个长条形部分叫一个阶段,如图 2-8 所示。阶段的走向长度等于井田的走向长度。阶段的倾斜长度根据煤层的倾角和垂高不同而定,一般为500～1 000 m。

阶段与阶段之间以水平面分界,水平分界面称为水平。水平是自井筒在一定标高开掘的水平巷道及其相近标高的开采巷道的总称。布置有主要运输大巷和井底车场,并担负该水平开采范围内的主要运输和提升任务的水平称为开采水平。

阶段内的布置有连续式、分区式和分带式 3 种。

(二)矿井开拓

从地面开掘一系列的井巷通入煤层的过程通称为矿井开拓。通常以井硐形式为依据,将矿井开拓方式划分为以下 4 种。

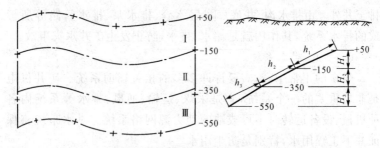

图 2-8　井田划分为阶段示意图

Ⅰ、Ⅱ、Ⅲ——阶段序号；h_1、h_2、h_3——阶段斜长；H_1、H_2、H_3——阶段垂高

1. 斜井开拓

斜井开拓,是指主、副井都为斜井的开拓方式。根据井田及阶段内划分方式的不同,可以组合成各种斜井开拓方式,如斜井单水平分区式、斜井单水平分带式、斜井多水平分区式和斜井多水平分段式等。以下仅介绍我国目前常用的两种斜井开拓方式。

采用斜井开拓的优点是井筒掘进比立井掘进施工简单,掘进速度快,矿井提升设备简单。另外,在主斜井中安装大功率带式输送机后,提升运输能力很大。但是,如果煤层埋藏很深或井田内表土冲积层很厚时,斜井的长度会很大,井筒掘进穿过冲积层时比较困难,所以在煤层埋藏较浅、水文地质条件简单的条件下一般采用斜井开拓。

适用条件:当井田内煤层埋藏不深、表土层不厚、水文地质简单、井筒不需特殊法施工的缓斜和倾斜煤层,一般可用斜井开拓。随新型强力和大倾角带式输送机的发展,大型斜井的开采深度大为增加,斜井应用更加广泛。

2. 立井开拓

立井开拓是利用一对垂直巷道由地面进入井下,并通过一系列巷道进入煤层的开拓方式。立井开拓是我国广泛采用的开拓方式。无论井田划分为阶段还是盘区,都可采用立井开拓方式。

立井开拓的优点是对矿井水文地质条件有广泛的适应性。在立井施工中不受表土、煤层埋深、井田尺寸和地质构造的限制。特别是对于煤层埋藏较深、冲积层较厚的地质条件,立井开拓更为优越。但立井施工及井筒提升设备较复杂,提升成本相对较高。

立井开拓的适用条件:立井开拓的适应性很强,一般不受煤层倾角、厚度、瓦斯、水文等地质条件的限制。因此,当煤层埋藏深、表土层厚、地质和水文地质条件比较复杂,井筒需要特殊施工,或多水平开拓急倾斜煤层,以及地质条件不适合斜井或平硐开拓时,都可以采用立井开拓方式。

3. 平硐开拓

平硐开拓是指利用水平巷道由地面直接进入,通过一系列巷道到达开采煤层的开拓方式。采用平硐开拓时,井田内的划分方法和立井、斜井开拓相同,所不同的仅是井筒形式不同。平硐开拓方式广泛应用于地处山岭和丘陵地区的矿井。采用平硐开拓时,一般以一条主平硐开拓井田,担负运煤、出矸、运料、通风、排水及行人等任务,在井田上部回风水平开凿回风平硐。平硐开拓时,矿井大部分的煤炭储量应分布在主平硐的水平标高以上。

平硐开拓的优缺点:平硐本身相当于运输大巷,由机车从地面直接进入井下,运输系统最简单,运输能力大,运输费用低;施工容易,投资少,投产快;井下上山部分的涌水可由平硐自流排出硐外,节约了排水设备和费用;地面生产系统简单,占地少。因此,平硐开拓是最简单最经济的开拓方式,只要条件适宜,应优先选用。

4. 综合开拓

一般情况下,矿井开拓的主、副井都是用同一种井硐形式。从上述开拓方式的分析中可以看出,每一种井硐形式都是有优点,也有缺点。这样,我们就有必要根据矿井的具体条件,选取能充分发挥其优点的不同井硐形式,而不是限于单一的井硐方式进入开采煤层,这就是综合开拓。

　　综合开拓的方式是多种多样的,其确定的原则就是尽可能地发挥各种井硐形式的优越性。

第三节　矿图基本知识

一、矿图的构成要素

(一)比例尺

　　绘制各种矿图时,必须将它们实际的水平尺寸缩小若干倍后再描绘在图纸上。按这种缩小的倍数做成的尺子就是比例尺。常用的矿图都有统一规定的比例尺。

　　矿图的绘制和识读通常用的是三棱尺。三棱尺如图 2-9 所示。

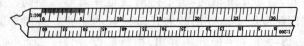

图 2-9　三棱尺

(二)坐标系统

1. 地理坐标

　　地理坐标是一种网络全球的统一坐标。在这种坐标中,地面上任一点的位置都是用它在地球球面上的经纬度表示。某一点的经纬度就称为该点的地理坐标或称球面坐标。

2. 平面直角坐标

　　平面直角坐标由两条相互垂直的直线构成(此时将该测区的球面当做平面来看待)。

(三)高程

　　高程是地面或井下任一点至水准面的垂直距离,又称标高,也是该点的第三坐标。由于所选取的水准面不同,分为绝对高程和相对高程。

（四）标高投影

标高投影是把空间物体垂直投影到零水平面上，并将标高数值注在各点投影位置的旁侧，用来说明各点高于或低于零水平面的数值。

（五）图例

图例是用来识读矿图的，是图纸所用符号的含义。一般常用的矿图都采用国家统一规定的图例，见表 2-1。

表 2-1　　　　　　　　　　　主要矿图图例

图例	名称	图例	名称
	立井		砌碹巷道
	暗立井		锚喷巷道
	斜井		木支架巷
	平硐		裸体巷道
	煤巷		井底斜煤仓
	岩巷		风桥
	风门		正断层
	密闭		逆断层
	隔风墙		平移断层
	进风流方向		逆掩断层
	回风流方向		走向倾斜
	水闸门		断层上盘交面线
	等高线		断层下盘交面线
	向斜轴		积水区
	背斜轴		陷落柱

二、矿井通风图

矿井通风图是指表示矿井通风系统和通风状态的图形,它根据生产情况及其变化绘制和修改。

1. 通风系统图

(1) 通风系统图的内容

通风系统图上应标注井巷名称、风流路线、风向、通风构筑物、掘进工作面及局部通风机位置、火区位置及其范围、防尘和隔爆设施的位置和种类、通风参数(风量、风速、面积)等。

(2) 通风系统图的分类

通风系统图包括矿井通风系统图和采区通风系统图。根据绘制方法的不同,又均可分为平面图、立面图、平面示意图和立体示意图。

① 通风系统平面图和立面图是在采掘工程平面图上加上风流方向以及通风系统图所必须具备的内容所构成的图纸。它是绘制通风系统立体示意图和通风网络图的基础图纸,要求按月填绘。

② 通风系统平面示意图是根据采掘工程平面图中现行实际通风井巷的平面相对位置,用不按比例的单线条绘制而成的图纸。

③ 通风系统立体示意图是指反映通风系统中各井巷、风流方向和通风构筑物布局的空间关系的图形。

2. 通风网络图

通风网络图是指用不按比例、不反映空间关系的单线条来表示矿井或采区内各风道连接关系的示意图。它形式上就是一个表示通风系统中各风流分合关系的点、线集合的网状线路示意图。

3. 通风压力分布图

通风压力分布图是表示某一通风线路的通风压力或阻力变

化的图形,又称通风压力坡度图、风流能量坡线图。它直观反映
了风流机械能沿程的变化状况,常用于不同风路中相关点的能量
对比,以判断风流(漏风)方向,确定局部风网的均压防灭火措施
和分析瓦斯流动规律。

4. 通风系统压能图

通风系统压能图是指反映通风网络中各分支风路之间的压
能(井下风流运动时某一实质点的空气具有的能量)关系及其分
布的图形。通风系统压能图实质上是以压能值为纵坐标将通风
网络图上每一风路的压能值顺序绘制出来的一种图形,可更清晰
地分辨出风网中相关点的能位高低。

第四节　采掘技术

一、采煤技术

(一)采煤方法概述

采煤方法包括采煤系统和采煤工艺两项主要内容。根据不
同的矿山地质及技术条件,由不同的采煤系统与采煤工艺相配
合,构成多种多样的采煤方法。井工开采的采煤工艺大致分为旱
采(包括普通机械化采煤、综合机械化采煤、炮采、放顶煤开采
等)、水采和地下气化、液化等。在我国,旱采主要采用壁式开采,
水采采用柱式开采。地下气化已进入工业化试验阶段。

1. 壁式体系

壁式体系通常有较长的采煤工作面,在采煤工作面两端至少
各有一条巷道,用于通风与运输,随采煤工作面推进,要有计划地
处理采空区。它的优点是煤炭损失少,采煤连续性强,单产高,采
煤系统较简单,但采煤工艺装备比较复杂。

走向长壁采煤,是将采(盘)区划分为区段,在区段内布置采
煤巷道,采煤工作面呈倾斜布置,沿走向推进,上下回采巷道基本

上是水平的,且与采(盘)区上山相连。倾斜长壁采煤,通常将井田或阶段划分为条带,在条带内布置回采巷道,采煤工作面呈水平布置,沿倾斜推进,两侧的巷道是倾斜的,并通过联络巷直接与大巷相连。

2. 柱式体系

柱式体系以短工作面采煤为其主要标志,大多用于埋藏较浅的近水平薄及中厚煤层,并要求顶板较好、瓦斯涌出量少;也可用于不正规条件采煤或回收巷道煤柱。柱式体系包括房柱式、仓储式等。柱式体系采煤生产过程中支护及采空区处理工作简单,矿压显现不明显,有时可不处理采空区;工作面通风条件相对恶劣,回采率低。

3. 水力采煤

水力采煤(简称水采)是利用高压水流直接破煤,并借助水力来完成运输和提升等工序的开采工艺。

水采具有以下优点:生产能力较高,增产潜力大,工艺简单,效率较高,设备简单,材料消耗少,吨煤成本低,安全条件较好,对地质变化的适应力较强。

水采的缺点:回采率较低,电耗较大,巷道掘进率高,机械化程度低,容易造成采掘接续紧张,通风系统不完善,通风阻力大,风量不稳定等。

4. 地下气化

煤炭地下气化是开采煤炭的一种新工艺。其特点是将埋藏在地下的煤炭直接变为煤气,通过管道把煤气供给工厂、电厂等各类用户,使现有矿井的地下作业改为地面作业。

(二)采区巷道布置

采区巷道布置是指在采区内布置准备巷道和回采巷道。

1. 单一煤层采区巷道布置

(1)采煤工作面采用单巷布置即工作面两侧各布置一条平

巷,一条为运输巷道,把工作面采出的煤炭运输至运输上山,一条为轨道巷(回风巷),为工作面运送材料和设备。

(2)对于单巷布置的采煤工作面,区段或条带之间一般采用双巷掘进(无煤柱护巷除外),一条为本区段运输平巷,一条为下区段轨道平巷。

(3)采区内至少布置两条上山,一条为运输上山,一条为轨道上山。

(4)在每一区段的下部水平上,轨道上山与轨道巷相连,组成相应的采区车场。采区车场在上部称采区上部车场,在中部称采区中部车场,在下部称采区下部车场。

(5)如果区段平巷和轨道上山布置在同一煤层中,为了便于连接,一般情况下运输巷跨越轨道上山,轨道平巷绕过运输上山,既可避免交叉,又可防止漏风。

(6)在布置两条上山的采区,为避免在采区下部车场安设风门影响运输,需采用轨道上山进风,运输上山回风,以满足采区对新鲜风的需要。如果采区所需风量较大,可以专设回风上山。

(7)为便于采区上山掘进时的通风,一般采用双上山掘进,直到回风大巷,并在绞车房后方或侧面安设风窗。双上山掘进时,中间连通的联络巷,可作为采区变电所等硐室。

(8)当煤层厚度较大时,采区服务年限较长,为降低上山及平巷的维护费用常将采区上山及区段集中平巷布置在煤层底板岩石中。

2.多煤层采区巷道布置

(1)基本概念

生产矿井大多开采两个以上煤层。如果每一煤层中都布置采区上山、硐室、区段巷,建立彼此独立的采区生产系统,称为采区分层布置;如果几个煤层共用一套采区上山、硐室甚至区段平巷,并采用适当方式将各煤层联系起来,就形成采区联合布置。

共用的采区上山称为集中上山,共用的区段平巷称为区段集中平巷。

当一个矿井开采十多个甚至几十个煤层,或开采几个远近相距悬殊的煤层时,应将煤层分为若干组,在每个组内设置共用的采区巷道,形成独立的采区生产系统,称为分组联合布置。

(2)联系方式

在联合布置的采区中,不论是共用上山还是共用区段平巷,都必须将各煤层与共用上山或共用区段平巷联系起来。联系方式有石门、斜巷和立眼3种方式。

(三)采煤工艺

它是指采煤工作面各工序所用方法、设备及其在时间、空间上的相互配合关系,由五个主要工序组成:破煤、装煤、运煤、支护、采空区处理。

我国目前普遍采用的采煤工艺有:爆破采煤工艺、普通机械化采煤工艺、综合机械化采煤工艺、综采放顶煤采煤工艺。

1. 爆破采煤工艺

(1)爆破落煤

根据煤层厚度、煤质软硬程度和顶板稳定程度等不同,炮眼布置有单排、双排和三排之分,如图2-10所示。

① 单排眼。沿工作面只打一排炮眼,一般用于薄煤层或煤质松软、节理发育的煤层。

② 双排眼。是指沿工作面布置两排炮眼,布置形式有对眼、三花眼及三角眼,一般用于中厚煤层中。在煤质中硬时可采用对眼,煤质松软时采用三花眼,煤层上部煤质松软或顶板破碎时可用三角眼。

③ 三排眼。也称五花眼,适用于采高较大的中厚煤层或煤质坚硬的煤层。

炮眼的深度根据工作面的循环进度来定。

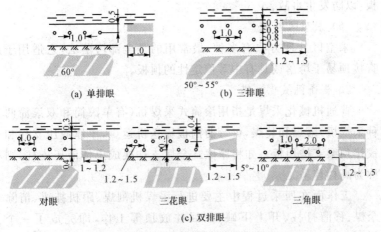

图 2-10 炮眼布置图(单位:m)

（2）装煤

爆破落煤除一部分抛入刮板输送机外，其余多为人工装煤。

（3）运煤

工作面运煤方式有自重（即自溜）运煤和输送机运煤两种。煤层倾角大于 26°时，可采用铁溜槽自溜运煤；倾角在 20°～25°时，可采用搪瓷溜槽溜煤；当煤层倾角较小时，采用刮板输送机运煤。

（4）支护

采用单体液压支柱和铰接顶梁支护，其布置形式大多采用正悬臂齐梁直线柱，常采用三、四排或三、五排控顶；基本顶来压之前还常在放顶排处架设特种支架，如丛柱、密集支柱、木垛、斜撑及切顶墩柱等。

（5）回柱放顶

回柱放顶一般采用由下向上、由里向外、分段分组进行。回柱应力求快速、安全、支架回收干净，使顶板充分垮落，支架回收复用率高。回柱时一定要集中精力，并指定有经验的人员观察顶板，以防发生事故。

(6) 采空区处理

采空区处理方法有多种，最常用的是全部垮落法，它适用于直接顶易于垮落或具有中等稳定性的顶板。

2. 普通机械化采煤

普通机械化采煤是指用滚筒式采煤机(有单滚筒和双滚筒两种采煤机)落煤和装煤，可弯曲刮板输送机运煤，单体液压支柱和铰接顶梁支护顶板。如将摩擦式金属支柱换成单体液压支柱，则称为高档普采。

工作面在回采过程中主要进行采煤机割煤、跟机挂梁、清除余煤、移溜打柱、开上下缺口、回柱放顶等工作，即完成了一个循环。

采煤机的割煤方式有双向割煤和单向割煤两种。

普采工作面装煤主要是利用装在滚筒后面的弧形挡煤板和滚筒的螺旋叶片在旋转过程中产生的轴向推力，将割下来的煤装入输送机运出工作面。对于清理剩余的煤，可用输送机靠煤壁一侧安装的铲煤板，在输送机推移时装入输送机内。

普采工作面采用可弯曲刮板输送机运煤，输送机的整体移动是靠液压千斤顶来实现的，液压千斤顶的安设间距为 5～6 m，如果中部槽使用铲煤板，则需每 3 m 设置一个。

工作面支护一般采用悬臂梁支架，使用三、四排或三、五排管理顶板，平时放顶大多为无密集放顶，但初次放顶、初次来压和周期来压时，要加强支护和采取其他有效措施。

回柱放顶与爆破落煤大体相同，采空区处理采用全部垮落法。

3. 综合机械化采煤

(1) 落煤与装煤。综采落煤与装煤工作与机采相似，但在采煤机工作方式上有所区别。综采一般主要采用双向割煤、往返一次进两刀的割煤方式和斜切式进刀方式。

（2）运煤。采煤机采落的煤由工作面重型可弯曲刮板输送机运到工作面的下端,转载到工作面下端所铺设的桥式转载机上,经运输平巷中所铺设的可伸缩带式输送机,运到采区运输上山（下山）中的带式输送机上,然后运往采区煤仓。随着工作面的向前推进,转载机和可伸缩带式输送机也不断交替推移前进。

（3）输送机和支架的移动。整体式支架移架和推移输送机共用一个液压千斤顶,连接支架底座和输送机槽,互为支点,进行推移输送机和前拉支架。迈步式自移支架的移动,依靠本身两框架互为支点,用一千斤顶推拉两框架分别前移,用另一千斤顶推移输送机。

（4）支护。综采工作面采用液压支架支撑顶板,维护工作空间。液压支架的支护方式有如下三种:

①及时支护。采煤机割煤后,先移支架,后移输送机。该方式适用于煤层顶板稳定性差的工作面。

②滞后支护。采煤机割煤后,先移输送机,后移支架。移架要滞后割煤较大距离,顶板暴露的面积大。该方式适用于顶板稳定的工作面。

③超前支护。在煤壁片帮严重时,在采煤机割煤前,就利用支架前柱与输送机之间的富余量向前推移,使煤壁片帮后的顶板得到提前支护。

综采工作面端头支护,是工作面支护的重要部位,因为工作面的上、下出口处悬顶面积大,机械设备多,又是材料和人员出入的交通口,所以必须加强维护。

（5）采空区处理。综采工作面一般主要采用垮落法处理采空区。因液压支架具有切顶性能强（支撑式）、掩护作用好（掩护式）、种类多等特点,所以一般不采用局部充填和煤柱支护法。对极坚硬顶板可采取高压注水软化顶板、爆破强制放顶等方法进行处理。

4. 综合机械化放顶煤

综合机械化放顶煤采煤,简称"综放"。它是对厚煤层用综采设备进行整层开采的一类采煤方法。基本做法是:沿煤层(或分段煤层)的底部布置一个常规综采工作面进行采煤,工作面后上部的顶煤则由液压支架的顶煤放煤口放入工作面输送机,运出工作面,顶煤的破碎、冒落是依靠矿山压力的作用来实现的。

(1) 放顶煤采煤方法的分类

按照煤层赋存条件及相应的采煤工艺,放顶煤采煤法分为四种:预采顶分层放顶煤采煤法、预采中分层放顶煤采煤法、整层开采放顶煤采煤法、分段放顶煤采煤法,如图 2-11 所示。

(2) 放顶煤开采工艺

① 采煤机采煤:与单一中厚煤层一样,采煤机可以从工作面端部或中部斜切进刀。根据顶煤放落的难易程度,放顶煤工作可在完成 1~3 个综采循环后在检修班或放顶班进行。

② 放顶:放顶煤工作多从下部向上部进行,也可以从上部向下部、逐架或隔一架或隔数架依次进行。一般放顶煤沿工作面全长一次放煤进行完毕即一轮放完,如顶煤较厚,也可以两轮放完。在放煤过程中,如有片帮预兆,宜停止放煤。当放煤口出现矸石时,应关闭放煤口。

(四) 急倾斜煤层开采

1. 急倾斜煤层开采的特点

(1) 倾角大,采下的煤能自动下滑,装运工作简单,但滑落的煤、矸可能冲倒支架,砸伤人员。

(2) 顶板压力比较缓和,但底板岩石也有滑动的可能。

(3) 采空区上部的巷道维护比较困难,煤层开采速度较慢,煤层自然发火大多比较严重,所以,巷道布置和回采工作都要适应这些特点和要求。

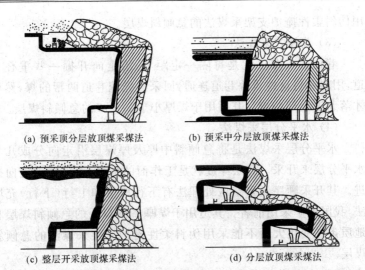

(a) 预采顶分层放顶煤采煤法   (b) 预采中分层放顶煤采煤法

(c) 整层开采放顶煤采煤法   (d) 分层放顶煤采煤法

图 2-11 放顶煤采煤法

（4）近距离煤层群开采时,应合理安排上、下煤层的开采顺序。

2. 急倾斜煤层开采的方法

（1）倒台阶采煤法

煤层倾角在 45°以上时,走向壁式的直线工作面同时存有多个工人工作是不安全的,这样就需要把直线工作面改为倒台阶形的工作面,由错开的台阶来保护同时生产的工人的安全,这就是急倾斜煤层的倒台阶采煤法。适用于顶板不太破碎、煤厚为 0.6～1.5 m 的急倾斜煤层。

（2）正台阶采煤法

正台阶采煤法是将一个在上下区段平巷之间的伪斜长壁工作面分为若干个短壁工作面,呈正台阶状布置。短壁工作面沿走向推进,始终保持沿倾斜方向的短壁工作面沿 30°伪斜方向推进。其适用于煤厚、倾角有变化或有小构造、厚度 2.4 m 以下、不宜使用伪斜柔性掩护支架采煤法的急倾斜煤层。

（3）巷柱式采煤法

巷柱式采煤法就是每隔一定距离，沿走向开掘一些重叠巷道，用斜巷将这些重叠巷道连通，回采时先挖巷道两帮的煤，然后才落巷道上部的煤。其适用于煤厚小于 2.5 m 的急倾斜煤层。

（4）水平分层采煤法

水平分层采煤法是将急倾斜中厚及厚煤层沿走向分成几个水平分层来开采。分层厚度就是工作面的采高，工作面沿走向推进。其开采顺序及采空区处理法有下行垮落和上行（下行）充填法，我国煤矿采用前者。其适用于煤厚 2 m 以上的急倾斜煤层和地质条件变化大而不能采用伪斜柔性掩护支架采煤法的急倾斜煤层。

（5）斜切分层采煤法

斜切分层采煤法的巷道布置和水平分层采煤法基本相同，其不同之处是工作面与水平面成 25°～30°倾角，从工作面破落的煤可自溜到溜煤小眼中。其适用于煤厚大于 3 m 的急倾斜煤层。

（6）伪倾斜柔性掩护支架采煤法

这种方法采用 25°～30°的伪斜工作面，工作面呈直线形，按伪斜方向布置，沿走向推进；用柔性掩护支架隔离采空区与采煤空间，工作人员在掩护支架的保护下进行采煤工作。其适用于厚度为 1.5～6.0 m、倾角大于 55°煤层，并要求煤层比较稳定，厚度和倾角变化小，地质构造比较简单。

（7）仓储采煤法

仓储采煤法的实质是：急倾斜煤层中沿小阶段走向以一定宽度划分若干个仓房，仰斜推进，采落的煤大部分暂存于仓房内并可临时支撑顶底板，待仓房范围采完后再将煤炭全部放出的采煤方法。仓房沿走向尺寸一般为 15～30 m，沿倾斜尺寸一般为40～60 m，适用于地质构造简单、顶底板岩层比较稳定、无淋水和厚度

1.0~4.5 m 的急倾斜煤层中。

二、掘进技术

(一)巷道掘进

在岩体中采用一定方法把部分岩石破碎下来,形成用于行人、运输、通风等工作的地下空间,并对这个空间进行支护的工作,叫巷道掘进。掘进工作的主要工序有破岩、装岩、运输、支护,辅助工序有排水、掘砌水沟、通风、铺轨和测量等。

在掘进巷道中,破碎岩石是一项主要工序。破碎岩石常用的办法有两种:钻眼爆破和掘进机破岩。我国目前最常用的方法是钻眼爆破破岩。

掘进巷道时,必须对工作面进行通风,以排除工作地点的炮烟和围岩中放出的有害气体,降低工作面温度和粉尘浓度,供给工人足够的新鲜空气,以改善劳动条件。掘进通风是保证安全、快速施工的一项重要工作。

掘进通风有压入式通风、抽出式通风和混合式通风三种方法,运用最多的是压入式通风法。

装运岩石是巷道掘进作业中繁重而又费时的工序,一般约占掘进循环时间的 35%~50%,有机械装岩和人工装岩两种装岩方式。

(二)巷道支护

1. 支护材料

(1) 木材

木材支护具有质量轻、加工容易、可报警等优点;但也具有易燃、易腐、回收复用率低、维护费用高的缺点。

(2) 金属材料

井巷支护所用的钢材,主要是用普通碳素钢制成的各种型钢,如钢轨、工字钢、槽钢和角钢等。

钢材是一种很好的支护材料,它的优点是强度大、使用年限长、可多次复用、体积小、不怕燃烧及加工、安装、修复都较方便；其缺点主要是初期投资大。但因多次复用，从长远看来经济上是合理的。一般加工成梯形或拱形支架的构件。

（3）钢筋混凝土

煤矿井巷常用的钢筋混凝土是由钢筋、水泥、砂子、石子和水组成。钢筋在混凝土中起骨架作用，小石子充填在大石子的空隙中，而砂子又充填整个石子中的空隙。石子称为粗骨料，砂子称为细骨料，水泥为胶凝材料，和水掺和在一起成为水泥砂浆，将砂石胶凝并逐渐硬化而形成一个坚硬的整体。

（4）水泥砂浆

水泥砂浆是用水泥、砂和水调和而成的混合物，硬化后能将料石、砖或锚杆与岩石等胶结成为整体。

2. 支护形式

（1）棚式支架

棚式支架俗称棚子，属于被动支护。棚子有多种，按所用的材料可分为木棚子、金属棚子和钢筋混凝土棚子3种。

① 木棚子。井下常用的木棚子是梯形棚子，它由一根顶梁、两个棚腿以及背板、木楔等组成。

顶梁承受顶板岩石给定的垂直压力和由棚腿传来的水平压力，棚腿则承受顶梁传给它的轴向压力和侧帮岩石给它的横向压力。背板可密集或间隔布置。木楔的作用是使棚子与围岩固定在一起。撑柱的作用是加强棚子在巷道轴线方向的稳定性。

木棚子主要用于维修巷道和在巷道掘进时做临时支护。

② 金属棚子。金属棚子有梯形的，也有拱形的，其中梯形的使用较多，掘进拱形巷道时，常用组装的金属拱形棚子作为临时支护。

金属支架具有坚固、耐久、防火、架设较方便和可以多次回收复用等优点。也可根据需要制成可缩性结构。其缺点是质量大，搬运和修理不便,成本高,初期投资较大。

梯形金属棚子主要适用于回采巷道及其他断面较大、地压较严重的采区巷道;拱形金属支架适用于地压较大,尤其是动压较大的巷道。

③ 钢筋混凝土棚子。钢筋混凝土棚子(水泥支架)是在地面用钢筋混凝土预制成顶梁、棚腿和背板等构件,运到井下装配而成。它充分利用了混凝土与钢筋的受力特性,使混凝土在构建中承受压力,钢筋承受拉力,不但提高了结构的承载能力,而且又节约了材料。它的结构有梯形、拱形两种,一般采用梯形。

钢筋混凝土棚子具有坚固耐久、有防火性等优点;它的缺点是重量大,运输和架设不方便。它属于刚性支架,只能用于地压稳定的巷道。

(2) 拱形砌碹支护

拱形砌碹支护是以料石、砌块为主要材料,以水泥砂浆胶结,或以混凝土现场浇筑而成的连续整体式支护。石材及混凝土支架一般为拱形,由基础、墙和拱顶三部分组成。

巷道顶部压力通过拱顶、墙和基础传给底板岩石。拱顶及墙的厚度一般在 300 mm 左右。料石用石灰岩或砂岩,每块料石质量不宜超过 30~40 kg,以利于人工搬运和砌筑。砌碹时,先挖砌基础,再砌墙,然后架设碹胎和模板,最后砌拱顶。

石材及混凝土支架具有坚固、能承受较大的压力、服务期限长、维修量小,并能防火、隔水和防止围岩风化等优点,但存在施工速度缓慢、施工时的劳动强度大、材料消耗多、成本高等缺点。石材整体支护正在被淘汰。

(3) 锚喷支护

锚喷支护是在巷道掘进后,先向围岩钻孔,然后在孔内插入锚杆,对围岩进行人工加固,并利用围岩本身的支撑能力达到维护巷道的目的。为防止围岩风化或破碎,可以在锚固以后再喷射混凝土(或喷水泥砂浆),这样可以提高支护效果。

① 锚杆支护。锚杆是锚固在岩石内部的杆状支架,它不是消极地承受巷道周围的岩石压力,而是利用它把围岩锚固起来,形成支架与围岩共同作用的受力整体,从而减弱围岩变形,防止围岩冒落。锚杆支护可以起到 3 个作用:一是锚固层状岩层,二是悬吊松软岩层,三是拉紧岩块。

锚杆的种类很多,按制作材料可分为金属锚杆、木锚杆、竹锚杆、钢筋或钢丝绳砂浆锚杆、树脂锚杆和快凝水泥锚杆;按锚固方式可分为端头锚固和全长锚固两大类型。除此之外,一些大型矿井中还使用树脂锚杆、快速硬化水泥锚杆、压力胀管式锚杆和管缝式锚杆等。

锚杆支护的优点是:支架材料用量少,巷道掘进断面小,支护费用低,劳动强度低,支护工效高,支护性能好,安全可靠,掘进爆破时不易被崩坏,巷道施工速度快。缺点是:锚杆不能封闭围岩表面,不能防止围岩的风化和围岩的淋水,在围岩极松软、破碎的地段难以单独使用。

② 喷浆支护。喷浆支护是用喷射机向围岩表面喷射一层 10~30 mm 的水泥砂浆。其主要作用是封闭围岩,防止围岩风化,以保持围岩的坚固强度,维护巷道的稳定。

③ 喷射混凝土支护。喷射混凝土支护是将一定配合比的水泥、砂、石子和速凝剂等混合搅拌均匀,装入喷射机,以压缩空气为动力,使拌和料沿管路吹送至喷头处与水混合,并以较高的速度喷射在岩石上凝结硬化而成的一种支护形式。

④ 锚喷网联合支护。在喷射混凝土之前敷设金属网,喷后成钢筋混凝土层,提高了喷层的整体性,改善了喷层的抗拉性能,这就形成了锚喷网联合支护。它能有效地支护松散破碎的软弱岩层。金属网用钢筋直径一般为 6~12 mm,钢筋间距一般为 200~400 mm。

锚喷网联合支护是一种先进的支护方式。当围岩不稳定时，该方式具有工艺简单、机械化程度高、施工速度快、巷道掘进工程量和支护材料消耗少、成本低等优点。它与光面爆破相配合会具有更多的优点。

⑤ 组合锚杆支护。组合锚杆支护是以锚杆为主要构件并辅以其他支护构件而组成的锚杆支护系统。这是近几年发展起来的新的锚杆支护形式，一般用于煤巷支护，其类型主要有锚网支护、锚梁（带）网支护和锚杆桁架支护。

3. 通风设施地点的巷道支护

通风设施亦称通风构筑物，其使用地点对巷道支护的要求主要是结构严密、坚固、不漏风或少漏风、通风阻力小等。

（1）风硐

风硐要求使用混凝土、砖石等材料构筑，表面要求光滑。

（2）风桥

如果服务年限长，通过风量在 $20\ m^3/s$ 以上时，应采用绕道式风桥，其支护形式可与相连巷道一致；如果服务年限较短，通过风量为 $10\sim20\ m^3/s$ 时，可采用混凝土风桥，以防止漏风。风桥的支护材料应为不燃性材料，风桥前后各 5 m 内巷道支护应良好，无杂物、积水、淤泥。断面缩小口应呈流线型，巷道坡度小于 $30°$。

（3）测风站

在测风站前后 10 m 范围内，巷道断面应保持一致，采用一种支护形式。如果是混凝土支架支护的巷道，应采用密集支护，并用水泥抹光墙面和用白灰刷白。

（4）风门与密闭墙

在风门前后 5 m 范围内及密闭墙内外各 5 m，要求巷道支护完好，无冒顶片帮。

第三章　矿井灾害及自救、互救

第一节　矿井瓦斯灾害

一、矿井瓦斯性质及危害

1. 矿井瓦斯性质

矿井瓦斯是成煤过程中的一种伴生气体,是指煤矿井下以甲烷为主的有毒、有害气体的总称,有时单独指甲烷(CH_4)。

矿井瓦斯是一种无色、无味、无臭的气体,相对密度 0.554,比空气轻,故常积聚在巷道的顶部、上山掘进工作面及顶板冒落的地区。矿井瓦斯的扩散性好,是空气的 1.6 倍。矿井瓦斯本身无毒,但矿井空气中的瓦斯浓度较高时,就会相对降低空气中氧气含量,导致人员缺氧而引起窒息。矿井瓦斯是一种宝贵的化工原料和燃料,难溶于水,也不助燃,但在空气中达到一定浓度后,遇到高温火焰就会燃烧和爆炸。

2. 矿井瓦斯的危害

矿井瓦斯的危害主要表现在以下两方面:

(1)瓦斯窒息。甲烷本身虽然无毒,但空气中甲烷浓度较高时,就会相对降低空气中的氧气浓度,在压力不变的情况下,当甲烷浓度达到 43％时,氧气浓度就会被冲淡到 12％,人就会感到呼吸困难;当甲烷浓度达到 57％时,氧气浓度就会降到 9％,这时人若误入其内,短时间内就会因缺氧窒息而死亡。

(2)瓦斯的燃烧和爆炸。当瓦斯与空气混合达到一定浓度时,遇到高温火源就能燃烧或发生爆炸,一旦形成灾害事故,就会造成井下作业人员的大量伤亡,严重影响和威胁矿井安全生产。

　3. 矿井瓦斯赋存状态

　　瓦斯在煤层及围岩中的赋存状态有两种,一种是游离状态,另一种是吸着状态,如图 3-1 所示。

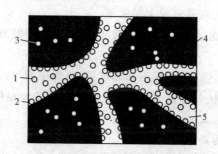

图 3-1　煤层瓦斯赋存状态示意图

1——游离瓦斯;2——吸附瓦斯;3——吸收瓦斯;4——煤体;5——孔隙

　　瓦斯以自由气体状态存在于煤体和岩体的孔隙、裂缝与空洞中,称为游离状态的瓦斯。游离瓦斯量的大小与存储空间的容积、瓦斯压力成正比,与温度成反比。

　　吸着状态又称为结合状态,其特点是瓦斯与煤或某些岩石结合成一体,不再以自由气态形式存在。按其结合形式不同又可分为吸附、吸收两种:吸附状态是由于固体粒子与瓦斯分子之间分子吸引力的作用,使瓦斯分子在固体颗粒表面上形成很薄的吸附层;吸收状态是气体分子已进入煤分子团的内部。

二、瓦斯涌出及瓦斯等级划分

　1. 普通涌出

　　由于受采掘工作的影响,促使瓦斯长时间均匀、缓慢地从煤岩体中释放出来,这种涌出形式称为普通涌出。这种涌出时间长、范围广、涌出量多,是瓦斯涌出的主要形式。

2. 特殊涌出

(1) 喷出。在短时间内,大量处于高压状态的瓦斯从采掘工作面煤(岩)裂缝中突然涌出的现象,称为喷出。

(2) 突出。在瓦斯喷出的同时,伴随有大量的煤粉(岩石)抛出,并有强大的机械效应,则称为煤(岩)与瓦斯突出。

3. 矿井瓦斯涌出的主要来源

(1) 掘进区。即巷道掘进时从巷壁(煤岩裂隙)和落煤中涌出的瓦斯。

(2) 采煤区。即采煤工作面煤壁、落煤中涌出的瓦斯。

(3) 已采区。即已采区(采空区)的顶、底板和浮煤中涌出的瓦斯。

4. 矿井瓦斯等级划分

《规程》规定,一个矿井只要有一个煤(岩)层发现瓦斯,该矿井即为瓦斯矿井。瓦斯矿井必须依照矿井瓦斯等级进行管理。

矿井瓦斯等级,根据矿井相对瓦斯涌出量、矿井绝对瓦斯涌出量和瓦斯涌出形式的不同可划分为以下三种。

(1) 瓦斯矿井。矿井相对瓦斯涌出量小于或等于 $10 \mathrm{\ m^3/t}$,且矿井绝对瓦斯涌出量小于或等于 $40 \mathrm{\ m^3/min}$。

(2) 高瓦斯矿井。矿井相对瓦斯涌出量大于 $10 \mathrm{\ m^3/t}$,或矿井绝对瓦斯涌出量大于 $40 \mathrm{\ m^3/min}$。

(3) 煤(岩)与瓦斯(二氧化碳)突出矿井。

第二节　矿井水灾

一、矿井水(灾)基本知识

1. 矿井水与矿井水灾

在矿井生产与建设过程中,地面水与地下水都可能通过各种通道流入矿井中,我们把所有流入矿井中的水统称为矿井水。采取各种措施防止水进入矿井叫矿井防水；将已进入矿井的水及时排至地面叫矿井排水。

当矿井涌水量超过了矿井的正常排水能力时，造成矿井水泛滥成灾的现象，叫矿井水灾。矿井水灾是煤矿主要自然灾害之一。

2. 矿井水的来源与危害

矿井水的来源有地下水、地表水、大气降水和老空（窑）积水，其危害主要表现在以下四个方面：

（1）造成顶板淋水，使巷道内空气的湿度增大、顶板破碎，对工人的身体健康和劳动生产率都会带来一定的影响。

（2）由于矿井水的存在，生产、建设过程中必须进行矿井排水工作，矿井水的水量越大，所需安装的排水设备越多或功率越大，排水所用的电费开支就越高，增大了原煤生产成本。

（3）矿井水对各种金属设备、钢轨和金属支架等有腐蚀作用，使这些生产设备的使用寿命大大缩短。

（4）当矿井水的水量超过矿井的排水能力或发生突然涌水时，轻则造成矿井局部停产或局部巷道被淹没，重则造成矿井淹没、人员伤亡。

3. 发生矿井水灾的两个基本条件

造成矿井水灾必须具备两个基本条件，即存在水源和涌水通道。水源就是流经或积存于井田范围内的地面水和地下水；涌水通道就是水源进入矿井的渠道，如井筒、塌陷坑、裂缝、断层、裂隙、钻孔和溶洞等。

4. 井下防水

井下防水的主要措施有：防、排、探、截、堵。

（1）井下防水。可选择合理的开拓开采方法，减少矿井涌水量或留设防水煤柱，使工作面与地下水源保持一定距离。

（2）井下排水。在地面或井下打专门钻孔或利用专门疏水巷

道进行疏放排水,以降低含水层的水位和水压,并疏干局部地
下水。

(3)井下探放水。利用钻孔探查工作面前方的水情,然后有
控制地将水放出,以保证采掘安全。

(4)井下截水。在井下适当地点修筑截水建筑物,如水闸门、
水闸墙等,当井下局部发生涌水时,可将其截住,使其不致危及其
他地区;或用水闸墙、水闸门将煤层开采区与水源隔离,以保证开
采安全。

(5)注浆堵水。将水泥浆或化学浆通过专门的钻孔压入地层
空隙;浆液在地层中扩散、胶结、硬化,最终起到加固地层和堵隔
水源的作用。

二、矿井透水事故的一般预兆

(1)煤壁"挂汗"。具有一定压力的积水透过煤(岩)体的细微
裂隙而在采掘面煤(岩)壁上凝聚成水珠的现象,称为"挂汗"。透
水预兆中的"挂汗"与其他原因造成的"挂汗"有所不同。透水预
兆中顶板"挂汗"多呈尖形水珠,有"承压欲滴"之势;自燃预兆中
的"挂汗"为蒸汽凝结于煤(岩)壁所致,多为平形水珠;另外,井下
空气中的水分遇到低温的煤(岩)体时,也可能聚结成水珠。区别
"挂汗"现象是否为透水预兆的方法是剥离一层煤壁面,仔细观察
所暴露的煤壁面上是否潮湿,若潮湿则是透水预兆。

(2)煤壁"挂红"。当积水中含有铁的氧化物时,上述煤(岩)
壁上所挂之"汗"呈暗红色(铁锈使水色变得暗红),故称为"挂
红"。

(3)空气变冷,煤壁发凉。水的热导率比煤(岩)体大,所以采
掘面接近积水区域时,空气温度会骤然下降、变冷,人进入后有凉
爽、阴冷之感。煤(岩)体的含水量增大时,其热导率增大,所以用
手摸煤(岩)壁有发凉的感觉。但应注意,受地热影响较大的矿
井,地下水的温度较高,当采掘面接近积水温度较高的积水区时,

气温反而升高。

（4）出现雾气。当采掘面气温较高时，从煤壁渗出的积水就会被蒸发而形成雾气。

（5）发出水叫声。含水层或积水区内的高压水在向煤壁裂隙挤压时，与煤壁摩擦会发出"嘶嘶"叫声，有时能听到空洞泄水声，这是透水的危险征兆，若是煤巷掘进，透水即将发生。

（6）淋水加大，顶板来压，底板鼓起或产生裂隙并出现渗水。

（7）出现压力水流（或称水线）。这表明离水源已较近，应密切注视水流情况。若出水浑浊，说明水源很近；若出水清净则水源尚远。

（8）工作面有害气体增加。这是因为积水区常常有瓦斯、二氧化碳、硫化氢等有害气体逸散出来的缘故。

（9）煤层发潮、发暗。原本干燥、光亮的煤层由于水的渗入，变得潮湿、暗淡。如果挖去表面一层，里面仍然如此，就说明附近有积水。

第三节　矿井火灾

一、矿井火灾基本知识

1. 矿井火灾的概念及火灾构成要素

凡是发生在井下或地面，威胁矿井安全生产，造成损失的燃烧均称为矿井火灾。发生火灾的原因多种多样，但引起火灾的基本要素归纳起来有以下 3 点：

（1）热源。具有一定温度和足够热量的热源才能引起火灾。在矿井里的煤的自燃、爆破作业、机械摩擦、电流短路、吸烟、烧焊等都有可能成为引火的热源。

（2）可燃物。在矿井中，煤本身就是一个大量而且普遍存在的可燃物。另外，坑木、各类机电设备、各种油料、炸药等都具有可燃性。可燃物的存在是火灾发生的基础。

（3）氧气。燃烧就是剧烈的氧化反应。任何可燃物尽管有热源点燃，但是缺乏足够的氧气，燃烧是不能持续的，所以氧气的供给是维持燃烧不可缺少的条件。

以上火灾发生的三要素必须是同时存在，相互结合，缺一不可。

2. 矿井火灾的分类

根据引火源的不同，通常将矿井火灾分成外源火灾（外因火灾）和自然火灾（内因火灾）两大类。

（1）外源火灾。是指由于外来热源，如明火、爆破、机电设备运转不良、人为纵火等原因造成的火灾。其特点是：突然发生，如果不能及时发现，往往可能酿成恶性事故。

（2）自然火灾。是指由于一些自燃物质（主要是煤）在一定条件下或环境下（如破碎后集中堆积，又有一定的风流供给）自身发生物理化学变化（吸氧、氧化、发热）聚积热量导致着火而形成的火灾。自然火灾大多发生在采空区遗留的煤柱、破裂的煤壁、煤巷的高冒处以及浮煤堆积的地点。其特点是：它的发火有一个或长或短的过程，易于早期发现。但由于火源隐蔽，往往发生在人们难以进入的采空区或煤柱内，要想真正找到火源确非易事，因此不能及时扑灭，以致有的自然发火区可以持续数月、数年、数十年而不灭。

3. 矿井火灾危害

燃烧煤炭资源，烧毁设备和耗掉大量灭火材料，造成巨大经济损失；为了灭火封闭采区，冻结大量开采煤量，使矿井产煤量大幅度下降；能引起瓦斯煤尘爆炸事故；火灾会产生大量有毒有害气体，造成人员伤亡；矿井火灾可引起矿井井巷风流的紊乱，给矿井安全工作带来严重危害。

4. 自然火灾发生的预兆

根据煤炭自燃发展过程各阶段的特征，早期识别主要凭借人

体感官,判断方法如下:

(1)视觉。人用肉眼可见水蒸气凝聚在支架或巷道表面上,形成水珠,俗称"煤壁出汗",这是火灾外部征兆。

(2)嗅觉。人们能嗅到煤油味、汽油味、松节油味或焦油味。经验证明,当人们嗅到焦油味时,煤炭自燃已发展到相当严重的地步。

(3)触觉。煤炭在自燃过程中要放出热量,因此,从该处流出的水和空气的温度较正常时高。

(4)感觉。煤在自燃过程中,产生一氧化碳、二氧化碳,使人体有病态反应,如头痛、精神不振、不舒服、有疲劳感等。

二、矿井防火

1. 矿井防火的一般性措施

(1)建立防火制度。《规程》第二百一十五条规定,生产和在建的矿井都必须制订地面和井下的防火措施。矿井的所有地面建筑物、煤堆、矸石山、木料场等处的防火措施和制度,必须符合国家有关防火的规定。

(2)防止烟火入井。木料场、矸石山、炉灰场距进风井的距离不得小于 80 m。木料场距矸石山的距离不得小于 50 m。矸石山和炉灰场不得设在进风井的主导风向的上风侧,不得设在地表 10 m 以内有煤层的地面上,也不得设在采空区上方有漏风的塌陷范围内。井口房和通风机房附近 20 m 内,不得有烟火或用火炉取暖。这些规定,都是为了防止因井口附近着火时烟流进入井下。

(3)设置防火门。为了防止地面火灾波及井下,《规程》规定,进风井口应装设防火铁门。如果不设防火铁门,必须有防止烟火进入矿井的安全措施。防火铁门必须关闭严密,打开时不妨碍提升、运输和人员通行。

(4)设置消防材料库。储备足够的消防器材,供灭火时使用。

《规程》规定,每一矿井必须在井上、井下设置消防材料库,并符合下列要求:

①井上消防材料库应设在井口附近,并有轨道直达井口,但不得设在井口房内。

②井下消防材料库应设在每一个生产水平的井底车场或主要运输大巷中,并应装备消防列车。

③消防材料库储存的材料、工具的品种和数量,应符合有关规定,并定期检查和更换;材料、工具不得作为他用。因处理事故所消耗的材料,必须及时补充。

④设置消防水池和井下消防管路系统。用水灭火是一种比较经济而方便有效的方法。因此,《规程》第二百一十八条规定:矿井必须设地面消防水池和井下消防管路系统。井下消防管路系统应每隔100 m设置支管和阀门,但在带式输送机巷道中应每隔50 m设置支管和阀门。地面的消防水池必须经常保持不少于200 m³的水量。如果消防用水同生产、生活用水共用同一水池,应有确保消防用水的措施。开采下部水平的矿井,除地面消防水池外,可利用上部水平或生产水平的水仓作为消防水池。

⑤使用不燃性建筑材料。《规程》规定,新建矿井的永久井架和井口房,以井口为中心联合建筑,必须用不燃性材料建筑。对现有生产矿井用可燃性材料建筑的井架和井口房,必须制定防火措施。

2. 外因火灾的预防措施

外因火灾的预防主要从两方面进行:一是防止失控的高温热源;二是尽量采用不燃或耐燃材料支护,同时防止可燃物大量积存。煤矿井下失控的高温热源较多,如电气设备过负荷而短路产生的电弧、电火花,不正确的爆破作业产生的爆炸火焰,机械设备运转造成的摩擦火花,物品碰撞引起的冲击火花,违章吸烟,使用电炉、灯泡取暖,烧焊以及瓦斯煤尘爆炸等都能形成外因火灾。

预防外因火灾的措施关键是严格遵守《规程》的有关规定,及时发现外因火灾初起征兆并制止。

3. 煤炭自燃的预防措施

煤炭自燃须具备的三个条件:

(1)煤炭具有自燃的倾向性,并呈破碎状态堆积存在。

(2)连续的通风供氧使煤的氧化过程不断地发展。

(3)煤氧化生成的热量能大量蓄积,难以及时散失。

煤炭自燃引发事故会严重影响矿井经济效益,破坏矿井的正常采掘,对人体健康构成威胁,由煤炭自燃引起的瓦斯爆炸事故也时有发生。因此,必须坚持"预防为主、综合治理"的原则,采取有针对性的技术措施,消除自然发火事故对矿井安全的威胁。

(1)从预防煤炭自燃的角度出发,对开拓、开采方法的要求是:煤层切割量要少、煤炭回采率高、工作面推进速度快、采空区容易封闭。

(2)防止漏风。防止漏风的措施是尽可能地增大漏风风阻和降低漏风风路两端的压差。

(3)预防性灌浆。预防性灌浆是预防煤炭自燃的传统措施,也是应用最为广泛且最有效的措施。预防性灌浆就是将水和不燃性固体材料按一定比例混合,配制成适当浓度的浆液,然后利用灌浆管道系统将其送往采空区等可能发生煤炭自燃的地点,以防止自燃火灾发生。浆液灌注到采空区等处后,固体逐渐沉淀下来,水则流到巷道中排出。

(4)阻化剂防火。阻化剂亦称阻氧剂,是一些具有阻止氧化和防止煤炭自燃作用的盐类物质。

(5)凝胶防灭火技术。凝胶防灭火技术是通过压注系统将基料(水玻璃)和促凝剂(铵盐)按一定比例与水混合后,注入煤体中凝结固化,起到堵漏和防火的目的。

第四节　矿尘危害

一、矿尘基本知识

在煤矿生产和建设过程中所产生的各种岩矿微粒统称为煤矿粉尘,又称矿尘。

(一) 矿尘的分类

1. 按矿尘的成分划分

(1) 煤尘:直径小于 1 mm 的煤炭颗粒。

(2) 岩尘:直径小于 5 μm 的岩石颗粒。

2. 按矿尘的粒度范围划分

(1) 全尘。不同粒径的全部矿尘,又称总粉尘。

(2) 呼吸性粉尘。粒径在 5 μm 以下,能被吸入人体肺泡区的浮尘。

3. 按矿尘的爆炸性划分

(1) 爆炸性矿尘(煤尘)。本身具有爆炸倾向性,在一定条件下能发生爆炸的矿尘。

(2) 无爆炸性矿尘。本身没有爆炸倾向性,在任何条件下都不会发生爆炸的矿尘。

4. 按矿尘的存在状态划分

(1) 浮尘。悬浮在矿井空气中的矿尘。

(2) 落尘。降落于井巷四周、支架和设备、物料上的矿尘。

(二) 矿尘的生成

在煤矿的各个生产环节,从开拓、掘进、采煤、运输以至提升,随着岩、煤体的破坏、碎裂便产生大量的岩尘和煤尘。在开拓、掘进过程中,凿岩和爆破是产生岩尘的主要工序。在采煤过程中,特别是采用机械落煤时,煤尘产生量更大。从矿尘的产生量来看,采掘工作产生的最多,在机械化采煤的矿井中有 70%～85%

的煤尘是在采掘工作中产生的,其次是运输系统各转载点。

（三）矿尘的危害

矿尘的危害性很大,不仅可引起职业病,危害工人身体健康,而且煤尘还具有爆炸性,威胁着矿井的安全生产。此外,作业地点矿尘过多,还会影响视线,甚至造成视力减退,不利于及时发现事故隐患,从而增加了机械性人身事故的发生概率。

二、煤矿尘肺病防治

（一）尘肺病的概念

尘肺病是矿工在生产过程中长期吸入大量矿尘而引起的以肺部纤维组织增生为主要特征的慢性疾病。这是一种严重的矿工慢性职业病。尘肺病患者的症状为气短、胸闷、胸痛、咳嗽、咯血。一般初期症状不明显,随着病情的发展,严重时可丧失劳动能力,危及生命。尘肺病患者不仅上呼吸道防御机能受到破坏,而且全身的免疫功能也有所降低,因此在病程发展中往往易合并或引发出其他疾病。国内外煤矿尘肺病的并发症以肺结核和呼吸道感染为最常见,继发症以肺心病和自发性气胸为最常见。特别是晚期尘肺病,可同时有多种并发症和继发症存在,使患者病情恶化,缩短寿命。据卫生部门统计,尘肺病患者结核病并发症占尘肺病死亡人数的 30% 以上。

（二）预防尘肺病的技术措施

1. 通风除尘

通风除尘是稀释和排除工作地点悬浮矿尘,防止浮尘浓度过高、浮尘量积累的有效措施,是矿井综合防尘的重要一环。

为使通风排尘更有效,就必须注意风速的问题。在平巷中,风流方向与矿尘沉降方向垂直,风流的推力对矿尘的悬浮没有直接的作用,排尘要求有足够大的风速。在垂直井巷中,风速方向与矿尘沉降方向平行,只要风速大于矿尘的沉降速度即可排出。最低排尘风速为 0.25～0.5 m/s,最优排尘风速为 1.2～

1.6 m/s。在此范围内的风速既能有效地冲淡和排除浮尘,又不至于把大量落尘吹起。

2. 湿式作业

(1)湿式凿岩。湿式凿岩就是在凿岩过程中,将压力水通过凿岩机送入并充满孔底,以湿润、冲洗和排出产生的矿尘,是岩巷掘进凿岩普遍采用的有效防尘措施。要提高湿式凿岩的防尘效果,必须抓好水质和水量两个环节。

水质的好坏主要是指水中固体悬浮物含量的多少,固体悬浮物越多,湿润岩粉能力就越差。因此凿岩用水必须经过滤、沉淀处理。

水量是指钻眼时送达眼底的有效水量。在湿式凿岩中,供水量不足严重地影响防尘效果;但水量过大时,水压增大,会对钻头、钻杆的回转起阻碍作用,将会降低钻眼速度。所以,供水量必须适当。

(2)湿式钻眼。湿式钻眼就是用湿式煤电钻在煤层中钻眼。它具有良好的水密封性能,能有效地控制采煤工作面和煤层掘进工作面的煤尘。

(3)装岩洒水。在装岩之前要多洒水,使混杂在破碎岩石中的粉尘充分湿润;在装岩过程中打开安装在装岩机两侧前端的喷雾器继续洒水,以防铲斗撮渣时扬起矿尘。用水冲洗两巷煤岩帮,在煤岩装运或受到较高风吹时,矿尘不易被吹扬起来。

(4)喷雾捕捉浮尘。在井下各转载点喷雾;在爆破时喷雾加速浮尘沉降,或者采掘工作面爆破前和爆破后恢复工作前,用防尘水管对巷道由外向里冲刷巷道两帮、顶等,一直冲洗到工作面为止,从而达到降尘的目的。

(5)使用水炮泥。水炮泥是装水的塑料袋,用它代替黏土炮泥填入炮眼内,能起到消焰、降温的作用,爆破的热量可使水汽化形成水蒸气,从而达到降尘的效果。

（6）净化风流。净化风流是使井巷中含尘的空气通过一定的设备或设施，将矿尘捕获而使风流净化的技术措施。目前较常用的净化风流设施有水幕和湿式除尘机。

第五节　冒顶事故

冒顶事故是指在地下采煤过程中，顶板意外冒落造成人员伤亡、设备损坏、生产中止等灾害，是煤矿生产的主要灾害之一。冒顶事故按冒顶范围分为局部冒顶和大型冒顶；按力学原因分为压垮型冒顶、漏冒型冒顶和推垮型冒顶。

发生冒顶事故的原因有两个：一是对采煤工作面顶、底板情况及活动规律不清楚，二是顶板控制措施没有落实到位。只要能用正确的理论和手段实现对顶板的监测，掌握顶、底板情况及其活动规律，并提前采取有针对性的控制措施，绝大部分冒顶事故是可以防止的。

一、冒顶的类型、特点和规律

（一）坚硬难冒顶板的主要特点和来压规律

开采坚硬难冒顶板煤层时，采空区易形成大面积悬顶。采用长壁垮落法开采时，基本顶初次来压与垮落面积可达 10 000 m²以上。在超过极限面积后，顶板会突然冒落，产生剧烈的动力现象。大面积的顶板在极短的时间内冒落，不仅对采煤工作面支护产生严重的破坏，而且可把已采空间的空气瞬时排出，形成巨大的风暴，对附近巷道甚至整个矿井造成极大的破坏。

所谓压垮型冒顶是由垂直于岩层面的顶板压力破坏工作面支架而导致的冒顶。压垮型冒顶是主要顶板灾害之一。顶板大面积来压与冒落，发生压垮型顶板灾害事故，是开采坚硬难冒顶板煤层的主要特点。

1. 长壁工作面来压规律

长壁工作面开采坚硬难冒顶板煤层,在初次来压前坚硬难冒顶板可视为板结构,因为采煤工作面处于板结构的保护之下,顶板来压并不显著。周期来压前,工作面上方还未破坏的基本顶岩层开始呈悬露状态,上覆岩层的重量由基本顶板的悬板直接传递给煤壁,此时采煤工作面空间处于悬板的保护之下,随着工作面的推进,基本顶悬露跨度增加、挠度增加,致使煤壁内的支撑压力相应增大,同时表现为煤壁的变形与片帮。

2. 坚硬难冒顶板工作面来压规律

(1)初次来压与周期来压步距大。坚硬难冒顶板采煤工作面初次来压步距一般大于 30 m,整体厚砂岩或砂岩、灰岩组合顶板则大于 50 m,甚至可达 100 m 以上。周期来压步距小于初次来压步距,但一般也大于 20 m。同时有大、小周期之分,大的周期来压步距与初次来压步距相近。

(2)工作面切顶线后方顶板悬露面积大。坚硬难冒顶板工作面切顶线后方顶板悬露面积大,一般形成 3～6 m 的悬顶。悬顶大造成支架前后受力不均,后柱压力常常为前柱压力的 1.5 倍,同时造成工作面顶板有时沿煤壁折断。

(3)顶板来压强度大。顶板来压时造成支柱折断,严重的会推倒支架及工作面。液压支架工作面来压比单体支柱工作面强度还要大,支架载荷较正常运行增加 1～2 倍,支架载荷增阻可达 15～20 MPa,由于安全阀来不及开启或卸载速度慢,常使液压支架发生严重损坏,其主要表现为支柱变形、弯曲开裂、缸体胀裂、底座变形等,最严重时使高吨位液压支架缸体爆炸。

(二)破碎顶板的冒顶

1. 破碎顶板分类

破碎顶板根据岩性的不同可分为以下 5 种:

(1)构造破碎型,即受复杂地质构造影响,如断层及褶皱、冲刷带、陷落柱附近等。

（2）复合松软型，即顶板由松软的页岩、泥质页岩及砂页岩构成。

（3）离层型，即顶板由下软上硬的薄层页岩、砂页岩及砂岩组成，层间黏结力很低或有煤线。

（4）包裹体镶嵌型，即坚硬岩块的锅底状包裹体镶嵌在沉积岩层内。

（5）采动影响型，即受到采掘活动的影响，顶板已发生离层、下沉和破碎。例如，采煤工作面过本煤层老巷、上下石门。

2. 破碎顶板冒顶机理

（1）破碎顶板允许暴露时间短，暴露面积小，支护不及时易发生局部漏顶现象。常因采煤机割煤和爆破后机道得不到及时支护而发生局部漏顶现象。

（2）初次来压和周期来压期间，破碎顶板容易和上覆直接顶或坚硬基本顶离层而垮落。

（3）由于工作面顶板压力加大将支架上方的背顶材料压折而产生漏顶现象。

（4）金属铰接顶梁与顶板摩擦力很小，在顶板来压时容易被推倒而发生冒顶。

（5）在破碎顶板条件下，支柱的初撑力往往很低，容易造成顶板早期下沉离层，自动倒柱或人员、设备碰倒而倒柱，顶板丧失了支撑物而冒落。

3. 破碎顶板的冒顶规律

破碎顶板冒顶时，先产生支架空当或机道内局部漏顶现象，由于得不到及时有效的控制，漏顶范围越来越大，工作面支柱失稳，最后造成大面积冒顶。所以，为了防止破碎顶板漏垮型灾害，必须在局部漏顶发生以前就妥善地控制住顶板，使其不形成薄弱环节；或者在发生局部漏顶以后，立即进行封堵，加强支护，限制局部漏顶的面积进一步扩大。

（三）复合型顶板大面积冒顶的机理及特点

1. 冒顶机理

（1）离层。由于支柱支撑力小，刚性差，在顶板下的软岩自重作用下支柱下缩或下沉，而顶板上的硬岩未下沉或下沉缓慢，也就是软、硬岩层下沉不同步，从而导致软、硬岩层分离。

（2）断裂。在原生裂隙、构造裂隙和采动裂隙的作用下，在顶板下位软岩中形成一个六面体。此六面体与上部硬岩层脱离，四周或是已与原岩层断开，或是以采空区为邻，下面有单体支柱支撑，如果周围没有约束，此六面体连同支撑它的单体支架将是一个不稳定的结构。

（3）当六面体周围出现一个自由空间，使六面体有了去路，而且六面体与去路方向又有一定的倾角时，在自重的作用下，此去路变得更畅通。

（4）当六面体有向下推的趋势时，岩层断裂面将产生阻止其下推的摩擦阻力，当六面体的推力大于阻力时，才会发生推垮型冒顶。

（5）诱发工作面冒顶的条件很多，例如爆破、采煤机割煤、调整支架、回柱放顶等工序以及岩层自身运动，都会或大或小地引起周围岩层产生振动，使六面体与断裂面的摩擦阻力变小，可能导致六面体下推力大于总阻力。

2. 冒顶特点

（1）冒顶分为没有预兆和有预兆两种。大多数情况下，当六面体形成时，下推力与总阻力处于临界状态，在某些因素的诱发下会发生无预兆的突然冒顶，来势猛、速度快，人力无法抗拒；如果离层六面体的下推力小于总阻力，则在某些因素的反复诱导下，阻力越来越小，六面体开始运动的阻力变得更小，运动速度变得越来越快，产生支柱下斜、靠近煤壁及采空区处掉矸等预兆，接着就会发生推垮型冒顶，在这种情况下往往来得及撤出工作人员。

（2）冒顶在时间上是随机的。采煤过程中各个工序都可能成为诱发条件,所以冒顶在任何工序都可能发生。

(3)冒顶前工作面压力小。由于在冒顶前工作面压力小,支架仅支撑顶板下位的软岩,所以支架没有变形、损坏,摩擦支柱无明显下缩,单体液压支柱无明显溢流。

(4)冒顶时工作面支柱被推倒。冒顶时由于顶板向下或向采空区滑动,带动其下的支柱改变支撑方向向下倾倒,所以冒顶后支柱没有被压断而只是倾倒伏地,多数是沿煤层倾斜方向向下倾倒,也有的向采空区倾倒。

(5)冒顶后上部硬岩层大面积悬露不冒,个别情况是冒落几块矸石。

(6)多数情况下,冒顶前工作面直接顶已沿煤壁断裂。

(7)冒顶多发生在开切眼附近。因为开切眼支护时间长,下方的软岩出现早期离层、下沉,而上方的坚硬岩层受周围煤柱支撑不易下沉,所以,开切眼附近发生复合型顶板推垮型冒顶的情况非常多。

另外,地质构造地带、采空区增加了在顶板中形成六面体的可能性;挑顶掘进、局部冒顶区附近给六面体提供了去路;倾角大地段、含水地带都可以使下推力大于总阻力。这些部位都是容易发生推垮型冒顶的地点。

二、采掘工作面冒顶前的预兆

1. 顶板冒落前的预兆

凡顶板大面积来压和冒落以前,都会出现一定的预兆,但这些预兆与顶板冒落之间的时间关系变化较大。冒落前一般有以下现象:

(1)工作面煤壁片帮或煤柱炸裂,并伴有明显的响声,煤炮增多,工作面和工作面巷道都出现煤炮,甚至每隔 5～6 min 就响一次。

(2)由于煤体内支撑压力的作用,煤层中的炮眼变形,打完眼不能装药,甚至打眼后连煤电钻钻杆都拔不出来。

（3）可听到顶板折断发出的闷雷声。发出声响的位置由远及近、由低到高,岩石开裂声次数显著增加。

（4）顶板下沉急剧增加。采空区顶板有明显的台阶状断裂、下沉和回转,垮落岩块呈长条状,致使采空区信号柱受压,柱帽压裂,炮崩不倒或在短时间压弯、折断。

（5）顶板有时出现裂隙与淋水,底板局部也可能底鼓,出现裂隙和出水,断层处滴水增加,有时出现钻孔中流水混有岩粉现象,严重时顶板可能掉矸。

（6）来压时支架压力突增。这时支架后柱阻力急增可达 $980 \sim 1\,000$ kN/柱,前柱则较低,有时仅 $10 \sim 30$ kN/柱,常伴有指向煤壁的水平拉力。

（7）如果设有微振仪进行观测,可发现记录中有较多的岩体破裂与滑移的波形出现,可记录到小的顶板冒落。

2. 试探顶板是否危险的方法

（1）木楔法。在裂缝中打入小木楔,过一段时间,如果发现木楔松动或夹不住,说明裂缝在扩大,有冒落的危险。

（2）敲帮问顶法。用钢钎或手镐敲击顶板,声音清脆响亮的,表明顶板完好;发出“空空”或“嗡嗡”声的,表明顶板岩层已离层,应把脱离的岩块挑下来。

（3）振动法。右手持凿子或镐头,左手指尖扶顶板,用工具敲击时,如感到顶板振动,即使听不到破裂声,也说明此岩石已与整体顶板分离。

三、冒顶事故的预防

（一）采煤工作面冒顶事故的预防

1. 采煤工作面初次来压时的安全措施

采煤工作面初次来压时,是工作面顶板事故的高发期,此时应对工作面支护进行重点监控,一般应采取以下安全措施:

（1）加强支护,沿放顶线增设1～2排密集支柱。

（2）提高支架的稳定性,沿放顶线每隔5～8 m增设一个木垛及一梁三柱的戗棚或一梁三柱的抬棚。

（3）可适当加大工作面的空顶距。

（4）采取小进度多循环作业方式,以增加工作面支架的支撑力和稳定性。加快工作面推进速度,以保持煤壁的完整性,使之具有良好的支撑作用。

（5）落煤后及时支护,并保证足够的支架数量和支护质量。

（6）在工作面和采空区内设木柱信号点。

2. 采煤工作面周期来压时的安全措施

采煤工作面基本顶周期来压时,可采取同初次来压时一样的安全技术措施。不同的是周期来压时,要尽量缩小工作面的空顶距。此外,采空区里的支柱一定要回收干净,使直接顶充分垮落,以缓冲基本顶垮落时对工作面支架的冲击。

3. 防止采煤工作面煤壁片帮的措施

采煤工作面除了冒顶之外,有时还会发生一些煤壁片帮事故。由于采煤工作面煤壁在支撑压力作用下容易被压松,因此采高大、煤质松软、顶板破碎的工作面往往容易片帮,进而引起冒顶。防止煤壁片帮的安全措施有：

（1）落煤后工作面煤壁应采直采齐,及时打好贴帮支柱,减小顶板对煤壁的压力。

（2）采高大于2 m、煤质松软时,除打贴帮支柱外,还应在煤壁与贴帮柱间加横撑。

（3）在片帮严重地点,煤壁上方垮落,应在贴帮柱上加托梁或超前挂金属铰接顶梁。

（4）合理布置炮眼,掌握好角度,顶眼距顶板不要太近,炮眼装药量要适当。

（5）落煤后及时挑顶刷帮,使煤壁不留伞檐。

4. 采煤工作面回柱放顶时的安全注意事项

使用全部垮落法管理顶板时,回柱放顶工作量大。对回柱的要求是安全、快速,支架回收干净,使顶板充分垮落,支架回收复用率高。

回柱放顶前要检查顶板压力是否稳定,工作面支柱有无短缺、折断和歪扭;检查回柱绞车是否完好,戗柱是否打牢,回柱绞车钢丝绳的断丝、断股是否超过规定,回柱钩头是否牢固,绞车操作联系信号是否灵敏等。

回柱放顶时,必须指定有经验的人员观察顶板。放顶工必须站在支架完整和不会发生崩绳、崩柱、甩钩、断绳抽人等事故的安全地点,并事先清理好退路。回柱绞车司机要严格按信号操作,避免误操作造成冒顶。在顶压集中区,应先打替柱,以免拉弯金属支柱。如果工作面没有密集支柱和木垛,应当先超前支设,然后回收,防止支护密度不足、支撑能力不够而造成冒顶。采用无密集切顶时,应在放顶线处设戗柱并挂挡矸帘,防止推倒支柱和矸石窜入。放顶区域内的支架,除信号柱外,必须全部回清。如果回柱后顶板不冒落且超过规定的悬顶面积时,必须采取人工放顶或其他措施进行处理。

5. 综采工作面防止顶板事故的措施

(1)根据围岩条件选择合理的架型。如在破碎顶板下应选用掩护支架。

(2)严格掌握采高。采高不能超过支架允许高度。

(3)防止煤壁片帮。采煤工作面煤壁应采直采齐,及时打上贴煤壁支柱。

(4)端面距不能过大。支架顶梁前端到煤壁这一段顶板没有支护,易发生冒顶事故。端面距最大值应小于或等于 340 mm。

(5)工作面倾角大时要采取防倒防滑措施,底板松软时也要采取相应的措施。

（二）掘进工作面冒顶事故的预防

1. 掘进工作面冒顶事故类型

掘进工作面冒顶事故按造成事故的冒落形式可分为以下 3 种：

（1）空顶事故。这类事故是指掘进时未及时支护或护顶不严，使顶岩坠落所引起的冒顶事故。

（2）压垮型冒顶。由于地质原因，如巷道穿越断层破碎带、陷落柱、老巷以及开采等，使巷道压力剧增，产生冲击载荷，压垮支架而导致冒顶。

（3）推垮型冒顶。在大倾角条件下，作用在支架上的倾向分力较大，当此分力大于一定值时，便会推垮支架而引起冒顶。

实际上，冒顶事故有时同时具有 3 种类型的特征，如由于空顶坠落，可能导致岩块回转推倒支架而引发推垮型冒顶事故。这3 类事故中空顶事故占总冒顶事故的 60%，压垮型冒顶事故占总冒顶事故的 38.1%。

2. 掘进工作面冒顶片帮的原因

（1）地质方面。巷道围岩松软或极易风化，节理裂隙发育；巷道通过断层、褶皱等构造变动剧烈地带；巷道穿过岩层的岩性突然发生变化，在其交界处易发生冒顶片帮等。

（2）设计方面。巷道位置选择不当，使巷道处于松软破碎岩层中；缺乏较详细的地质和水文资料，使施工缺乏指导，缺少应变措施；支护结构与形式不合理等。

（3）施工方面。对巷道穿过松软破碎岩层缺乏准备，施工措施不当或错误；不是一次成巷，围岩暴露时间过长，造成巷道风化、松动，引起塌冒；支护不符合设计要求，不按作业规程和操作规程施工，忽视质量，支架失稳而引起塌冒；工作面空顶距离过长，临时支护失效；在松软破碎岩层中施工，装药量过多，破坏了围岩的稳定性；未严格执行工作面敲帮问顶制度，检查、处理浮石不及时或方法不当，引起浮石坠落，造成伤亡事故等。

3. 预防掘进工作面冒顶片帮的措施

(1) 掌握地质资料,编制施工组织设计或作业规程,采用合理的施工方法和安全措施。

(2) 坚持一次成巷,缩短围岩暴露时间和暴露面积。

(3) 严格执行《规程》中对打眼爆破的规定,实行光面爆破,不崩坏支架。

(4) 掘进工作面的支护要紧跟迎头,严禁空顶作业。

(5) 在装药爆破前要加固工作面的支架,防止因爆破崩翻支架,造成巷道空帮和冒顶事故。

(6) 巷道断面大、围岩破碎松软、压力大时,可缩小棚距或采取加强支架、砌碹壁后注浆等措施强化支护。

(7) 巷道支护与围岩之间严禁空顶空帮,做好碹后充填工作,背好帮顶。

(8) 加强工作面围岩变化的观测,严格执行敲帮问顶制度,根据具体情况及时采取有效措施,防患于未然。

(9) 经常检查工作面后方的巷道支护情况,及时处理隐患。

(10) 严格按工作质量和支护质量标准进行检查验收,如发现不合格或已损坏的支架,应及时返工处理。

(三)巷道掘进冒顶事故的预防

巷道冒顶主要发生在掘进工作面迎头处、巷道维修更换支架处及巷道交叉处。为了确保巷道掘进和支护安全,必须注意以下操作:

(1) 掘进工作面严禁空顶作业。靠近掘进工作面迎头 10 m内的支护,在爆破前必须加固,爆破崩倒、崩坏的支架必须修复之后才能进入工作面作业。在松软的煤层或流砂型地层及地质破碎带掘进时,必须使用超前支护或采取其他措施。在坚硬和稳定的煤、岩层中,确定巷道不设支护时,必须制定安全措施。

(2) 支架间应设牢固的撑木或拉杆。可缩性金属支架应用金属支拉杆,并用机械或力矩扳手拧紧卡箍。支架与顶帮之间的空隙必须塞紧、背实。巷道冒顶空顶部分,可用支护材料接顶,但在碹拱上部必须充填不燃物垫层,其厚度不得小于 0.5 m。

(3) 采用锚杆、锚喷等支护形式时,应遵守下列规定:

① 锚杆、锚喷等支护的端头与掘进工作面的距离、锚杆的形式和规格、安装角度、混凝土标号、喷体厚度、挂网所采用的金属网规格以及围岩涌水的处理,必须在施工组织设计或作业规程中规定。

② 采用钻爆法掘进的岩石巷道,必须采用光面爆破。

③ 打锚杆眼前,必须首先敲帮问顶,将活矸处理掉,在确保安全的条件下才能作业。

④ 使用锚固剂固定锚杆时,应将孔壁冲洗干净,砂浆锚杆必须灌满填实。

⑤ 喷射混凝土、砂浆时,必须采用潮料,并使用除尘机对上料口和安全气口除尘。喷射前必须冲洗岩帮。喷射后应有养护措施。作业人员必须佩戴劳动保护用品。

⑥ 锚杆必须按规定做拉力试验。在井下做锚固力试验时,必须有安全措施。

⑦ 锚杆必须用机械或力矩扳手拧紧,确保锚杆的托板贴紧巷帮。

⑧ 岩帮的涌水地点必须处理。

⑨ 处理堵塞的喷射管路时,喷枪口的前方及其附近严禁有其他人员。

第六节　机电运输事故

一、电气事故的预防

1. 触电事故的预防

(1) 防止人身触及或接近带电体。按《规程》规定,电机车架空线的悬挂高度自轨面算起不得小于下列规定:在行人的巷道、车场内及人行道与运输巷道交叉的地方不小于 2 m;在不行人的巷道内不小于 1.9 m;在井底车场内,从井底到乘车场不小于2.2 m;在地面或工业广场内,不与其他道路交叉的地方不小于 2.2 m。

(2)对导电部分裸露的高压电气设备无法用外壳封闭的,必须围以遮拦,防止人员靠近。同时,在遮拦门上装设开门即停的闭锁开关,以确保人员开门进入高压电气室时,电气设备电源断开。

(3)井下电气设备带电部件和电缆接头全部封闭在外壳内部,即成封闭型,并在操作手柄与盖子之间设有机电闭锁装置,确保不合上盖子,不能接通电源;合上电源后,不能打开盖子。各变(配)电所的入口处或门口都要悬挂"非工作人员,禁止入内"牌子。无人值班的变(配)电所,必须关门加锁。井下硐室内有高压电气设备时,入口处和室内都应在明显地点加挂"高压危险"牌。

(4)对手持式或人员经常接触的电气设备,采用降低的工作电压。《规程》规定,照明、手持式电气设备的额定电压不超过127 V,远距离控制线路的额定电压不超过 36 V。

(5)采取技术措施,防止人员触电。严禁井下配电变压器中性点直接接地,在中性点不接地的高、低压系统中,设置漏电保护装置和保护接地装置。

(6)遵守电缆敷设有关规定。在水平巷道或倾角 30°以下的井巷中,电缆应用吊钩悬挂;在倾角 30°及以上的井巷中,电缆应用夹子、卡箍或其他夹持装置进行敷设。电缆悬挂高度应保证有矿车掉道时不致受撞击,在电缆坠落时不致落在轨道上。电缆接头应避免出现"鸡爪子"、"羊尾巴"和明接头。

(7)严格执行安全用电的各种制度:

① 停、送电制度。必须坚持"谁停电谁送电"的原则。停电时,必须把有关线路电源全部断开,停电开关操作机构必须锁住,并在操作手把上悬挂"有人作业,禁止合闸!"的标志牌。验电时,

必须使用与电压等级相适应的合格验电器,验电人员必须戴绝缘手套,并有人监护。

② 检修、搬迁制度。井下不得带电检修、搬迁电气设备及电缆。必须带电搬迁时,应制定相应的安全技术措施。检查或搬迁前,必须切断电源,必须检查瓦斯,在其巷道风流中瓦斯浓度在1%以下时,检验无电后,方可进行导体对地放电。所有开关把手在切断电源时都应闭锁,并悬挂"有人工作,不准送电!"的标志牌,只有执行这项工作的人员,才有权取下此牌并送电。

③ 工作监护制度。电气设备操作特别是高压电气设备操作时,必须一人操作,一人监护设置保护接地,当设备绝缘损坏,电压窜到其金属外壳时,应把外壳上的电压限制到安全范围内。设置漏电保护装置,防止供电系漏电造成人身触电事故。

(8)维修电气装置时要使用保安工具,如绝缘夹钳、绝缘手套和绝缘套鞋。

2. 电网保护措施

(1)防电网过流的主要措施:电气设备正确选型;电气设备做定期的预防性检查、维修,设置过流保护装置;正确操作电气设备。

(2)防电网漏电的主要措施:避免电缆、电气设备浸泡在水中;防止电缆受挤压、碰撞、过度弯曲、机械伤害;电缆接头要牢固;不随意在电气设备内部增加额外部件;正确操作电气设备、不将金属物件遗留在电气设备中;设置保护接地装置和漏电保护装置。

二、电气设备失爆的防治

(1)把好入井关,建立入井管理制度。防爆电气设备入井前,应检查其"产品合格证"、"防爆合格证"、"煤矿矿用产品安全标志"及安全性能;检查合格并签发合格证后,方准入井。

(2)把好安装、检修、使用和维护关,使防爆电气设备达到完好标准不失爆,失爆的电气设备严禁使用。

(3)建立专业化管理组织,落实责任制,做到"台台设备有人管,条条电缆有人问",不留死角,发现问题及时处理。

(4)进行定期和不定期安全检查,建立包机制和巡回检查制度。

三、井下安全用电的有关规定

1.《规程》对井下安全用电的有关规定

(1)严禁井下配电变压器中性点直接接地。严禁由地面中性点直接接地的变压器或发电机直接向井下供电。

(2)井下不得带电检修、搬迁电气设备、电缆和电线。检修或搬迁前,必须切断电源,检查瓦斯,在其巷道风流中瓦斯浓度低于1.0%时,再用与电源电压相适应的验电笔检验,检验无电后,方可进行导体对地放电。控制设备内部安有放电装置的,不受此限。所有开关的闭锁装置必须能可靠地防止擅自送电,防止擅自开盖操作,开关手把在切断电源时必须闭锁,并悬挂"有人工作,不准送电"字样的警示牌,只有执行这项工作的人员才有权取下此牌送电。

普通型携带式电气测量仪表,必须在瓦斯浓度1.0%以下的地点使用,并实时监测使用环境的瓦斯浓度。

(3)操作井下电气设备应遵守下列规定:

① 非专职人员或非值班电气人员不得擅自操作电气设备。

② 操作高压电气设备主回路时,操作人员必须戴绝缘手套,并穿电工绝缘靴或站在绝缘台上。

③ 手持式电气设备的操作手柄和工作中必须接触的部分必须有良好绝缘。

(4)电气设备的检查、维护和调整,必须由电气维修工进行。高压电气设备的修理和调整工作,应有工作票和施工措施。高压停、送电的操作,可根据书面申请或其他可靠的联系方式,得到批准后,由专责电工执行。

采区电工在特殊情况下,可对采区变电所内高压电气设备进行停、送电的操作,但不得擅自打开电气设备进行修理。

2. 井下安全用电"十不准"

为了保证井下电气安全,针对井下电气事故常见原因,要求井下用电必须做到"十不准":

(1) 不准带电检修和搬迁电气设备。

(2) 不准甩掉无压释放装置、过流保护装置和接地保护装置。

(3) 不准甩掉检漏继电器、煤电钻综合保护装置和局部通风机风电、甲烷电闭锁装置。

(4) 不准明火操作、明火打点、明火爆破。

(5) 不准用铜、铝、铁丝等代替熔断器中的熔件。

(6) 停风、停电的采掘工作面未经检查瓦斯不准送电。

(7) 失爆设备和失爆电器不准使用。

(8) 有故障的供电线路不准强行送电。

(9) 电气设备的保护装置失灵后不准送电。

(10) 不准在井下拆卸和敲打矿灯。

3. "三无、四有、两齐、三全、三坚持"制度

(1) 三无:无"鸡爪子",无"羊尾巴",无明接头。

(2) 四有:有过流和漏电保护装置,有螺钉和弹簧垫,有密封圈和挡板,有接地装置。

(3) 两齐:电缆悬挂整齐,设备硐室清洁整齐。

(4) 三全:防护装置全,绝缘用具全,图纸资料全。

(5) 三坚持:坚持使用检漏继电器,坚持使用煤电钻照明和信号综合保护装置,坚持使用风电和瓦斯电闭锁。

四、矿井运输事故的预防

(1) 遵守乘车规定。列车行驶中或尚未停稳时,严禁上、下车和在车内站立;严禁在机车上或任何两车厢之间搭乘人员;严禁扒车、跳车、坐重车;用架线电机车牵引矿车运送人员时,临近电机车的两辆矿车内严禁乘人;人身及所携带的工具和零件严禁露

出车外。

(2) 遵守人力推车规定。人力推车时,人员必须注意前方,在开始推车、发现前方有人或障碍物及接近道岔、弯道、巷道口、风门、硐室出入口时,推车人必须发出信号;严禁放飞车;同方向推车时轨道坡度小于或等于 5‰时,两车间距不得小于 10 m;坡度大于 5‰时,不得小于 30 m。

(3) 严格运输管理。电机车司机必须持证上岗;非电机车司机不得擅自开动机车;认真执行岗位责任制和交接班制,不得擅自离开工作岗位;机车及矿车应定期检修,机车的闸、灯、警铃(喇叭)、连接器以及撒砂装置,任何一项不正常时,都不得使用;矿井轨道按标准铺设,加强维护。

(4) 除按规定允许乘人的钢丝绳牵引带式输送机以外,其他带式输送机严禁乘人。钢丝绳牵引带式输送机运送人员时,在上、下人员的 20 m 区段内输送带至巷道顶部的垂距不得小于1.4 m,行驶区段内的垂距不得小于 1 m,下行带乘人时,上、下输送带间的距离不得小于 1 m,输送带宽度不得小于 0.8 m,运行速度不得超过 1.8 m/s。乘坐人员间距不得小于 4 m。乘坐人员不得站立或仰卧,应面向行进前方方向,严禁携带笨重物品和超长物品,严禁抚摸输送带侧帮。上、下人员的地点应设有平台和照明。上行带下人平台长度不得小于 5 m,宽度不得小于 0.8 m,并有栏杆。运送人员前,必须卸除输送带上的物料。应装有在输送机全长任何地点由搭乘人员或其他人员操作的紧急停车装置。

(5) 巷道内安设带式输送机时,输送机距支护或硐墙的距离不得小于 0.5 m。带式输送机巷道内要有充分照明。

(6) 在带式输送机巷道中,行人经常跨越带式输送机的地点,必须设置过桥。

(7) 加强带式输送机的运行管理,司机必须经安全技术培训考核合格后上岗,责任心强,发现险情能及时处理。

五、斜井跑车的预防

（1）按规定设置可靠的防跑车装置和跑车防护装置,实现"一坡三挡"。

（2）倾斜井巷运输用的钢丝绳连接装置,在每次换钢丝绳时,必须用 2 倍于其最大静荷重的拉力进行实验。

（3）对钢丝绳和连接装置必须加强管理,设专人定期检查,发现问题,及时处理。

（4）矿车要设专人检查。矿车的连接钩环、插销的安全系数不得小于 6。

（5）矿车之间的连接、矿车和钢丝绳之间的连接,必须使用不能自行脱落的装置。

（6）把钩工要严格执行操作规程,开车前必须认真检查各防跑车装置和跑车防护装置的安全功能,检查各矿车的连接情况、装载情况、牵引车数,不符合规定不准发出开车信号。严禁先打开挡车装置后进行挂钩操作;严禁矿车在没有运行到安全停车位置就提前摘钩;严禁在松绳较多的情况下把矿车强行推过变坡点;严禁用不合格的物件代替有保险作用的插销。

（7）斜井串车提升,严禁蹬钩。行车时,严禁行人。

（8）斜井轨道和道岔的质量要合格。

（9）斜井支护完好,轨道上无杂物。

（10）滚筒上钢丝绳绳头固定牢固。

（11）绞车操作工严格遵守操作规程,开车前必须认真检查制动装置及其他安全装置,操作时要准、稳、快,特别注意防止松绳冲击现象。

六、人车的安全运行

1.《规程》对人车安全运行的规定

《规程》第三百五十九条规定,用人车运送人员时,应遵守下列规定:

（1）每班发车前，应检查各车的连接装置、轮轴和车闸等。

（2）严禁同时运送有爆炸性的、易燃性的或腐蚀性的物品，或附挂物料车。

（3）列车行驶速度不得超过 4 m/s。

（4）人员上下车地点应有照明，架空线必须安设分段开关或自动停送电开关，人员上车必须切断该区段架空线电源。

（5）双轨巷道乘车场必须设信号区间闭锁，人员上下车时，严禁其他车辆进入乘车场。

2.《规程》对人车试验的规定

《规程》第二百一十三条规定，新安装或大修后的防坠器，必须进行脱钩试验，合格后方可使用。对使用中的斜井人车防坠器，应每班进行 1 次手动落闸试验，每月进行 1 次静止松绳试验，每年进行 1 次重载全速脱钩试验。防坠器的各个连接和传动部分，必须经常处于灵活状态。

七、矿井提升事故的预防

矿井常见提升事故有断绳、蹾罐、过卷、卡罐、溜罐、跑车、断轴等事故。其中，较多的是断绳、过卷事故。

1. 断绳事故预防

引起断绳事故的原因很多，如钢丝绳质量不合格、松绳引起冲击、负载过重、司机操作不当以及保护装置失灵等。

断绳事故的主要预防措施有：

（1）加强钢丝绳管理。选用钢丝绳应有合格证书，外观无锈蚀和损伤；安全系数符合规定；升降人员或升降人员和物料用的钢丝绳，自悬挂时起隔 6 个月检验一次；升降物料用钢丝绳，自悬挂时起 12 个月时进行第一次检验，以后每 6 个月检验一次。

（2）提升装置使用中的钢丝绳做定期检验时，安全系数有下列情况之一的，必须更换：专为升降人员用的小于 7；升降人员和物料用的钢丝绳升降人员时小于 7，升降物料时小于 6；专为升降物料用的小于5。

（3）钢丝绳断丝不超规定；接头长度符合规定。

（4）防止松绳引起冲击。

（5）设防过卷装置、防过速装置、过负荷和欠电压保护装置、限速装置、深度指示器失效保护装置、松绳报警装置。

（6）提升机操作工严格执行操作规程。

2. 过卷、蹾罐事故预防

当提升容器接近终点时，如不及时减速停车，继续上行时会过卷，继续下行时会蹾罐。过卷和蹾罐事故都是在行车终点位置没有及时停车，所以事故原因很相似，主要原因有：司机操作不当；深度指示器出现故障，造成容器在井筒位置指示不准确；过卷保护装置或紧急制动装置失灵。

过卷、蹾罐事故的主要预防措施有：

（1）主要提升装置以及提升绞车各部分质量合格，且派专人检查。

（2）立井使用罐笼提升时，井口、井底和中间运输巷的安全门必须与罐位和提升信号连锁；井口和井底车场必须有把钩工，人员上、下井时，必须遵守乘罐制度。

（3）防过卷装置应灵敏、可靠，紧急制动装置力矩满足要求。

（4）保证深度指示器工作正常。

（5）提升机操作工必须经安全培训考核合格，持证上岗，严格按操作规程作业。

第七节　矿工自救与互救

一、矿工自救

（一）矿工自救的原则

井下发生灾害时，矿工自救的原则是：灭、护、撤、躲、报。

（1）灭。灭即在保证安全的前提下，采取积极有效的措施，将事故消灭在初始阶段或控制在最小范围内，最大限度地减少事故造成的伤害和损失。

（2）护。护即当事故造成自己所在地点的有毒有害气体浓度增高，可能危及生命安全时，及时进行个人安全防护，如佩戴自救器等。

（3）撤。撤即当灾区现场不具备处理事故的条件或可能危及人员的安全时，要以最快的速度，选择安全的避灾路线，撤离灾区。

（4）躲。躲即当在短时间内无法安全撤离灾区时，应迅速进入预先构筑的避难硐室或其他安全地点暂时躲避，等待救援，也可利用现场的设施和材料构筑临时避难硐室。

（5）报。报即立即向现场领导报告，或通过电话或其他方法向矿调度室报告事故发生的地点、时间、遇险人数及灾情等情况。

（二）井下发生事故时的行动原则

1. 及时报告灾情

发生灾变事故后，事故地点附近的人员应尽量了解或判断事故的性质、地点和灾害程度，并迅速利用最近处的电话或其他方式向矿调度室汇报，并迅速向事故可能波及的区域发出警报，使其他工作人员尽快知道灾情。在汇报灾情时，要将看到的异常现象（火烟、飞尘等）、听到的异常声响、感觉到的异常冲击如实汇报，不能凭主观想象判定事故性质，以免给领导造成错觉，影响救灾。

2. 积极抢救

灾害事故发生后，处于灾区内以及受威胁区域的人员应沉着冷静，根据灾情和现场条件，在保证自身安全的前提下，采取积极有效的方法和措施，及时投入现场抢救，将事故消灭在初期阶段或控制在最小范围，最大限度地减少事故造成的损失。在抢救时,必须保持统一的指挥和严密的组织,严禁冒险蛮干和惊慌失措;严禁各行其是和单独行动;要采取防止灾区条件恶化和保障救灾人员安全的措施,特别要提高警惕,避免中毒、窒息、爆炸、触电、二次突出、顶帮二次垮落等再生事故的发生。

3. 安全撤离

当受灾现场不具备事故抢救的条件,或可能危及人员的安全时,应由在场负责人或有经验的老工人带领,根据《矿井灾害预防和处理计划》中规定的撤退路线和当时当地的实际情况,尽量选择安全条件最好、距离最短的路线,迅速撤离危险区域。在撤退时,要服从领导,听从指挥,根据灾情使用防护用品和器具;遇有溜煤眼、积水区、垮落区等危险地段,应探明情况,谨慎通过。

4. 妥善避灾

灾害事故发生后,如无法撤退(通路被冒顶阻塞、在自救器有效工作时间内不能到达安全地点等)时,应迅速进入预先筑好的或就近快速构筑的临时避难硐室,妥善避灾,等待矿山救护队的援救,切忌盲动。

(三)避灾路线和方法

1. 瓦斯、煤尘爆炸的避灾路线和方法

根据瓦斯、煤尘爆炸的预兆,当感到空气在振动时,必须立即背向空气振动方向,倒地俯卧,面部贴地,用湿毛巾或手捂住口鼻,尽量屏住呼吸(特别是爆炸瞬间),防止高温气流和有毒有害气体吸入体内。俯卧时要用衣服等护住身体,避免烧伤或烫伤。

爆炸过后,迅速佩戴自救器,辨清方向,位于进风侧的人员要逆风撤出,位于回风侧的人员要设法沿最短路线撤退到新鲜风流中,离开灾区。若因巷道严重破坏或因其他原因无法撤离时,要尽快躲到较安全的地方或就地取材构筑临时避难硐室,等待救援。

2. 水灾的避灾路线和方法

首先应在班组长的指挥下就地取材,加固工作面,设法堵住

出水点,防止事故进一步扩大。如果不能控制,则应按以下方法避灾:

(1)避开水势和水头,有组织地沿规定的避灾路线迅速撤退到透水地点的上部水平或地面,如果情况不允许转移和躲避,则要紧紧抓住棚腿、棚梁等,防止被水流冲走。如果是采空区透水,遇险人员还要立即佩戴自救器,以防中毒。

(2)对于上山掘进施工人员,如果独头上山下部的唯一出口已被淹没而无法撤退时,则可在独头工作面避难待救。因为独头上山中的空气因水位上升逐渐压缩,但最终能保持一定的空间和一定的空气量,可免受涌水伤害,但要注意防止吸入有毒有害气体。

(3)若因积水或冒顶等原因将撤退路线堵塞时,要寻找其他安全通道撤退。如果无通道可撤,应尽量寻找井下位置最高、离井筒或大巷最近的地方躲避待救。

(4)在水灾区域的矿工,要尽快撤出灾区。在积水平巷中撤退时,要靠巷道一侧稳步行走;若在斜巷中撤退时,除需要靠巷道一侧行走外,还要牢牢抓住棚腿或其他固定物件,防止被水冲倒或被水中滚动的矿石、物料撞伤。

3. 火灾的避灾路线和方法

发生火灾时,要切断通向火区的电源;使用灭火器,湿衣抽打或捂盖,湿煤、岩粉、炮泥覆盖灭火,脚踏、锹扑、水浇等手段灭火。如有条件应尽量使烟流短路。撤离火区的避灾路线和方法如下:

(1)位于进风侧的人员应立即佩戴自救器,迎风撤出。

(2)位于回风侧的人员应立即佩戴自救器,顺风沿最近的路线撤至新鲜风流中。

(3)无自救器时,可用湿毛巾捂住口鼻,快步行进,沿最短的路线尽快转入新鲜风流中。

(4)迫不得已且火势很小时,也可途经火区直接冲出去。

（5）实在无法撤离时,应尽快进入附近预先筑好的避难硐室或作其他用途的硐室。没有现成的避难场所时,更应保持镇静,以最快的速度就地取材构筑临时避难硐室,等待救援。

（四）隔离式自救器的使用

《规程》规定,每一入井人员必须携带隔离式自救器。隔离式自救器根据其氧气生成的机理不同,可分为化学氧自救器和压缩氧自救器。

1. 隔离式自救器——化学氧自救器

（1）化学氧自救器的使用方法如图 3-2 所示。

1.自救器系在腰带上　　2.使用时去掉保护套　　3.扳启扳手、拉断封条、拉开封口带　　4.揭开上壳扔掉　　5.取出自救器,扔掉下外壳

6.启动扳手,顺时针转150°　　7.拔掉口具塞　　8.咬住口具,吹鼓气囊　　9.夹好鼻夹,用口呼吸,戴好头带　　10.戴好安全帽,撤离灾区

图 3-2　ZH-30 型化学氧自救器佩戴操作方法

（2）使用化学氧自救器时的注意事项:

① 佩戴时,拔掉口具塞,整理气囊,戴好自救器,第一口气向自救器内呼气,然后夹上鼻夹,做快速、短促地呼吸。

② 佩戴自救器撤离灾区时,要冷静、沉着,步行速度根据情况可以稍快或稍慢,但不要过分急跑。

③ 在逃生过程中,要注意把口具、鼻夹戴好,保持不漏气,禁止取下鼻夹、口具或通过口具讲话。

④ 吸气时,感觉比吸外界空气干热一点,这表明自救器在正常工作。

⑤ 当发现自救器气囊体积瘪而不鼓、渐渐缩小时,表明自救器的有效使用时间已接近终点。

2. 隔离式自救器——压缩氧自救器

(1) 压缩氧自救器的使用方法

① 携带时应斜挎在肩膀上。

② 使用时先打开外壳封口带扳把。

③ 打开上盖,然后左手抓住氧气瓶,右手用力向上提上盖,此时氧气瓶开关即自动打开,随后将主机从下壳中拖出。

④ 摘下帽子,挎上挎带。

⑤ 拔开口具塞,将口具放入嘴内,牙齿咬住牙垫。

⑥ 将鼻夹夹在鼻子上,开始呼吸。

⑦ 在呼吸的同时,按动补给按钮,大约 $1 \sim 2$ s,气囊充满后,立即停止。在使用过程中如发现气囊空瘪、供气不足时,可按上述方法操作。

⑧ 挂上腰钩,即可使用。

(2) 使用压缩氧自救器时的注意事项

① 高压氧气瓶储装有压力 20 MPa 的氧气,携带过程中要防止撞击、磕碰和摔落,也不许把压缩氧自救器当坐垫使用。

② 携带过程中严禁开启扳把。

③ 佩戴压缩氧自救器撤离时,严禁摘掉口具、鼻夹或通过口具讲话。

（五）避难硐室

避难硐室，是指供矿工在遇到事故无法撤退而躲避待救的设施。它分为永久避难硐室和临时避难硐室两种。

永久避难硐室，事先设在井底车场附近或采区工作地点安全出口的路线上。对其要求是：设有与矿调度室直通的电话，构筑坚固，净高不低于 2 m，严密不透气或采用正压排风，并备有供避难者呼吸的供气设备（如充满氧气的氧气瓶或压气管和减压装置）、隔离式自救器、药品和饮水等；设在采区安全出口路线上的避难硐室，距人员集中工作地点应不超过 500 m，其大小应能容纳采区全体人员。

临时避难硐室，是指利用独头巷道、硐室或两道风门之间的巷道，由避灾人员临时修建的设施。所以，应在这些地点事先准备好所需的木板、木桩、黏土、砂子或砖等材料，还应装有带阀门的压气管。避灾时，若无构筑材料，避灾人员就用衣服和身边现有的材料临时构筑避难硐室，以减少有害气体的侵入。

在避难硐室内避难时应注意以下事项：

（1）进入避难硐室前，应在硐室外留有衣物、矿灯等明显标志，以便救护队员发现。

（2）待救时，应保持安静，不要急躁，尽量俯卧于巷道底部，以保持精力，减少氧气消耗，避免吸入更多的有毒气体。

（3）硐室内只留一盏矿灯照明，其余矿灯全部关闭，以备再次撤退时使用。

（4）间断地敲打铁器或岩石等发出呼救信号。

（5）全体避灾人员要团结互助、坚定信心。

（6）被水堵在上山时，不要向下跑出探望。水被排走露出棚顶时，也不要急于出来，以防二氧化硫、硫化氢等气体中毒。

（7）看到救护人员后，不要过分激动，以防心脑血管破裂。

二、矿工互救

矿工互救是指非专业医务人员在井下遇到外伤伤员及意外伤害时,对伤员采取力所能及的抢救。如对冒顶挤压、颅脑损伤、井下有害气体中毒窒息以及触电、烧伤、溺水、高温中暑等伤员进行的急救。

(一)矿工互救必须遵守的原则

矿工互救必须遵守"三先三后"的原则:

(1)对窒息(呼吸道完全堵塞)或心跳、呼吸刚停止不久的伤员,必须先复苏,后搬运。

(2)对出血伤员,必须先止血,后搬运。

(3)对骨折伤员,必须先固定,后搬运。

(二)常用的急救方法

1. 人工呼吸法

人工呼吸法是借助人工的方法帮助停止呼吸、处于假死状态的伤员恢复呼吸功能的救护措施。常用的人工呼吸法有 3 种:口对口吹气法、俯卧压背法和仰卧压胸法。

施行人工呼吸前应做的准备工作有:将伤员迅速抬离灾区,放在较安全又通风、顶板良好、无淋水的地点。若出事地点安全,则应就地抢救,以最快的速度检查伤员瞳孔有无对光反射,摸摸脉搏是否跳动、有无心跳,用棉絮放在伤员鼻孔处观察有无呼吸,按一下指甲有无血液循环,同时检查有无外伤和骨折。使伤员仰面平卧,头部尽量后仰,鼻孔朝天,解开腰带、领扣和上身衣服(必要时可用剪刀剪开,不可强撕强扯),并用保温毯或棉衣盖好以保温,撬开伤员的嘴,消除口腔内的脏东西(用食指伸入口腔,直至舌根部,清除并钩出异物,注意不要把异物推入更深部位)。如果舌头后缩,应拉出舌头,以防堵住喉咙,妨碍呼吸。

(1)口对口呼吸法

① 将伤员仰面平放,背部垫起 100～150 mm。

② 救护者跪在伤员头部一侧,一只手捏紧伤员鼻子,另一只手掰开嘴。

③ 救护者先深吸一口气,然后紧贴伤员的嘴大口吹气。吹气量大小,依伤员的具体情况而定。伤员身强力壮,吹气量则大;伤员年老体弱,则吹气量要小。一般吹气量以伤员的胸部隆起最为适宜。

④ 吹气完毕后,要立即离开伤员的嘴,并松开伤员的鼻子,任其自己呼气。依此方法,依次反复操作,有节奏地每分钟做14～16次,直到伤员能够恢复呼吸为止。操作方法如图 3-3 所示。

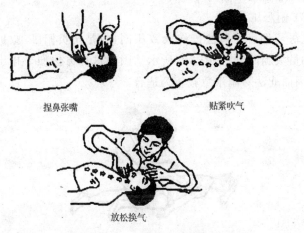

捏鼻张嘴　　　　　贴紧吹气

放松换气

图 3-3　口对口呼吸法

(2) 仰卧压胸法

让伤员仰卧,救护者跨跪在伤员大腿两侧,两手拇指向内,其余四指向外伸开,平放在其胸部两侧乳头之下,借半身重力压伤员胸部,挤出伤员肺内空气;然后,救护者身体后仰,除去压力,伤员胸部依其弹性自然扩张,使空气吸入肺内。如此有节律地进行,要求每分钟压胸 16～20 次,如图 3-4 所示。

图 3-4　仰卧压胸法

此法不适用于胸部外伤或二氧化硫、二氧化氮中毒者,也不能与胸外心脏按压法同时进行。

（3）俯卧压背法

此法与仰卧压胸法操作大致相同,只是伤员俯卧,救护者跨跪在伤员大腿两侧,如图 3-5 所示。因为这种方法便于排出肺内水分,因而此法对溺水急救较为适合。

图 3-5　俯卧压背法

2. 心脏复苏

心脏复苏操作主要有心前区叩击术和胸外心脏按压术两种方法。

（1）心前区叩击术

心脏骤停后立即叩击心前区,叩击力中等,一般可连续叩击3～5 次,并观察脉搏、心音。若恢复则表示复苏成功;反之,应立即放弃,改用胸外心脏按压术。操作时,使伤员头低脚高,施术者以左手掌置其心前区,右手握拳,在左手背上轻叩。

（2）胸外心脏按压术

此法适用于各种原因造成的心跳骤停者。在胸外心脏按压前,应先做心前区叩击术,如果叩击无效,应及时正确地进行胸外心脏按压。其操作方法是:首先将伤员仰卧在木板或地板上,解开其上衣和腰带,脱掉其胶鞋。救护者位于伤员左侧,手掌面与前臂垂直,一手掌面压在另一手掌面上,使双手重叠,置于伤员胸骨中下 1/3 交界处（其下方为心脏）;以双肘和臂肩之力有节奏地、冲击式地向脊柱方向用力按压,使胸骨压下 3～4 cm（有胸骨下陷的感觉就可以了）;按压后,迅速抬手使胸骨复位,以利于心脏的舒张。如图 3-6 所示。按压次数,以每分钟 60～80 次为宜。按压过快,心脏舒张不够充分,心室内血液不能完全充盈;按压过慢,动脉压力低,效果也不好。

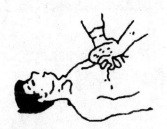

图 3-6　心脏按压图

使用此法时的注意事项如下:

① 按压的力量应因人而异,对身强力壮的伤员,按压的力量可大些;对年老体弱的伤员,力量宜小些。按压的力量要稳健有力,均匀规则,重力应放在手掌根部,着力仅在胸骨处,切勿在心尖部按压。同时,注意用力不能过猛,否则可导致肋骨骨折、心脏积血或引起气胸等。

② 胸外心脏按压与口对口吹气应同时施行。一般每按压心脏 5 次,做口对口吹气 1 次。如果 1 人同时兼做此两种操作,则每按压心脏 15 次,需连续吹气 2 次。

按压显效时,可摸到颈总动脉、股动脉搏动,散大的瞳孔开始缩小,口唇、皮肤转为红润。

第二部分　初级工专业知识和技能要求

第四章 矿井通风与通风设施

第一节 矿井通风基本知识

矿井通风的基本任务是:

(1) 连续供给井下人员足够的新鲜空气,满足人员呼吸需要。

(2) 稀释井下有害气体及粉尘至安全浓度,并排出作业地点。

(3) 排除井下的热量与水蒸气,创造适宜的气候条件。

(4) 增强矿井的抗灾能力,保证矿工身心健康和安全生产。

一、矿井空气

(一)地面空气的成分

地面空气主要由氧气(O_2)、二氧化碳(CO_2)和氮气(N_2)组成,这3种气体在空气中的体积分数分别为氧气 20.96%、二氧化碳 0.04%、氮气 79.00%。另外,地面空气中还含有数量不定的水蒸气、微生物和尘埃等,通常忽略不计。

(二)井下空气与地面空气的区别

地面空气进入矿井后,其成分和性质发生变化,主要包括:

(1) 氧气浓度降低。井下人员的呼吸、煤和其他物质的氧化、坑木腐烂、井下火灾及瓦斯、煤尘爆炸都会直接消耗氧气。另外,在井下生产过程中,煤岩层中不断释放出的各种气体,也相应地降低了空气中氧气的浓度。

(2) 混入了各种有害和爆炸气体。井下使用的许多材料会发生物理化学反应产生有害气体;地下也赋存了大量的有害气体,在条件适宜时会大量逸出,造成井下有害气体的种类和含量增加。

(3) 混入了煤尘、岩尘等固体微粒。井下采掘和运输等工作环节都会产生大量的煤尘、岩尘,使井下空气中固体微粒含量增加,对人身安全和健康造成危害。

(4) 空气的温度、湿度和压力发生变化。地面空气进入井下后由于空气受压缩和膨胀,会造成温度的升高和降低。在采掘工作面由于机电设备放热、人员身体放热及爆破作业,会使井下温度升高。

(三) 井下空气中常见的有毒有害气体

1. 一氧化碳

一氧化碳(CO)是一种无色、无味、无臭的气体,相对密度为0.97,微溶于水,能燃烧,当浓度达到13%～75%时能爆炸,有强烈的毒性。井下一氧化碳的主要来源是煤炭的自燃。

2. 二氧化碳

二氧化碳(CO_2)是无色略带酸味的气体,不助燃也不燃烧,没有毒性,但空气中二氧化碳含量高时,人会感到呼吸困难,甚至使人窒息。井下二氧化碳的主要来源是坑木的氧化腐烂,有的煤层或岩层本身也含有大量二氧化碳。二氧化碳的相对密度为1.52,比空气重,常在老巷、水仓等巷道底部积存。

3. 硫化氢

硫化氢(H_2S)是一种无色、有臭鸡蛋气味的气体,相对密度为1.19,易溶于水,赋存于煤层中。硫化氢有强烈毒性,对人的眼、鼻、喉黏膜有刺激作用。当空气中硫化氢浓度达到0.1%时,短时间内会使人死亡。

4. 二氧化氮

二氧化氮(NO_2)是一种红棕色气体,相对密度为1.59,易溶于水而生成硝酸,有剧毒,对眼、鼻、呼吸道及肺有刺激作用。它主要是在炸药爆炸后生成。

5. 二氧化硫

二氧化硫(SO_2)是一种无色气体,相对密度为 2.2,易积聚于巷道底部,易溶于水,有强烈硫黄气味及酸味,有剧毒,能强烈刺激眼及呼吸道黏膜。《规程》规定的常见的有毒有害气体最高容许浓度及致人死亡浓度见表 4-1。

表 4-1　　《规程》规定的最高容许浓度及致人死亡浓度

名称	最高浓度 %	致人死亡浓度
一氧化碳	0.0 024	达 0.4% 失去知觉,30 min 死亡
二氧化氮	0.00 025	达 0.025%,短时间有生命危险
二氧化硫	0.0 005	达 0.05% 急性肺水肿,有生命危险
硫化氢	0.00 066	达 0.1%,短时间死亡
氨气	0.004	0.04% 有强烈刺激味,时间长有生命危险
氢气	0.5	浓度高可引起人窒息

(四)矿井气候条件

矿井气候条件是指矿井空气温度、湿度、大气压力和风速等参数所反映的综合状态,它与人体的热平衡状态密切相关,直接影响着作业人员的身体健康和劳动生产率的提高。影响人体热平衡的主要气候条件是空气的温度、湿度和风速。

1. 温度

矿井空气的温度是影响气候条件的主要因素,温度过高或过低时,都会使人感到不舒适。我国现行评价矿井气候条件的指标是干球温度。人体最适宜空气温度为 15~20 ℃。

2. 湿度

湿度用于表示空气的潮湿程度,用绝对湿度和相对湿度表示。冬季井巷空气湿度低于 30% 时,水分蒸发过快显得干燥;夏季或有淋水时,湿度大于 80%,使人烦闷,井巷显得潮湿。人感到舒适的相对湿度为 50%~60%。

　　3. 井巷中的风速

　　风速是指风流单位时间内流过的距离。井巷和采掘工作面的风速过高或过低都会影响安全生产,影响工人的身体健康。风速过低时,汗水不易蒸发,人体所产生的热量就不易散失,就会感到闷热不舒适,同时还会引起瓦斯积聚,对安全生产不利;风速过高时,容易使人感冒,又会引起煤尘飞扬。因此《规程》规定,井巷中的风流速度应符合表 4-2 的要求。

表 4-2　　　　　　　　　　　井巷中的允许风流速度

井 巷 名 称	允许风速/(m/s)	
	最低	最高
无提升设备的风井和风硐		15
专为升降物料的井筒		12
风桥		10
升降人员和物料的井筒		8
主要进、回风巷		8
架线电机车巷道	1.0	8
运输机巷、采区进、回风巷	0.25	6
采煤工作面、掘进中的煤巷和半煤岩巷	0.25	4
掘进中的岩巷	0.15	4
其他通风人行巷道	0.15	

二、矿井通风系统

　　矿井通风系统是矿井通风方式、通风方法和通风网络的总称。

　　(一)矿井通风方法

　　矿井通风方法指主要通风机的工作方法,主要有抽出式、压入式和混合式 3 种。

1. 抽出式通风

把通风机安设在出风井口侧,通风机运转,使风机入风侧形成负压,在负压作用下,迫使空气由进风井进入井下,污浊空气经出风井通过通风机排出。因此,抽出式通风又称为负压通风。它的优点是:

(1)抽出式通风在主要进风道不需要安设风门,利于运输和行人,通风管理工作方便、容易。

(2)在瓦斯矿井中采用抽出式通风,一般认为当主要通风机一旦因故停止运转时,井下任何一点的空气压力均会稍微自然升高,在短时间内可抑制采空区、巷道空顶内积聚的瓦斯向巷道或其他工作空间涌出,有利于矿井安全生产。

它的缺点是:在开采煤田的上部第一水平时,因地面往往存在严重塌陷现象,采用抽出式通风,会把大量污浊、有害气体吸入井下风道;使一部分风流短路,降低有效风量;并容易引起煤炭自然发火。

2. 压入式通风

把通风机安设在进风井口侧,把地面空气压入井内,迫使空气清洗采掘工作面和硐室,经出风井筒排出。其特点是系统内的空气压力处于较当地同标高大气压高的正压状态,故又称正压通风。

3. 混合式通风

混合式通风是在矿井进风侧和回风侧都安设矿井主要通风机,地面新鲜空气由压入式主要通风机压入井下,污浊空气由抽出式主要通风机排出井外。这种通风方法是以上两种方法的综合,主要应用于通风距离大、通风阻力大的矿井,在管理上比较复杂,应用很少。

(二)矿井通风方式

进风井和回风井的布置方式就是矿井通风方式。按照进风井和回风井的位置关系,可以把通风方式分为中央式、对角式和混合式 3 种。

1. 中央式

中央式的进风井和回风井均位于井田走向的中央。若进风井与回风井位于井田倾斜方向中部,且相距很近(30～50 m)时,称为中央并列式。若进风井位于井田中央,回风井位于井田走向中央上部边界,成为中央边界式。

中央边界式比中央并列式安全性要好;矿井通风阻力较小;内部漏风少,利于对瓦斯、自然发火的管理;工业场地没有噪声影响;多一个风井场地,占地和压煤较多。

2. 对角式

对角式通风的进风井位于井田中央,若回风井位于井田两翼上部边界时,则通风方式为两翼对角式;若在各采区布置回风井,则为分区对角式。

对角式的优缺点与中央并列式的优缺点相反,比中央边界式安全性要好,安全出口多,通风机的负载比较稳定;但初期投资大,建井期较长,管理较分散。

3. 混合式

混合式是中央式和对角式或中央并列式和中央边界式所组成的一种综合形式。混合通风系统是随着生产发展而逐步形成的,是矿井改造所采用的通风方式。

4. 区域式

在井田的每一个生产区域开凿进、回风井,分别构成通风系统。

(三) 矿井通风网络

矿井通风网络就是所有井筒、巷道、车场和硐室、工作面等相互连接构成的全部风流流动路线。它的基本结构有串联、并联和角联 3 种。

1. 串联网络

若前一井巷的出风端和下一井巷的进风端相接,这样的通风网路称为串联网络。其特点为:所串联的井巷越多,通风阻力越大;进风侧发生灾害时将影响到回风侧,各段巷道中的风量等于串联风路风量,总风量不能随意变更。

2. 并联网络

两条或两条以上的通风井巷,进风端在同一点分开,出风端又在另一点汇合,其中间无分支风路,称为并联网络。其特点为:并联的通风井巷越多,各井巷分得的风量越少,通风阻力也越小;并联网路的总风量等于各条风路分量之和,各井巷互不干扰,安全性好。

3. 角联网络

角联网络就是并联的两条风路之间,还有一条或多条相通的风路。其特点为:角联网络中的边缘风路的风流方向是稳定的,而对角风路中的风流方向不稳定,它在边缘风路的阻力影响下可能正向、可能反向,也可能无风。

(四)采区通风

1. 采区通风系统及基本要求

采区通风系统是指矿井风流经主要进风道进入采区,流经有关巷道,清洗采掘工作面、硐室和其他用风地点后,沿采区回风巷排至矿井主要回风巷的整个网络。

在确定采区通风系统时,必须遵守安全、经济、技术合理等原则,并满足下列基本要求:

(1)采区必须有独立的回风道(专用回风道),实行分区通风。采区进、回风巷必须贯穿整个采区。严禁将一条上山、下山或盘区的风巷分为两段,其中一段为进风巷,另一段为回风巷。

(2)采掘工作面、采区变电所都必须采用独立通风。采用串联通风时,必须遵守《规程》的有关规定。

（3）按瓦斯、二氧化碳、气候条件和工业卫生的要求，合理配风。要尽量减少采区漏风，并避免新风到达工作面之前被污染和加热。

（4）要保证通风阻力小，通风能力大，风流畅通。

（5）通风网路要简单，以便在发生事故时易于控制和撤离人员，为此应尽量减少通风构筑物的数量，要尽量避免采用对角风路，无法避免时，要有保证风流稳定性的措施。

（6）有利于采空区瓦斯的合理排放及防止采空区的遗煤自燃。

（7）要有较强的抗灾和防灾能力，为此要设置避灾线路、避难硐室和灾变时的风流控制设施，必要时还要建立抽放瓦斯、防尘和降温设施。

（8）采掘工作面的进风和回风不得经过采空区或冒落区。

2. 采区进、回风上山的选择

对于走向长壁开采的采区，通常一个采区布置两条上山。一条是运煤上山，也叫带式输送机上山或刮板输送机上山，专做运煤之用；另一条是轨道上山，专做运料、运矸石之用。当采区生产能力大、产量集中、瓦斯涌出量大时，可增设专用的通风上山。

（1）输送机上山进风、轨道上山回风存在的弊端

① 风流方向与运煤方向相反，容易引起煤尘飞扬，使进风流和工作面风流中的煤尘浓度增大。

② 煤炭在运输过程中仍然不断解吸、释放瓦斯，使进风流和工作面风流中的瓦斯浓度升高，影响了工作面的安全卫生条件。

③ 输送机上山内电气设备多，散热量大，将使进风流和工作面的温度升高。

④ 轨道上山下部车场内安设风门，因此处矿车来往频繁，风门易被撞坏，需加强管理，防止风流短路。

（2）轨道上山进风、输送机上山回风的利弊

此方案避免了输送机上山进风、轨道上山回风方案存在的不足，但是，这种系统需要在轨道上山的上部和中部甩车场设置风

门,而且风门数量较多,运料、行人时容易造成风流短路,通风管理比较复杂。

（3）采区进、回风上山的选择

从上面的分析可以看出,从安全角度出发,在瓦斯涌出量高、煤尘爆炸危险性大、工作面温度较高的采区,采用轨道上山进风、输送机上山回风的采区通风系统较为合理。如果采区的瓦斯、煤尘危险性小,而且巷道中的风速不大,并采取了一定的防尘措施时,也可以采用输送机上山进风、轨道上山回风的采区通风系统（如图 4-1 所示）。

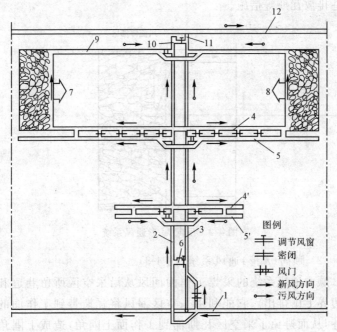

图 4-1 采区进、回风上山示意图

1——运输大巷;2——轨道上山;3——输送机上山;

4,4′——区段运输平巷;5,5′,9——区段回风平巷;6——采区变电所;

7,8——回采工作面;10——采区绞车房;11——回风石门;12——总回风巷

3. 回采区段的通风系统

回采区段的通风系统是由工作面的进风巷、回风巷和工作面组成。当矿井采用走向长壁后退式采煤法时,回采区段的通风系统有下列几种形式:

(1)反向(U形)通风系统(图4-2)

反向通风系统的优点是系统简单,采空区漏风小。但在工作面上隅角附近,由于风流速度低或完全不流动,易积聚瓦斯,从而影响采煤工作面的安全生产。当瓦斯涌出量不大时,为了防止工作面上隅角的风流停滞区积聚瓦斯,可采取安设导风设施或利用尾巷排放瓦斯等措施。

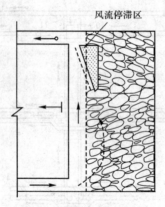

图4-2 反向U形通风系统

(2)顺向(Z形)通风系统(图4-3)

顺向通风系统的采煤工作面回风从沿采空区所留巷道和采区边界上山排出。它能利用采空区漏风将瓦斯带到工作面的回风巷,从而避免了采空区瓦斯涌到工作面上隅角,造成上隅角瓦斯积聚的现象。

(3)顺向(Y形)掺新通风系统(图4-4)

当瓦斯涌出量大,采用顺向通风系统仍不能降低工作面回风

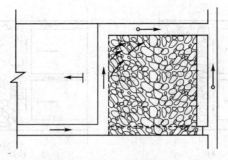

图 4-3　顺向 Z 形通风方式

流中的瓦斯浓度时,可在工作面上部引入少量新鲜风流,稀释回风巷风流中的瓦斯浓度,而后直接排出。

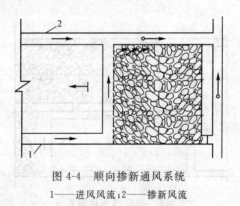

图 4-4　顺向掺新通风系统

1——进风风流;2——掺新风流

（4）双工作面（W 形）通风系统（图 4-5）

W 形通风系统有几种不同的形式:图 4-5(a)所示通风系统,风流从工作面中间巷道进入,经上下工作面后沿上下风巷排出,它适用于瓦斯涌出量较小的双工作面。图 4-5(b)所示通风系统,风流从中间巷和上下风巷进入,经上下工作面后沿采空区回风巷和边界上山排出,它适用于瓦斯涌出量较大的双工作面。

（5）串联掺新（E 形）通风系统（图 4-6）

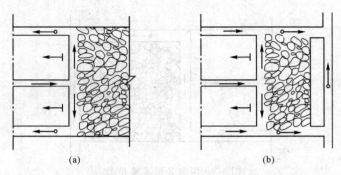

(a)　　　　　　　　　　　(b)

图 4-5　双工作面通风系统

串联掺新通风系统只适用于瓦斯矿井、煤炭自燃不严重的采煤工作面。

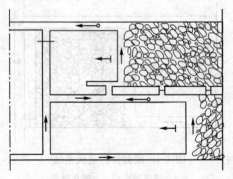

图 4-6　串联掺新通风系统

三、矿井通风动力与阻力

（一）矿井通风动力

风流之所以能在井巷中流动，是由于井巷两端的压力不同，存在压力差，我们称这种压力差为通风压力。

1. 空气压力

矿井空气压力可表现为静压、速压和位压三种形式。

（1）静压

在静止的空气中，某点的静压是指该点单位面积上的空气柱质量。地面大气压力就属于静压。其特点是：

① （某点的）静压强度在各个方向上是相等的（各向同值性）。

② 静压的作用方向垂直于容器壁。

③ 不论空气流动与否均存在静压。

④ 静压又分相对静压和绝对静压，地表大气压力就是空气的绝对静压。

（2）速压

风流做定向流动时，风流的动能所呈现的压力叫做速压（也叫动压）。其特点是：

① 动压仅对与风流方向垂直或具有一定角度的平面施加压力，其作用方向与风流方向一致。

② 动压的大小与风流速度的平方成正比。

③ 动压永为正值，没有相对动压和绝对动压的概念。

（3）位压

因空气位置高度不同而产生的压力称为位压，也就是某断面与基准面之间空气柱的重量在单位面积上所产生的压力。位压是一种潜在的压力，是一个相对值，大小取决于基准面的选择。同一点的位压，由于选择基准面不同，其数值也不同。

井巷风流中任一断面的静压、动压和位压之和称为该断面的总压力，总压力永为正值。

2. 空气压力的两种测算基准

（1）绝对压力。以真空为基准测算的压力称为绝对压力，绝对压力总是正值。

（2）相对压力。以当地当时同标高的大气压力为基准测算的压力称为相对压力。

在压入式通风中，井下空气的绝对压力都高于当地当时同标高的大气压力,相对压力是正值;在抽出式通风中,井下空气的绝对压力都低于当地当时同标高的大气压力,相对压力是负值。在不同通风方式下,绝对压力、相对压力和大气压力三者的关系如图 4-7 所示。

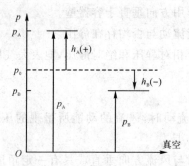

图 4-7　绝对压力、相对压力和大气压力三者的关系

3. 矿井通风动力的实现

空气能在井巷中流动,是由于风流的始末点间存在着能量差(或称压力差),这种能量(或压力)差的产生,若是由通风机造成的,则为机械风压;若是由矿井自然条件产生的,则为自然风压。

(1)自然通风

利用自然风压对矿井或井巷进行通风的方法叫自然通风。因为自然风压的大小主要取决于进、出风侧空气的温度差,所以,自然风压的大小和方向随季节气温变化而变化,风量不稳定,风向也改变。因此,自然通风是不稳定的。

(2)机械通风

利用通风机对矿井或井巷进行通风的方法叫机械通风。《规程》规定,每一个矿井都必须采用机械通风。

4. 矿井通风机

(1)离心式通风机

离心式通风机的构造如图 4-8 所示。

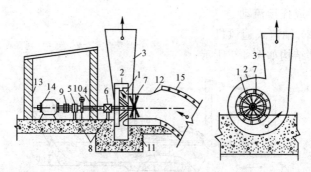

图 4-8　离心式通风机构造图

1——工作轮；2——蜗壳体；3——扩散器；4——主轴；5——止推轴承；6——径向轴承；
7——前导器；8——机架；9——联轴器；10——制动器；11——机座；12——吸风口；
13—通风机房；14—电动机；15—风硐

　　离心式通风机主要由工作轮、蜗壳体、主轴和电动机等部件构成。工作轮是由固定在机轴上的轮毂以及安装在轮毂上的一定数量的机翼形叶片构成。风流沿叶片间的流道流动。叶片按其在流道出口处安装角 β_2 的不同，可分为前倾式（$\beta_2 < 90°$）、径向式（$\beta_2 = 90°$）和后倾式（$\beta_2 > 90°$）3 种。因为后倾叶片的通风机当风量变化时风压变化较小，且效率较高，所以矿用离心式通风机多为后倾式。

　　空气进入风机的形式，有单侧吸入和双侧吸入两种。其他条件相同时，双吸风口风机的动轮宽度和风量是单吸风口风机的 2 倍。在吸风口与工作轮之间还装有前导器，使进入叶轮的气流发生预旋绕，以达到调节风压的目的。

　　当电动机传动装置带动工作轮在机壳中旋转时，叶片流道间的空气随叶片的旋转而旋转，获得离心力，经叶端被抛出工作轮，流到螺旋状机壳里。在机壳内空气流速逐渐减少，压力升高，然后经扩散器排出。与此同时，在叶片的入口即叶根处形成较低的压力，使吸风口处的空气自叶根流入叶道，从叶端流出，如此源源不断形成连续流动。

(2)轴流式通风机

其结构如图 4-9 所示。

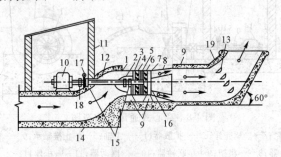

图 4-9　轴流式通风机结构图

1——集风器;2——流线体;3——前导器;4——第一级工作轮;5——中间整流器;
6——第二级工作轮;7——后整流器;8——环形或水泥扩散器;9——机架;
10——电动机;11——通风机房;12——风硐;13——导流板;14——基础;
15——径向轴承;16——止推轴承;17——制动器;18——齿轮联轴节;19——扩散塔

轴流式通风机主要由进风口、工作轮、整流器、主体风筒、扩散器和传动轴等部件组成。进风口是由集风器和疏流罩构成的断面逐渐缩小的环行通道,使进入工作轮的风流均匀,以减小阻力,提高效率。

工作轮是由固定在轴上的轮毂和以一定角度安装在其上的叶片构成。工作轮有一级和二级两种。二级工作轮产生的风压是一级的 2 倍。工作轮的作用是增加空气的全压。整流器(导叶)安装在每一级工作轮之后,为固定轮,其作用是整直由工作轮流出的旋转气流,减少动能和涡流损失。

环行扩散器是使从整流器流出的环状气流逐渐扩张,过渡到全断面。随着断面的扩大,空气的一部分动压转换为静压;叶片用螺栓固定在轮毂上,呈中空梯形,横截面和机翼形状相似。在叶片迎风侧作一外切线,称为弦线。弦线与工作轮旋转方向的夹角称为叶片安装角,以 θ 表示。叶(动)轮上叶片安装角可根据需要在规定范围内调整,在一级通风机中,θ 角的调节范围是 $10°\sim40°$,二级通风机的调节范围是 $15°\sim45°$,可按相邻角度差 $5°$ 或 $2.5°$ 调节,但每个工作轮上的 θ 角必须严格保持一致。如图 4-10 所示。

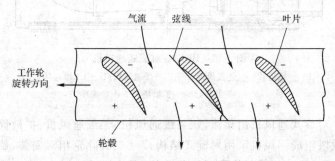

图 4-10　轴流式通风机叶片的构造

　　为减少能量损失和提高通风机的工作效率,还设有集风器和流线体。集风器是在通风机入风口处呈喇叭状圆筒的机壳,以引导气流均匀平滑地流入工作轮;流线体是位于第一级工作轮前方的呈流线型的半球状罩体,安装在工作轮的轮毂上,用以避免气流与轮毂冲击。

　　当动轮旋转时,翼栅即以圆周速度 u 移动。处于叶片迎面的气流受挤压,静压增加;与此同时,叶片背的气体静压降低,翼栅受压差作用,但受轴承限制,不能向前运动,于是叶片迎面的高压气流由叶道出口流出,翼背的低压区"吸引"叶道入口侧的气体流入,形成穿过翼栅的连续气流。

　　(3) 对旋式通风机

　　对旋式局部通风机也是一种轴流式通风机,和传统轴流式通风机相比较,具有高效率、高风压、大风量、性能好、高效区宽、噪声低、运行方式多、安装检修方便等优点。现在我国已经研制成功新一代高效节能矿用防爆对旋式主要通风机,如图 4-11 所示。

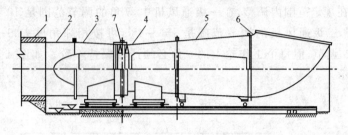

图 4-11 BDK65 对旋式通风机

1——风道;2——连接风筒;3——一级通风机;4——二级通风机;
5——扩散筒;6——扩散塔;7——稳流环

对旋式通风机由集流器、一级通风机、二级通风机、扩散筒和扩散塔组成。风机采用对旋式结构,一、二级叶轮相对安装,旋转方向相反;叶片采用机翼形扭曲叶片,叶面也互为反向,省去了一般轴流式通风机的中、后导叶,减少了压力损失,提高了风机效率。每一级叶轮均采用悬臂结构,各安装在隔爆型电动机上,形成 2 台独立的通风机,既没有传统的长轴传动,也没有联轴器,结构简单,还可提高效率。隔爆型电动机安装在主风筒内的密闭罩中,密闭罩具有一定的耐压性,可使电动机与通风机流道中含瓦斯的气体隔绝,同时起一定的散热作用。密闭罩有 3 根导管,既起支撑作用,又可使主风筒与大气相通,使新鲜空气流入密闭罩中,罩内空气可保持正压状态,使得电动机始终处于瓦斯浓度小于 1‰ 的条件下工作,符合安全防爆要求。在主风筒中设置有稳流环,使得通风机性能曲线中无驼峰区,无喘振,在任何阻力情况下均可稳定运行。通风机噪音较低,绝大多数型号在无消声装置的情况下,噪声均可低于 90 dB(A)。

通风机叶轮叶片安装角可以调整,一般分为 45°、40°、35°、30°及 25°共 5 个角度。一、二级叶轮叶片安装角角度可以一致,也可不同,又可调节为小于或等于 45°范围内任意角度运行。对旋式通风机可以单级运行,也可以双级运行,因此可调范围极广,尤其在矿井投产初期可只运行一级。通风机和扩散器均安装在带轮的平板车上,下设轨道,安装维修很方便。对旋式通风机可以反转反风,在各种情况下,反风率均为70%以上;不需要反风道及通风机的基础,也可不要主通风机房,只需要建造电控值班室。电动机轴承和电动机定子有测温装置,可遥测和报警。电动机轴承还配备了不停机注油和排油管装置。

对旋式通风机的工作原理是:工作时两级工作轮分别由两个等容量、等转速、旋转方向相反的电动机驱动,当气流通过集流器进入第一个工作轮获得能量后,再经第二级工作轮升压排出。两级工作轮互为导叶,第一级后形成的旋转速度,由第二级反向旋转消除并形成单一的轴向流动。2个工作轮所产生的理论全压为通风机理论全压的1/2,不仅使通过两级工作轮的气流平稳,有利于提高通风机的全压效率,而且使前后级工作轮的负载分配比较合理,不会造成各级电动机出现超功、过载现象。

目前,对旋式通风机有数十个系列。作为煤矿主要通风机使用的主要有 BD 或 BDK 系列高效节能矿用防爆对旋式通风机,最高静压效率可达85%,噪声不大于 85 dB(A)。

(二)矿井通风阻力

矿井通风阻力产生的根本原因是风流流动过程的黏性和惯性(内因),以及井巷壁面对风流的阻滞作用和扰动作用(外因)。井巷风流在流动过程中,克服内部相对运动造成的机械能量损失就叫矿井通风阻力。通风阻力包括摩擦阻力和局部阻力两大类,其中摩擦阻力是井巷通风阻力的主要组成部分。

1. 摩擦阻力

空气在井巷中流动时,由于空气和井巷周壁之间的摩擦以及流体层间空气分子发生的摩擦而造成的能量损失称为摩擦阻力(也叫沿程阻力)。

通过分析可得出降低井巷摩擦阻力的具体措施：

（1）扩大巷道断面，降低摩擦风阻。扩大巷道断面是降低摩擦风阻亦即降低摩擦阻力的主要措施，所以，在日常通风管理工作中，要经常整修巷道，使巷道清洁、完整，保持足够的有效断面，使风流畅通。

（2）提高井巷壁面的平整、光滑度。

① 提高井巷工程施工质量和日常维护质量。采用棚子支护的巷道要很好地刹帮背顶。在不支架的巷道中，要注意把顶板、两帮和底板修整好，提高其平整、光滑度。

② 选择粗糙度较小的支护材料及支护方式。服务年限长的通风井巷应尽量采用砌碹支护。

③ 锚喷巷道应尽量采用光爆工艺，使巷道的凸凹度不大于50 mm。

（3）合理选择井巷断面形状，减少周界长度。对于服务年限较长的主要巷道应尽可能采用拱形。

（4）优化设计，准确施工，尽量缩短井巷长度。

（5）风量不宜过大，满足设计要求即可，尽量避免主要巷道内风量过于集中现象。

2. 局部阻力

在风流运动过程中，由于井巷边壁条件的变化，风流在局部地区受到局部阻力物（如巷道断面突然变化，风流分岔与交汇，断面堵塞等）的影响和破坏，引起风流流速大小、方向和分布的突然变化，导致风流本身产生很强的冲击，形成极为紊乱的涡流，造成风流能量损失，这种均匀稳定风流经过某些局部地点所造成的附加的能量损失，就叫做局部阻力。

局部阻力的产生是由于风流的速度或方向突然发生变化，导致风流本身产生剧烈冲击，形成极为紊乱的涡流而造成的能量损失，所以减少局部阻力的方法就是减少风流的冲击和涡流。一般可采取如下措施：

（1）把连接不同断面巷道的边缘做成斜线或圆弧形。

（2）巷道拐弯时，转角越小越好，在拐弯的内侧或内外两侧做成斜线形或圆弧形。要尽量避免出现直角拐弯。

（3）减小产生局部阻力地点的风速及巷道的粗糙度。

（4）及时清理巷道中的堆积物，尽量避免成串的矿车长时间地停留在主要通风巷道内，以免阻挡风流，造成通风情况恶化。

（5）在主要通风机的进口安装集风器，在出风口安装扩散器。

（6）在风速高、风量大的井巷中，可在拐弯处设置若干块导风板。

通常根据矿井风阻值的大小将矿井通风难易程度分为 3 级，见表 4-3。

表 4-3　　　　　矿井通风难易程度的分级标准

通风阻力等级	通风难易程度	风阻 $R/(\text{N}\cdot\text{s}^2/\text{m}^8)$	等积孔 A/m^2
大阻力矿	困难	>1.42	<1
中阻力矿	中等	1.42～0.35	1～2
小阻力矿	容易	<0.35	>2

3. 矿井等积孔

等积孔是人为假想的一个概念，是指为了形象表示井巷或矿井通风难易程度而假想的一个薄壁孔，其值用薄壁孔口面积 A 的大小表示，单位为 m^2。在完全紊流状态下，其面积值 A 用下式计算：

$$A = 1.19\frac{Q}{\sqrt{h}} \tag{4-1}$$

或

$$A = \frac{1.19}{\sqrt{R}} \tag{4-2}$$

式中　A——等积孔（薄壁孔口）面积，m^2；

Q——通过井巷或矿井的风量,m^3/s;

h——井巷或矿井的通风阻力,Pa;

R——井巷或矿井的风阻,$N \cdot s^2/m^8$。

式(4-1)表明,如果井巷或矿井的通风阻力 h 相同,等积孔大的井巷或矿井,风量 Q 必大,表示通风容易;等积孔小的井巷或矿井,风量 Q 必小,表示通风困难。

式(4-2)则表明,等积孔 A 与风阻的二次方根($\sqrt{R}$)成反比,即井巷或矿井的风阻值越大时,等积孔越小,通风越困难;反之,通风越容易。等积孔的大小与矿井通风难易程度的关系见表4-3。

第二节　矿井空气中成分检测

矿井空气成分的检测是矿井通风测量的主要内容,检测矿井空气成分及其浓度的方式有人工定点、定时检测和自动监测。人工检测方法有两种:一种称之为取样化验分析法,即把在井下采取的气样送到地面化验室,利用气相色谱仪或气体分析仪分析气样获得井下空气的成分及其浓度。另一种称之为就地检测法,即利用便携式检测仪表在现场对空气中某种气体的浓度进行快速检测。下面介绍就地快速检测方法之一——检定管检测法。

检定管检测法的检测仪器由检定管及吸气装置两部分组成。

一、检定管的结构及检测原理

(一)检定管的结构

检定管的结构如图 4-12 所示。它由外壳、堵塞物、保护胶、隔离层及指示胶等组成。其中外壳是用中性玻璃管加工而成。堵塞物用的是玻璃丝布、防声棉或耐酸涤纶,它对管内物质起固定作用。保护胶是用硅胶作载体吸附试剂制成,其用途是除去对指示胶变色有干扰的气体。隔离层一般用的是有色玻璃粉或其他惰性有色颗粒物质,它对指示胶起界限作用。指示胶以活性硅胶为载体吸附化学试剂经加工处理而成。

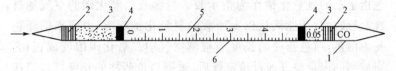

图 4-12　检定管的结构示意图

1——外壳;2——堵塞物;3——保护物;4——隔离层;5——指示胶;6——刻度

(二)检定管的工作原理

当含有被测气体的空气以一定的速度通过检定管时,被测气体与指示胶发生化学反应,根据指示胶变色的程度或变色的长度来确定其浓度。前者称为比色式,后者称为比长式。由于比色式检定管存在灵敏度低、颜色不易辨认,两个色阶代表的浓度间隔太大、成本高、定量测定难、准确性差等缺点,所以目前主要使用比长式检定管。我国煤矿使用的检定管有一氧化碳、二氧化碳、硫化氢、二氧化氮和氧气检定管等几种。测定时应注意,测定不同的气体必须使用不同的检定管,或者说必须使用与待测气体相一致的检定管,不得出现差错。

(1)一氧化碳检定管是以活性胶为载体,吸附化学试剂碘酸钾和发烟硫酸作为指示胶。当含有一氧化碳的空气通过检定管时,与指示胶反应,有碘生成,沿玻璃管壁形成一个棕色环,随着气流通过,棕色环向前移动,其移动的距离与被测空气中一氧化碳浓度成正比,因此当检定管中通过定量空气后,根据色环移动的距离便可测得空气中一氧化碳浓度。

(2)硫化氢检定管也是以活性硅胶为载体,而它所吸附的化学试剂为醋酸铅。当含有硫化氢的空气通过检定管时,与指示胶反应并沿玻璃管壁产生一褐色的变色柱,变色柱的长度与空气中硫化氢的浓度成正比。根据这一原理便可测得空气中硫化氢的浓度。

（3）二氧化碳检定管是以活性氧化铝作为载体，吸附带有变色指示剂的氢氧化钠作为指示胶。当含有二氧化碳的空气通过检定管时，与活性氧化铝上所载的氢氧化钠反应，由原来的蓝色变为白色，白色药柱的长度与被测空气中二氧化碳浓度成正比。当被测的定量空气通过检定管后，根据白色药柱的长度可以直接从检定管的刻度上读出二氧化碳的浓度。

二、吸气装置及检测方法

（一）J-1 型采样器

1. 结构

J-1 型采样器实质上是一个取样（抽气）筒，其结构如图 4-13 所示。它由铝合金管及气密性良好的活塞所组成。抽取一次气样为 50 mL，在活塞上有 10 等分刻度，表示吸入气样的毫升数。采样器前端的三通阀有 3 个位置：阀把平放时，吸取气样；阀把拨向垂直位置时，推动活塞即可将气样通过检定管插孔压入检定管；阀把位于 45°位置时，三通阀处于关闭状态，便于将气样带到安全地点进行检定。

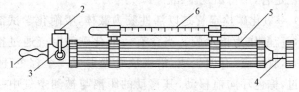

图 4-13　J-1 型采样器结构示意图

1——气样入口；2——检定管插孔；3——三通阀；4——活塞杆；

5——吸气筒；6——温度计

2. 测定方法

（1）采样与送气

不同的检定管要求用不同的采样和送气方法。对于很不活泼的气体,如 CO、CO_2 等,一般是先将气体吸入采样器,在此之前应在测定地点将活塞往复抽送 2～3 次,使采样器内原有的空气完全被气样(待测气体)所取代。打开检定管两端的封口,把检定管浓度标尺标"0"的一端插入采样器的插孔 2 中,然后将气样按规定的送气时间以均匀的速度送入检定管。如果是较活泼的气体,如 H_2S,则应先打开检定管两端封口,把检定管浓度标尺上限的一端插入采样器的入口 1 中,然后以均匀的速度抽气,使气样先通过检定管后进入采样器。在使用检定管时,不论用送气或抽气方式采样,均应按照检定管使用说明书的要求准确采样。

(2) 读取浓度值

检定管上印有浓度标尺。浓度标尺零线一端称为下端,测定上限一端称为上端。送气后由变色柱(或变色环)上端所指示的数字,可直接读取被测气体的浓度。

(3) 高浓度气样的测定

如果被测气体的浓度大于检定管的上限(即气样还未送完,检定管已全部变色)时,应首先考虑测定人员的防毒措施,然后采用下述方法进行测定。

① 稀释被测气体。在井下测定时,先准备一个装有新鲜空气的胶皮囊带到井下,测定时先吸取一定量的待测气体,然后用新鲜空气使之稀释到 1/2～1/10,送入检定管,将测得的结果乘以气体稀释后体积变大的倍数,即得被测气体的浓度值。

例如用Ⅲ型 CO 检定管测定时,先吸入气样 10 mL,后加入 40 mL 新鲜空气将其稀释,在 100 s 内均匀送入检定管,其示数为 0.04%,则被测气体中 CO 的浓度为:

$$0.04\% \times \frac{10+40}{10} = 0.04\% \times 5 = 0.2\%$$

② 采用缩小送气量和送气时间的方法进行测定。如采样量为 100 mL,送气时间为 100 s 的检定管,测高浓度气样时可以把

采样量和送气时间分别减少到 100 mL/N 及 100 s/N,这时被测气体的浓度＝检定管读数×N。对于采样量为 100 mL,送气时间为 100 s 的检定管,N 可取 2 或 4;如果要求采样量为 50 mL,送气时间为 100 s 时,N 最好不要大于 2,因为 N 过大,容易产生较大的测定误差。因此对测定结果要求较高的,最好更换测定上限大的检定管。

(4) 低浓度气样的测定

如果气样中被测气体的浓度低,结果不易量读,可采用增加送气次数的方法进行测定:

被测气体浓度＝检定管上读数÷送气次数

例如用Ⅱ型 CO 检定管测定时,按送气量为 50 mL,送气时间为 100 s 的要求,连续送 5 次气样后,检定管的指示数为 0.002%,则被测气体中 CO 的浓度应为:0.002%÷5＝0.000 4%。

3. 测定时注意事项

(1) 检定管打开后,必须立即使用,以防影响测定效果。

(2) 检定管应储存在阴凉处,不要碰坏检定管及两端封口,否则不能使用。

(3) 一氧化碳检定管只能测定浓度 0.1% 以下的 CO,如果需要测定浓度超过 0.1% 的气样时,首先应考虑测定人员的防毒措施,然后再进行测定。当井下被测巷道中 CO 浓度较高时,在实测前,首先准备一个胶皮气囊,其中装以新鲜空气,在测定时用唧筒先抽取巷道中的一部分气体以后,再从气囊中抽取一部分新鲜空气使之冲淡。空气中所含 CO 的实际浓度,即为测定时读数乘以冲淡的倍数。用其他检定管测定另外的有害气体时,其方法基本相同。

(二) XR-1 型气体检测器

1. 结构

XR-1 型气体检测器的抽气球是一个 60 mL 的医用洗耳球,

其使用容积为(50±2) mL,根据需要可在球嘴上安装一个金属三通活塞,以便测定时增加取气次数,其结构如图4-14所示。

　2. 测定方法

　　使用该检测器时应先检查其气密性。方法是左手拿抽气球,用右手拇指按压球的底部,排出球内气体后,用左手拇指与食指捏球的左边,退出右手拇指再把球对折,用手握紧。然后将一支完整的检定管插在抽气球的进气口上,放松左手,经 10 min 左右,如抽气球未鼓起则说明气密性良好。

　　测定时,按气密性检查方法,排出抽气球内气体后,在其进气口处紧密牢固地插入

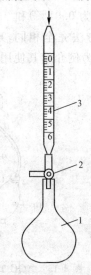

图 4-14　XR-1 型气体检测器结构
1——抽气球;2——金属三通;3——检定管

一支两端打开的检定管,"0"点一端向上,松开抽气球,待测气体便通过检定管进入抽气球。当抽气球全部鼓起后约 30 s,即可从检定管的浓度标尺上直接读出待测气体的浓度。

　　该检测器在使用时,虽然每次的抽气时间不同,速度也不够均匀,但实验证明,只要抽气球与检定管连接处不漏气,每次抽气体积基本上是相同的,其测定结果能保证在规定的误差范围内。它具有体积小、质量轻、便于携带及价格低廉等优点。

三、甲烷检测仪器

　　甲烷检测仪器主要有甲烷测定器、甲烷报警器和甲烷断电仪三种。

（一）便携式光学瓦斯检测仪

便携式光学瓦斯检测仪（光学瓦斯测定器）其测量范围分 0～10%（精度为 0.01%）和 0～100%（精度为 0.1%）2 种，其工作原理与使用方法完全相同，现以 AQG-1 型光学甲烷测定器（如图 4-15所示）为例介绍其使用方法。

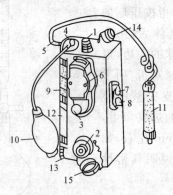

图 4-15　AQG-1 型光学甲烷测定器结构示意图

1——目镜；2——主调螺旋；3——微调螺旋；4——吸气孔；5——进气孔；

6——微读数观察窗；7——微读数电门；8——光源电门；9——水分吸收管；

10——吸气球；11——二氧化碳吸收管；12——干电池；13——光源盖；

14——目镜盖；15——主调螺旋盖

1. 测定前的准备

（1）药品性能检查。应根据药品的使用时间和变化程度来确定是否能继续使用。药品的颗粒大小以 3～5 mm 为宜，太小则粉末易进入气室，太大则不能充分发挥吸收能力。吸收管内的 3 块隔片就是为了使气体和药品表面充分接触而设置的。

（2）气路系统检查。首先检查吸气球是否漏气，其方法是用一手捏扁气球，另一手捏住胶皮管，然后放松吸气球，吸气球不鼓胀起来说明不漏气；其次检查仪器是否漏气，即将吸气球的胶皮管接于仪器的吸气孔 4 上，用另一手手指堵住进气孔 5，捏扁气球,松手后气球不鼓胀起来说明气路系统不漏气;最后检查气路系统是否畅通,即放开进气孔,用手捏扁气球,放手后气球立即鼓胀起来说明气路畅通无阻。

(3)光路系统检查。按下光源电门 8,由目镜观察,并旋转目镜筒,使分划板刻度清晰时,再看光谱是否清晰。如不清晰,可将光源灯泡盖打开,稍微转动灯泡座,直到清晰为止。

(4)清洗空气室。仪器应定期拆开后盖板,打开堵头,拔去毛细管,利用吸气球清洗空气室,使空气室经常保持新鲜空气。但清洗地点与被测地点的温差不应超过 10 ℃。因为不同温度的气体折射不同,因此对零地点和测量地点温度差太大,会引起测量误差;另外,这种仪器对温度的变化比较敏感,因此清洗气室一般在井底车场进行。

(5)干涉条纹的零位调整。首先在和待测地点温度相近的新鲜风流中捏放吸气球 5～6 次清洗瓦斯室。温度相近,是为了防止由于温差过大而引起测量时出现零点漂移(俗称跑正、跑负)的现象。然后按微读数电门 7 并反时针方向转动微调螺旋 3,使零位对准指线[图 4-16(a)上图];按光源电门 8,转动主调螺旋 2,从目镜中观察,使光谱中最明显的一条黑线对准零位[图 4-16(a)下图],盖好主调螺旋盖 15,此后护盖不得再旋动,以免零位变动。例如黑基线位于刻度 1 与 2 之间[图 4-16(b)下图],那么瓦斯浓度的整数值为 1;然后顺时针转动微调螺旋 3,使黑基线退到与整数 1 相重合[图 4-16(c)下图],从微读数盘上读出小数值为 0.7[图 4-16(c)上图],则测定结果瓦斯浓度为 1.7%。

2. 浓度测定

(1)甲烷浓度的测定

测定时,将连接瓦斯入口的橡皮管伸至测定地点,然后慢慢捏吸气球 5～6 次。待测气体进入瓦斯室,由目镜中观察干涉条纹是否已移动,先读出干涉条纹在分划板上移动的整数(例如条

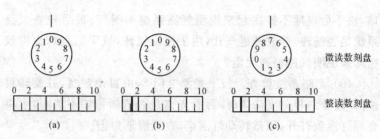

图 4-16　整读数刻盘与微读数刻盘

纹移动到 3%～4% 之间），然后转动测微手轮，把对零位时所选用的那条条纹移动到 3% 的刻度线上，再按下光源电门 8，读出刻度盘上的读数，如果在 0.24%～0.26% 之间，可读为 0.25%。这时所测定的结果为 3%+0.25%=3.25%。

测定后，应把刻度盘退到零位。

（2）二氧化碳浓度测定

① 在二氧化碳浓度大的矿井里（没有甲烷），用该仪器测定二氧化碳浓度时，吸收剂不用钠石灰，只用硅胶或氯化钙吸收水蒸气。其实际浓度应为所读得的数据乘以 0.955。这是由于仪器出厂时的校正适合于甲烷浓度的测定，因此用于测定其他气体时，仪器所示读数并不是被测气体的实际浓度，必须进行换算，在空气中测定其他气体时，换算系数按下式求得：

$$换算系数 = \frac{甲烷折射率 - 空气折射率}{测定气体折射率 - 空气折射率}$$

不同气体的折射率见表 4-4。

表 4-4　　　　　　　　　不同气体的折射率

气体种类	光源种类	折射率	仪器采用值
新鲜空气	白光	1.000 292 6	1.000 292
二氧化碳	白光	1.000 447～1.000 450	1.000 447
甲烷	白光	1.000 443	1.000 440

测定二氧化碳时,换算系数是:

$$\frac{1.000\ 440-1.000\ 292}{1.00\ 447-1.000\ 292}=0.000\ 148/0.000\ 155=0.955$$

② 在有甲烷的地方测定二氧化碳,或是在测定甲烷的同时又测定二氧化碳,就必须测定甲烷和二氧化碳的混合浓度(不用钠石灰吸收二氧化碳,只用硅胶或氯化钙吸收水蒸气),然后再用钠石灰吸收二氧化碳来测定甲烷浓度,把两次测得的结果相减,所得的差数乘以 0.955,则得二氧化碳的实际浓度。例如,测得混合浓度为 4%,甲烷浓度为 3%,则二氧化碳浓度为:

$$(4\%-3\%)\times0.955=0.955\%$$

(3) 测定中应注意的问题

① 测定中空气湿度过大,会使气室玻璃上产生雾气,灰尘容易附在上面,造成干涉条纹不清晰。因此,必须用硅胶或氯化钙来吸收水蒸气。必要时,可在仪器外再增加一支氯化钙吸收管。此外,光源各部分的接触不良、灯泡移动都会影响干涉条纹的清晰。

② 所测甲烷读数比实际浓度偏高。原因可能是:钠石灰失效或吸收能力降低,把二氧化碳和甲烷的混合浓度误认为甲烷浓度;有时药品的吸收能力很好,但由于颗粒过大也会导致二氧化碳的不完全吸收;另外,盘形管的堵塞也可能造成甲烷读数偏高。

如从浓度高地点转到浓度低的地点进行测定,发生读数偏高,可能是吸气球或吸气球到气室之间漏气,进气管路堵塞被压,即前一地区进入仪器的气体不能被后一地区的气体完全置换。所以每班都应检查仪器的进出气系统。

③ 所测甲烷读数比实际浓度偏低。原因可能是:第一,气室上所装盘形管和橡皮堵头以及与空气室连接的各个接头,有破裂漏气情况,使空气室的空气不新鲜,折射率增大,而使瓦斯室和空气中的气体折射率的差降低,故读数也随着降低;第二,瓦斯的进出口和吸气球漏气,接头不紧,使吸气能力降低,并在吸气时附近

的气体渗入瓦斯室,冲淡了要测定的气体,结果读数偏低;第三,在准备工作地点调整零位时,空气不新鲜,或空气室与瓦斯室之间相互串气。

④ 空气中氧气浓度的变化对甲烷测定的结果影响很大,当氧含量降低时,读数产生正值偏差,在严重缺氧的密闭火区中检测甲烷时往往测值偏高。

3. 使用时注意事项

(1) 仪器应定期检修、校正,国产光学瓦斯检定器的简便校正方法之一,是将光谱第一条黑线纹对在"0"上,如果第5条条纹正在7%的数值上,表明条纹宽窄适当,可以使用。否则应调整光学系统。

(2) 在严重缺氧地区测定瓦斯时,其读数往往比实际浓度偏高很多,此时应采用取样化验方法测定瓦斯浓度。

(3) 在高原地区,由于空气密度小、气压低,应对仪器做相应的调整才能使用。

(4) 仪器不用时,要放在干燥地方,并取出电池,以防腐蚀仪器。

(5) 携带和使用时,防止和其他硬物碰撞,以免损坏仪器内部零件和光学镜片。

4. 光学瓦斯检定器发生零位漂移的原因和预防方法

光学瓦斯检定器发生零位漂移(俗称跑正或跑负),会造成测定结果不准或错误。发生零位漂移的常见原因有:① 仪器空气室内不新鲜,毛细管失去作用;②"对零"时的地点与待测地点的温度和压力相差较大;③ 瓦斯室气路不畅通。

防止零位漂移的办法有:

(1) 经常用新鲜空气清洗空气室,不要连班使用一个检定器,以免毛细管内空气不新鲜。

(2) 仪器对零时,应尽量在与待测地点温度相近、标高相同的附近进风巷内进行,以免因温差、压差过大引起零位漂移。

(3) 经常检查检定器的气路,发现不畅通或堵塞要及时修理。

5. 光学瓦斯检定器的常见故障与排除

(1) 检查药品时,如药品失效会发现药品的颗粒变小成粉或胶结在一起,此时应及时更换,否则可能使测定瓦斯数值偏高,有时甚至可阻塞进气管路。

(2) 气密检查。如果发现漏气应想法找出漏气的部位,及时更换吸管或吸球。如漏气,在接头处应将漏气管头切下。

(3) 检查光路。如发现无光,应打开光源盖检查灯泡,及时更换。如灯泡正常则应更换电池。当发现灯光暗红时也是电池用得太久,应及时更换。

(4) 当发现干涉条纹无法归零,或干涉条纹和分划板的刻线不平行,不要摔打,应找专职校对人员调校。

(5) 当目镜内出现雾气应找专职人员修理。

(二)甲烷检测报警仪

甲烷报警器是指具有检测甲烷浓度功能的、在甲烷浓度达到或超过规定的浓度值时能发出声、光报警讯号的仪器,又称瓦斯报警仪。它是在甲烷测定器的基础上加上声、光报警部件而构成。甲烷报警器检测甲烷的原理与甲烷测定器的检测原理相同。目前煤矿中使用的甲烷报警器只使用催化式和热导式 2 种原理检测甲烷,且以催化式为主。

1. 热催化式甲烷检测报警仪的工作原理

利用甲烷在催化元件(俗称黑白元件)上的氧化生热(也称无烟燃烧)使催化元件的阻值发生变化,由催化元件和电阻组成的惠斯通电桥失去平衡,当瓦斯在元件表面发生无焰燃烧时,元件温度升高,阻值增大,电桥输出与瓦斯浓度成比例的电压信号,通过测量电压信号的大小,达到检测甲烷浓度的目的。

我国根据这一原理制成的便携式热催化甲烷检测报警仪大

体分为两类:一类是由电桥输出的电信号直接驱动电表指示甲烷浓度;另一类是电桥输出的信号经放大后,驱动电表或数字电路显示甲烷浓度,放大后的信号还可连接声光报警电路,提示甲烷超限。如图 4-17 所示,信号经比例放大后分为两路,一路经 A/D 转换、译码、驱动和数字显示电路;另一路经电压比较、驱动和声光报警电路。

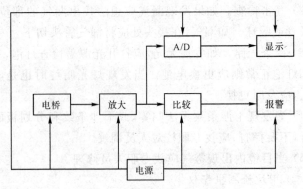

图 4-17　甲烷检测报警仪原理框图

2. 便携式甲烷检测报警仪的使用与维护

(1)便携式甲烷检测报警仪应设专职人员负责充电、收发及维护。每班要清理隔爆罩上的煤尘,下井前必须检查便携式甲烷检测报警仪的零点和电压值,不符合要求的禁止发放使用。

(2)便携式甲烷检测报警仪应固定专人使用,使用时要严格按照产品说明书进行操作,严禁擅自调校和拆开仪器。

(3)使用时首先在清洁空气中打开电源,预热 15 min,观察指示是否为零,如有偏差,则需调零。

(4)测量时,用手将仪器的传感器部位举至或悬挂在检测点,经 30 s 的自然扩散,即可读取瓦斯浓度的数值;也可由工作人员随身携带,在瓦斯超限发出声、光报警时,再重点监视环境瓦斯或采取相应措施。

在使用仪器时应注意以下几点：

（1）要保护好仪器，在携带和使用中严禁摔打、碰撞，严禁被水浇淋或浸泡。

（2）当使用中发现电压不足时，仪器应立即停止使用，否则将影响仪器正常工作，并缩短电池使用寿命。

（3）对仪器的零点测试精度及报警点应定期（一般为一周或一句）进行校验，以保证仪器测量准确、可靠。

（4）当环境中瓦斯浓度和硫化氢含量超过规定值后，仪器应停止使用，以免损坏元件。

（5）检查过程中还应注意顶板支护及两帮情况，防止伤人事故的发生。

（6）当瓦斯浓度超过规定限度或氧气浓度过低时应迅速退出并及时处理或汇报。

（7）当闻到有其他特殊的异杂气味也要迅速退出，注意自身安全。

（8）空气中含有硫化氢时，会使热效应式的反应元件——铂丝"中毒"失效。因此，在含有硫化氢的空气中使用时，应附加一个装有颗粒状活性炭的吸收管，可消除硫化氢的影响。

（9）空气中含有较高浓度的二氧化碳时，由于二氧化碳的导热率为瓦斯的 $1/2$，为消除影响，应附加一个二氧化碳吸收管。

（10）空气中一氧化碳较高时，热催化式的读数比实际瓦斯浓度偏高，热导式的则偏低。为消除其影响，可附加一氧化碳吸收管。

（11）空气中的氧气浓度很低时，其测定的结果会有较大的误差。

3. 常见故障与排除

（1）当打开开关后如无显示则可能线路中断，也可能是电池损坏，应维修或重换新电池。

（2）显示时隐时现则可能是电池接触不良，应重修开关或装电池。

(3) 如果显示不为零,调零电位仍无法归零,则应找专职人员修复调校。

(三)甲烷断电仪

甲烷断电仪是指当煤矿井下甲烷浓度超过预置的浓度阈值时,能在发出报警信号的同时自动切断受控设备电源的装置,又称瓦斯断电仪。它是在甲烷测定器和甲烷报警器的基础上,加装断电控制单元而成。由主机、甲烷传感器及传输电缆组成。

我国于 20 世纪 50 年代开始研制甲烷断电仪,1976 年上海汇南无线电厂生产了第一台定置型甲烷断电仪,型号为 ABD-1 型;1978 年抚顺煤矿安全仪器厂生产了第一台机载型甲烷断电仪,型号为 AQD-1 型;1984 年上海电表厂生产了第一台数字式甲烷断电仪,型号为 ABD-21-K 型。迄今为止,我国已有 20 多种不同类型、不同型号的甲烷断电仪。

(四)新型安全检测仪表简介

近 10 余年来,煤矿科研院所、有关生产厂家开发了多种新型便携式煤矿安全检测仪表,其主要技术参数见表 4-5。

表 4-5　　　　　　　新型安全检测仪表主要技术参数

产品名称型号		原　理	技术参数功能	研制单位
瓦斯检测仪	AZJ2000	载体催化	$0\sim5\%CH_4$,质量 190 g,欠压报警及自动关机	煤科总院重庆分院
	AZJ95 智能型	载体催化	$0\sim5\%CH_4$,报警点任意设置,欠压自动关机,自动控制充电	煤科总院重庆分院
	AZWJ-2 智能型瓦斯检测记录仪	载体催化	$0\sim4\%CH_4$,自动修正测量误差,欠压断电保护,数据存储及打印	煤科总院重庆分院
CO检测仪	MYJ-1	电化学	$0\sim2\ 000\times10^{-6}CH_4$,液晶数字显示,低功耗,5 号干电池供电	煤科总院抚顺分院
	KCO-1	电化学	$0\sim2\ 000\times10^{-6}CH_4$,可充电电池供电,欠压自动断电	煤科总院重庆分院

产品名称型号		原　理	技术参数功能	研制单位
多参数检测仪	AZY-1 甲烷氧气检测报警仪	载体催化电化学	$0\sim5\%CH_4$，$0\sim25\%O_2$，欠压报警及自动关机	煤科总院重庆分院
	AZS-1 组合式检测报警仪	载体催化电化学	连续检测 CH_4、CO、O_2，声光报警，欠压报警关机	煤科总院重庆分院
	AZD-1 智能多参数检测仪	载体催化电化学	连续检测 CH_4、CO、O_2 浓度和温度，有存储打印、自诊断、温度补偿、非线性校正功能	煤科总院重庆分院

第三节　矿井通风设施

在矿井的正常生产过程中,为了保证风流按设计的路线流动,在灾变时期仍能维持正常通风或便于风流调度,而在通风系统中设置了一系列构筑物,这些通风构筑物称为通风设施。通风设施按其作用的不同,可分为隔断风流的设施、引导风流的设施以及调节风流的设施。

一、通风设施的分类

井下通风设施有风门、风桥、风墙、风窗、风障和风帘等。

（一）风门

风门是指在不允许风流通过,但需行人或通车的巷道内设置的一种控制风流的设施——隔断风流的门。风门关闭时,切断风流;启开时行人、通车。

按制作材料的不同,风门可分为木质风门、铁皮风门、木铁混合材料风门和塑料风门等几种;按启动方式或结构的不同,风门可分为普通风门、自动风门和遥控风门等。

（1）普通风门

普通风门用人力开启,一般多用木材制作,大多采用双层木板(每层板厚 15 mm)错缝或单层木板(板厚 30 mm)对口的单扇或双扇结构。图 4-18 所示为单扇木质沿口普通风门。这种风门的结构特点是门扇与门框呈斜面沿口接触,接触处有可缩性衬垫,比较严密、坚固,一般可使用 1.5~2 年。

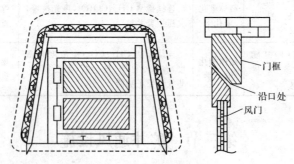

图 4-18　木质沿口普通风门

(2)自动风门

自动风门是借助各种动力来开启与关闭的一种风门。按其动力不同,可分为撞杆式、水压式、气动式和电动式等多种。自动风门的开门机构常用连杆、转盘和钢丝绳牵引。我国煤矿自动风门常用撞杆式,利用矿车碰撞力量和杠杆机构开启风门,并借助自重和风压作用关闭风门。这种风门结构简单,维护容易。自动风门也有单扇和双扇之分,单扇自动风门适合井下断面窄小的平巷弯道(如车场)使用;双扇自动风门则适用于通车频繁的宽敞平巷。

(3)遥控风门

目前,煤矿发生火灾后,实施风流控制方案,一般是派救护队员或抢险人员去执行。但是在很多情况下,由于各种条件的限制,在着火初期人们往往难以确定火源地点,救护队员或抢险人员难以迅速到达指定地点执行控风措施,致使灾害扩大,损失加重。为此,专家们研制出了能在地面或井下遥控的自动风门,实现了风流的远程控制,提高了矿井救灾水平。

(4) 反向风门

在矿井的主要通风巷道中的风门处都要设反向风门,瓦斯突出矿井所有风门都要设反向风门。

(二) 密闭

密闭是指在既不允许风流通过,也不准许行人和通车的巷道中所设置的一种控制风流的设施,也叫风墙。

按结构及服务年限的不同,密闭可分为临时性密闭和永久性密闭两种。

(1) 临时性密闭

为临时切断风流或在处理火灾时为阻止火势蔓延而用木板、帆布或帘子等构筑的简易风墙,称为临时密闭。一般是在立柱上钉木板,木板上抹黄泥建成临时性风墙,如图 4-19 所示。临时风墙修筑拆除简便,但漏风较大。

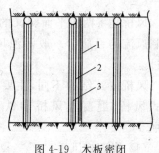

图 4-19　木板密闭
1——立柱;2——木板;3——黄泥

(2) 永久性密闭

为了长期切断风流,采用砖、石或混凝土等不燃性材料构筑的坚固的风墙,称为永久性风墙,如图 4-20 所示。一般服务年限在 2 年以上的风墙都建成永久性风墙。为了便于检查密闭区内的气体成分及密闭区内发火时便于灌浆灭火,风墙上应设观测孔和注浆孔;密闭区内有水时,应设放水管或反水沟以排出积水。为了防止放水管在无水时漏风,放水管一端应做成 U 形,利用水封防止放水管漏风。

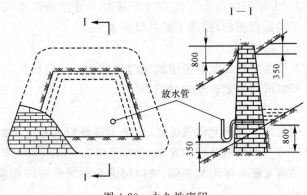

图 4-20　永久性密闭

（三）风桥

风桥是将两股平面交叉的新风和污风隔成立体交叉的一种控制风流的设施。一般污浊风流从桥上通过,新鲜风流从桥下通过。

风桥按其结构不同,主要可分为绕道式风桥、混凝土风桥和铁风筒风桥3种。

（1）绕道式风桥

绕道式风桥如图 4-21 所示,它适用于通过风量大(一般在 20 m^3/s 以上)、需要行车和服务年限长的地点。这种风桥工程量大、耐用、漏风极少。

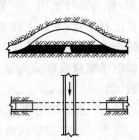

图 4-21　绕道式风桥

（2）混凝土风桥

混凝土风桥由混凝土浇筑而成,如图 4-22 所示。这种风桥常在通过风量较大(一般在 $10\sim20$ m^3/s),服务年限较长的条件下采用。

（3）铁风筒风桥

铁风筒风桥由一节或数节铁质风筒组成,如图 4-23 所示。这

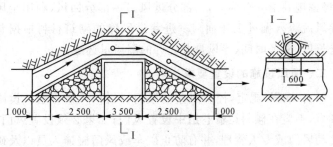

图 4-22　混凝土风桥

种风桥通常在通过风量小（一般在 10 m^3/s 以下）、服务年限很短的条件下使用。

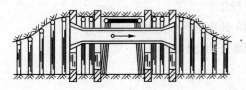

图 4-23　铁风筒风桥

（四）风窗

风窗是指安装在风门或其他通风设施上可调节风量的窗口，又称调节风门。风窗设在需要减少风量的分支中，用以调节风量。窗口的面积根据通过风量的大小用插板进行调节。当窗口面积减小时，风阻增大，通过该风路的风量减少，而与其相并联的风路中的风量将增加。为了不影响运输，风窗应设在回风道中；为便于瓦斯的排出，窗口应设在巷道顶部（风门上方）。风窗前后 5 m 内支架完好、无杂物，周围无裂隙。服务时间长的风窗，墙体用不燃性材料建筑并掏槽，墙面应平整不漏风。

（五）风障

风障是指在矿井巷道或工作面内引导风流的设施，可用砖、石和木板等材料构筑。在掘进巷道时，一般沿巷道的轴线方向构筑,将掘进巷道一分为二,一部分进风另一部分回风,利用全风压引导风流流入掘进工作面。掘进巷道风障的砌筑材料根据巷道掘进长度、服务时间、导风量及允许的漏风量选定。

二、通风设施的设置要求

(1)《规程》规定,控制风流的风门、风桥、风墙等通风设施必须可靠,不应在倾斜运输巷道中设置风门;如果必须设置风门,应设自动风门或专人管理,并有防止矿车或风门碰撞人员以及矿车碰坏风门的安全措施。开采突出煤层时,工作面回风侧不应设调节风窗。

(2)正确选择通风设施的位置,通风设施必须进行设计,按图纸及要求进行施工。

(3)建立健全通风设施的管理制度。

(4)提高自动化程度。

第五章　通风管理制度

第一节　通风质量标准化的意义及内容

一、通风质量标准化的意义

安全生产质量标准化管理是煤矿安全生产管理的重要组成部分,根据《安全生产法》和有关法律法规的要求,安全生产工作要坚持"政府统一领导、部门依法监管、企业全面负责、群众监督参与、全社会重视支持"的工作格局,煤矿安全质量标准化工作由各级地方政府组织各类煤矿广泛开展。从具体职责上讲,地方各级政府及其相关部门要做好规划、制定政策措施、督促检查等工作;各级煤炭工业协会要做好制定和完善标准、总结推广先进经验等服务协调工作;各级煤矿安全监察机构要做好监督和督促指导工作;各煤矿企业在政府的统一领导下,动员各方面力量,做到分工协作、沟通协调、密切配合、齐心协力,共同把煤矿安全质量标准化抓出成效。新中国成立以来,我国发生的 18 起百人以上的瓦斯事故,全部属于"一通三防"事故,所以通风安全质量标准化工作是质量标准化工作的重中之重。为提高"一通三防"工程质量和管理水平,贯彻执行国家煤矿安全监察局确定的"先抽后采,监测监控,以风定产"的十二字方针,防止发生通风、瓦斯、煤尘与自然发火事故,特制定了《矿井通风质量标准及检查评定办法》。其检查评定的内容有:通风系统、局部通风、瓦斯管理、安全监测、防治煤与瓦斯突出、瓦斯抽放、防治自然发火、通风设施、防治粉尘和管理制度。

二、通风质量标准化的内容及要求

1. 通风系统

(1) 矿井必须有完整的独立通风系统。改变通风系统时(包括一翼或一个水平、一个采区)必须履行报批手续;掘进巷道贯通时,必须按《规程》规定,制定安全措施。

(2) 实行分区通风,通风系统中没有不符合《规程》规定的串联通风、扩散通风、采空区通风(排瓦斯巷道不在此限)和采煤工作面利用局部通风机通风[非长壁采煤法、残采回收煤柱、地质构造复杂块段或水采,经公司(局)或县级以上煤炭主管部门批准的不在此限]。

(3) 矿井、采区通风能力满足生产需求。采掘工作面和硐室的供风量要符合《规程》规定。

(4) 高瓦斯、煤与瓦斯突出或易燃煤层的采区至少设有一条专用回风巷。

(5) 矿井内各地点风速符合《规程》规定。

(6) 矿井有效风量率不低于 85%。

(7) 回风巷失修率不高于 7%,严重失修率不高于 3%,主要进回风巷道实际断面不能小于设计断面的 2/3。

(8) 矿井主要通风机的反风设施按《规程》规定定期检查,每年进行一次反风演习。反风效果符合《规程》要求。

(9) 矿井主要通风机装置外部漏风每年至少要测定一次,外部漏风率在无提升设备时不得超过 5%,有提升设备时不得超过 15%。

2. 局部通风

(1) 局部通风机的安装、位置、最低风速应符合《规程》规定,不发生循环风。两台局部通风机同时向一个掘进工作面供风时,必须同时与工作面电源联锁,当任何一台发生故障停止运转时,必须立即切断工作面电源。

（2）低瓦斯矿井掘进工作面局部通风机供电，采用选择性漏电保护或采掘供电分开。瓦斯喷出区域和高、突矿井掘进工作面局部通风机供电，采用"三专两闭锁"或选择性漏电保护，并每天有专人检查。

（3）局部通风机安排专人进行管理，并实行挂牌管理，不得出现无计划停风，有计划停风的必须有专项通风安全措施。

（4）局部通风机的设备齐全，吸风口有风罩和整流器，高压部位（包括电缆接线盒）有衬垫（不漏风），局部通风机必须吊挂或垫高，离地面高度大于 0.3 m，5.6 kW 以上的局部通风机应装有消音器。

（5）风筒末端到工作面的距离和出风口的风量符合作业规程规定，并保证工作面和回风流瓦斯不超限，巷道中风速符合规定。

（6）风筒接头严密（手距接头 0.1 m 时感觉不到漏风），无破口（末端除外），无反接头。软风筒接头要反压边；硬质风筒接头要加垫，上紧螺钉。

（7）风筒吊挂平直，逢环必挂，铁风筒每节至少吊挂两点。

（8）风筒拐弯处设弯头或缓慢拐弯，不准拐死弯。异径风筒接头要用过渡节，先大后小，不准花接。

3. 瓦斯管理

（1）采掘工作面和其他工作地点做到无瓦斯超限作业，无瓦斯积聚（瓦斯浓度在 2% 或以上，体积达到 0.5 m³）。

（2）每班检查次数符合《规程》和有关规定；瓦斯检查员在井下指定地点交接班，并有记录可查；无空班漏检，无虚报瓦斯。检查地点的设置应符合《规程》的规定，每月编制瓦斯检查点设置计划，由矿总工程师审查、签字。

（3）临时停风地点，要立即断电撤人，设置栅栏，安设警示标识。长期停风区必须在 24 h 内封闭完毕。

(4) 排放瓦斯应有经批准的专门措施,并严格执行。

(5) 瓦斯检查做到井下牌板、检查记录手册、瓦斯台账三对口,通风、瓦斯日报(其内容反映当日瓦斯情况、隐患情况、重大问题领导处理意见、"一通三防"重点等)每日必须上报矿长、总工程师审阅。

(6) 矿井通风瓦斯管理机构和人员的配备符合《规程》和公司(局)的有关规定。

4. 井下爆破管理

(1) 井下爆破材料库应符合《规程》规定。

(2) 矿井应建立健全爆破材料领退制度、电雷管编号制度和爆炸材料丢失处理办法。

(3) 爆破作业必须执行"一炮三检制"和"三人连锁放炮"制度。

(4) 爆破作业必须编制爆破作业说明书,其内容应符合《规程》要求,爆破工必须依照说明书进行爆破作业。

(5) 高瓦斯、突出矿井采掘工作面爆破必须执行停电制度。

(6) 实行爆破作业的采掘工作面,必须采用湿式打眼(由于地质条件所限不能湿式打眼的,要制定专门措施)和爆破使用水炮泥,爆破前后要洒水,不洒水要经公司(局)批准,掘进工作面进行爆破喷雾。

(7) 矿井配有足够的爆破专业人员。

(8) 特殊情况下爆破作业,必须严格执行经矿技术负责人批准的专项措施。

5. 通风安全监控

(1) 矿井应按《规程》规定装备安全监控设备,包括矿井安全监控系统、瓦斯断电仪、风电瓦斯闭锁装置,备用量不少于20%。

(2) 监控设备传感器的种类、数量、安设位置、信号电缆和电源电缆的敷设等都应符合规定。

（3）监控设备的报警点、断电点、断电范围、复电点、信号遥传等都应符合规定。

（4）下井人员按《规程》规定佩带便携式瓦斯检测仪器。

（5）安全监测监控设备每月至少调校1次。每7天必须使用校准气样和空气样调校瓦斯传感器、便携式瓦斯检测仪器1次。每7天必须对甲烷超限断电功能进行测试1次。

（6）监控中心站24 h连续正常工作，设备性能符合规定要求，有断电状态和馈电状态监测、报警、显示、存储和打印报表功能。中心站主机应不少于2台，1台备用。按时打印报表。

（7）监测监控设备性能完好，能正常工作。

（8）矿井应建立通风安全监控机构，配齐管理人员、工程技术人员和监测工。安全监测工经培训合格方能上岗。

（9）矿井应有监控中心室、设备维修室、库房、携带式仪器发放室等工作场所，并应做到整洁有序。

（10）有设备仪表台账、故障登记表、检修记录、巡检记录、中心站运行日志、监控布置图及监控日（月、季）报表，瓦斯数据应保留1年以上。

6. 防治煤（岩）与瓦斯（二氧化碳）突出

（1）开采保护层，进行瓦斯抽放。

（2）在突出煤层进行采掘作业的工作面预测预报。

（3）根据预测预报结果和《规程》要求，采掘工作面按批准的防治突出措施进行作业。

（4）对采取防治突出措施后的采掘工作面必须进行效果检验。

（5）在突出煤层作业的采掘工作面，必须按《规程》要求有相应的防护措施。

（6）矿井通风瓦斯管理机构和人员的配备符合《规程》和公司（局）的有关规定。

（7）井巷揭穿突出煤层必须采取批准的安全技术措施并探测突出煤层的有关参数。

7. 瓦斯抽放

（1）按《规程》规定,建立地面永久抽放瓦斯系统或井下临时抽放瓦斯系统。

（2）抽放系统定期测定瓦斯流量、负压、浓度与参数,泵站每小时测定 1 次,干支管与抽放钻场至少每周检查 1 次,并对抽放钻孔有关参数进行及时调节。

（3）凡进行瓦斯抽放的矿井,应有专门的队伍,人员配备必须满足抽放瓦斯(打钻、观测等)的需求。

（4）定期检查抽放系统,抽放管路无破损、无泄漏、无积水,抽放管路要吊高或垫高,离地高度不小于 0.3 m。抽放检测仪表齐全,定期校正。

（5）抽放钻场(钻孔)有观测记录牌板,各种记录全。

（6）抽放工程(包括钻场、钻孔、管路、瓦斯巷等)按设计和计划施工。

（7）抽放瓦斯及抽放瓦斯设施应符合《规程》规定。

（8）井下临时抽放瓦斯泵设置应符合《规程》规定。

（9）瓦斯抽放矿井,按时完成抽放量计划,每一地面抽放站的年度瓦斯抽放量不小于 1×10 m³。采用预抽方式时,矿井抽放率不小于 20%;采用邻近层抽放方式时,矿井抽放率不小于 35%;采用混合抽放方式时,矿井抽放率不小于 25%。

8. 防治自然发火

（1）有容易自燃、自燃煤层的矿井,应按《规程》要求建立防灭火系统。有自燃倾向煤层的矿井无发火史,不建立防灭火系统必须经省(区、市)煤炭行业管理部门批准。

（2）凡开采自燃煤层的矿井,必须有矿井防治自然发火措施,采掘工作面作业规程必须有防治自然发火的专门措施,并严格执行。

（3）凡开采自燃煤层,均要开展火灾的预测预报工作,每周至少观测预报 1 次。观测地点:采区防火墙、采煤工作面上隅角及回风巷、其他可能发热地点。观测内容:气体成分、密闭内外压差、气温、水温等。

（4）消除采空区密闭内及其他地点超过 35 ℃的高温点(因地温、水温影响的高温点除外)及 CO 超限(火区密闭内除外)。

（5）采煤工作面回采结束后,必须在 45 d 内撤出一切设备、材料,并进行永久性封闭。

（6）每一处火区都必须建立符合《规程》规定的火区管理卡片,绘制火区位置关系图。火区的管理应按公司(局)批准的措施执行,并遵守《规程》的有关规定。启封火区要有计划和经批准的措施。

（7）无 CO 超限作业和自燃事故。

（8）井下每个生产水平必须设立消防材料库,并备有足够的消防器材,器材品种、数量各公司(局)自定。

9. 通风设施

（1）永久设施(包括风门、密闭、风窗)

① 墙体用不燃性材料建筑,厚度不小于 0.5 m,严密不漏风。

② 墙体平整(1 m 内凸凹不大于 10 mm,料石勾缝除外),无裂缝(雷管脚线不能插入)、重缝和空缝。

③ 墙体周边掏槽(岩巷、锚喷、砌碹巷道除外),要见硬顶、硬帮,要与煤岩体接实,四周要有不少于 0.1 m 的裙边。

④ 设施周围 5 m 内巷道支护良好,无杂物、积水和淤泥。

⑤ 密闭内有水的设反水池或反水管;自然发火煤层的采空区密闭要设观测孔、措施孔,孔口封堵严密。密闭前无瓦斯积聚,要设栅栏、警标、说明牌板和检查箱(人、排风之间的挡风墙除外)。风门一组至少两道,能自动关闭,要装有闭锁装置。门框要包边

沿口,有垫衬,四周接触严密,门扇平整不漏风,调节风窗的调节位置设在门墙上方,并能调节。

（2）临时设施（包括临时风门、临时密闭）

① 临时设施设在顶、帮良好处,见硬底、硬帮,与煤岩体接实。

② 设施周围 5 m 内支护良好,无片帮、冒顶,无杂物、积水和淤泥。

③ 设施四周接触严密。木板设施要鱼鳞搭接,表面要用灰、泥满抹或勾缝。

④ 临时密闭不漏风,密闭前要设栅栏、警标和检查牌。

⑤ 临时风门能自动关闭,通车风门及斜巷运输的风门有报警信号,否则要装有闭锁装置。门框包边沿口,有垫衬,四周接触严密,门扇平整不漏风,与门框接触严密。

（3）永久风桥

① 用不燃性材料建筑。

② 桥面平整不漏风（手触感觉不到漏风为准）。

③ 风桥前后各 5 m 范围内巷道支护良好,无杂物、积水和淤泥。

④ 风桥通风断面不小于原巷道断面的 4/5,成流线型,坡度小于 30°。

⑤ 风桥两端接口严密,四周见实帮、实底,要填实、结实。

⑥ 风桥上下不准设风门。

10. 综合防尘

（1）矿井主要运输道,采区回风道,带式输送机斜井、平巷,上、下山,采煤工作面上、下平巷,掘进巷道,溜煤眼翻车机,输送机转载点等处均要设置防尘管路,带式输送机斜井和平巷管路每隔 50 m 设一个三通阀门,其他管路每隔 100 m 设一个三通阀门。

（2）井下所有运煤转载点必须有完善的喷雾装置:采煤工作面进回风巷、主要进风大巷及进风斜井和掘进工作面必须安装净化水幕,采煤工作面距上下出口不超过 30 m,掘进工作面距迎头不超过 50 m,水幕应封闭全断面、灵敏可靠、雾化好、使用正常。

（3）采掘工作面的采掘机必须有内外喷雾装置（原无内喷雾的除外）,雾化程度好,能覆盖滚筒并坚持正常使用。综采工作面设移架自动同步喷雾,放顶煤工作面设放顶煤自动同步喷雾。

（4）厚煤层及中厚煤层必须逢采必注,不注不采（分层开采的厚煤层第一分层必须注水,其他分层实行防火灌浆或灌水的可以不注水）,特殊情况经县级以上主管部门（公司或局）批准可以不注水,薄煤层也要实行注水。

（5）定期冲刷巷道积尘。主要大巷每年至少刷白 1 次,主要进、回风巷每月至少冲刷 1 次积尘。采区内巷道冲刷积尘周期由各矿总工程师决定。有定期冲刷巷道的制度,并要有记录可查。井下巷道不得有厚度超过 2 mm 连续长度超过 5 m 的煤尘堆积（用手捏成团,经震动不飞扬不在此限）。

（6）隔爆设施安装的地点、数量、水量、安装的质量符合有关规定。

（7）防尘制度健全,配有足够的防尘专业人员[符合公司（局）的有关规定];各种记录图纸、台账齐全,记录准确。

（8）按规定进行矿井粉尘的分析、化验、测定工作。每一矿井必须测定全尘和呼吸性粉尘,并有符合国家关于粉尘测定的全尘和呼吸性粉尘测定仪。

（9）测尘合格率达 70% 以上。

（10）有煤尘爆炸危险的掘进工作面必须设置隔爆装置。

11. 管理制度

（1）矿井有专门的"一通三防"管理队伍,其机构设置符合公司（局）和《规程》规定。

（2）要建立和健全各级领导及各业务部门的"一通三防"管理工作责任制,并严格落实。

（3）矿井每月至少进行一次通风隐患排查，召开一次通风例会，并有通风工作计划和总结。

（4）矿井每年编制通风、防治瓦斯、防治粉尘、防灭火安全措施计划。严格执行例会制度。已装备的安全设备正常发挥效益。

（5）有"五图、五板、五记录、四台账"，并与现场实际相符。

（6）矿井各种图纸报表准确，数据齐全，上报及时。

（7）通风区、队要有一套符合公司（局）规定的完整的管理制度。各工种有岗位责任制和技术操作规程，并严格执行。

（8）通风安全仪器、仪表要有保管、维修、保养制度，定期校正、定期进行计量检定，保证完好。

（9）对瓦检员、爆破工、监测工、调度员、测风员、抽放泵司机等都要制订计划定期培训，每次培训都要考核，有记录可查，并做到持证上岗。

第二节　通风管理制度

一、通风设施管理制度

（1）所有风门、密闭都必须编号。

（2）通风设施必须有经矿技术负责人批准的设计，并严格按设计及质量标准建筑施工。除反向风门外的风门都要安装完好的闭锁装置。要有确保两道风门不能同时敞开的措施。

（3）必须制定风门使用、管理制度，所有风门必须指定通风部门和使用单位专人挂牌管理。

（4）不应在倾斜运输巷道设置风门。如因特殊情况必须在倾斜运输巷道设置风门的，要有防止撞坏风门的安全技术措施，且必须同时满足以下两个条件：

① 必须实现人工操作的自动风门，且必须有操作人员躲避硐室；

② 必须安装声、光、语音警示装置。

（5）煤与瓦斯突出煤层采煤工作面回风侧严禁设置风窗。

（6）临时风门使用期限超过 6 个月必须改建为永久风门。

（7）密闭设置栅栏，栅栏高度不小于巷道高度的 2/3，每个网眼边长不大于 200 mm，留有合适的门，以便进入栅栏内检查。

（8）测风站必须设在巷道断面无变化的直线段，前后 10 m 内无杂物。

二、局部通风管理制度

（1）严禁无计划停止局部通风机运转。局部通风机（包括湿式除尘风机）必须由通风机操作工持证、挂牌看管（瓦斯检查员、电工和爆破工不能兼管风机）。通风机操作工的工作范围为局部通风机至风筒末端。通风机操作工必须熟练掌握局部通风机操作程序，必须随身携带"局部通风机停开记录手册"，必须在工作地点交接班。

（2）发生无计划停风，情节严重按重大责任事故追查。

（3）安设在掘进巷道中的湿式除尘风机必须与掘进巷道中的主导局部通风机联动闭锁。当主导通风机停止运转时，掘进巷道中的湿式除尘风机能自动停止运转；主导通风机未启动时，掘进巷道中的湿式除尘风机不能启动。

（4）局部通风机必须实现"三专两闭锁"，并且达到性能可靠。必须实行双风机（且为同等能力）双电源，并能自动切换，否则不准施工。每旬必须对自动切换功能进行一次试验，并有原始记录可查。

（5）井下所有局部通风机装置齐全，电缆孔不漏风，安设符合标准要求，并挂局部通风管理牌板和检查牌板。

（6）局部通风机必须安设泄压三通装置（可采用铁制"三通"）或瓦斯自动排放器。

（7）风筒要逐节编号。风筒和接头要严密不漏风、吊挂平直、环环吊挂,拐弯地点必须设置弯头。风筒末端距工作面的距离:岩巷不超过 10 m,煤和半煤岩巷不超过 5 m。

(8) 严禁一台局部通风机向两个及两个以上同时作业的掘进工作面供风,严禁 3 台及 3 台以上局部通风机同时向一个掘进工作面供风。

(9) 启动局部通风机时,必须执行"四人"(即通风机操作工、瓦斯检查工、电工、安检员)同在制度,严禁随意停开局部通风机。

(10) 因检修或检查设备(有计划)需停止局部通风机运转时,要提前向保安区提出申请,申请单上要有机电矿长、技术负责人及保安区、施工单位、矿调度、机电科负责人签字。

(11) 局部通风机供风的巷道,不得停风,如停风要立即断电撤人,设置栅栏,停风超过 24 h 必须封闭。

(12) 局部通风机供风的巷道要有停风记录。

(13) 矿井开拓新水平和准备新采区的回风,在未构成通风系统前,可将此种回风引入生产水平的进风中。但煤与瓦斯突出矿井开拓新水平和准备新采区时,必须先在无煤与瓦斯突出危险的煤(岩)层中掘进巷道并构成通风系统,为构成通风系统的掘进巷道的回风,可以引入生产水平的进风中,同时必须编制安全技术措施上报审批。

三、矿井通风图表、牌板管理

矿井的通风管理要用到报表、图纸、牌板和台账等,它是搞好矿井通风的主要手段,具体内容有:

(1) 五图。矿井通风系统图、防尘系统图、防灭火灌浆系统图、瓦斯抽放系统图和安全监测系统图。

(2) 五板。局部通风管理牌板、通风设施管理牌板、通风仪表管理牌板、防尘设施管理牌板和安全监测管理牌板。

局部通风管理牌板要标明地点名称、设计长度、巷道断面、局部通风机功率、通风方式、实际供风长度、全风压供风量、风筒直径、风筒出口风量、巷道风速等。

通风设施管理牌板要标明地点、用途、日期、规格、结构等。

通风仪表管理牌板分类别、分型号挂牌管理,注明仪器在籍数、使用数、待修数和库存数。

(3) 五记录。调度值班记录、通风区(科)值班记录、通风设施检查记录、防灭火检查记录和测风记录。

(4) 四台账。防火密闭台账、煤层注水台账、瓦斯抽放台账和瓦斯调度台账。

1. 风门管理牌板及管理标准

风门管理牌板如图 5-1 所示,其管理标准见表 5-1。

风门管理牌板

地点			
编号		管理单位	使用单位
类别		矿分管	矿分管
通车节数	节	队分管	队分管
建筑时间		瓦检员	风门员

图 5-1 风门管理牌板

表 5-1 风门管理牌板管理标准

项目	内 容
制作工艺	1. 规格(宽×高):0.3 m×0.42 m 2. 材质:写真喷绘压膜,白钢边,铝塑板衬底 3. 面色:绿白绿渐变 4. 字色:标红字白边,内容蓝色 5. 字体:标为黑体字,内容宋体

项目	内　　容
制作工艺	6. 主标题字号(宽×高):1.9 cm×2.2 cm 7. 副标题字号(宽×高):1.3 cm×1.0 cm 8. 内容字号(宽×高):1.1 cm×1.1 cm
吊挂方法	1. 锚杆巷道内做统一拉线,拉线使用 16 号铁线,每隔 3 m 用尼龙扎带做一个拉线吊挂点(扎带多余尾巴剪掉)以保证拉线平直,拉线两侧使用小型花篮螺丝(拉紧钩子,规格为 200 mm)与帮锚杆用锚杆螺丝固定,保证拉线紧、平、直 　2. 喷浆巷道内在锚喷巷道帮上打拉线固定锚杆,用小型花篮螺丝(拉紧钩子)拉直,牌板吊挂方法同锚杆巷道 　3. 铁棚巷道内的牌板吊挂拉线两侧用小型花篮螺丝(拉紧钩子)与棚卡子(单独安设)螺杆连接拉紧。牌板吊挂方法同锚杆巷道 　4. 风门管理牌板吊挂在两风门中间,上沿拉线距底板 1.7 m,如巷道侧帮有管路、电缆等与拉线在同一高度,拉线要在管线外侧安设,牌板与管线间距保持在 50~100 mm
使用要求	挂牌:按照牌板标示作业前悬挂于固定螺杆上
日常维护	1. 存放、移设标志牌时,必须轻拿轻放,防止损坏表面贴膜,牌板附近有爆破、翻棚、挑顶等作业时要及时将牌板掩护或移设位置 　2. 每班至少进行一次保洁,用柔软的抹布擦拭,不得有灰尘、污迹,禁止用水清洗,禁止洗尘时将水溅到牌板上 　3. 牌板出现损坏,及时通知管理部门追查分析,落实责任 　4. 牌板损坏不能继续使用时,要退还管理部门,以旧换新 　5. 职能科室管理人员及安监员对牌板的吊挂、使用、维护等工作要进行严格的监督检查

　2. 密闭联合检查牌板及管理标准

　密闭联合检查牌板如图 5-2 所示,其管理标准见表 5-2。

地点		编号		检查项目	闭内	闭外	巡检人
断面			(m^2)	$CH_4(\%)$			
墙厚			(m^2)	$CO_2(\%)$			巡检日期
掏槽			(m^2)	$CO(ppm)$			班次
建设材料				温度($\mathbb{C}$)			巡检时间
施工负责人		验收人		内外压差		(mmH_2O)	
建筑日期				检闭人			
抽放状态				抽/停日期			
孔板压差						(mmH_2O)	
抽放混量						(m^3/min)	
抽放纯量						(m^3/min)	
CH_4						$(\%)$	
CO_2		$(\%)$		CO		(ppm)	
观测人				日期			

图 5-2　密闭联合检查牌板

表 5-2　　　　密闭联合检查牌板管理标准

项目	内　　容
制作工艺	1. 规格(宽×高):0.42 m×0.3 m
	2. 材质:写真喷绘压膜,白钢边,铝塑板衬底
	3. 底色:
	4. 面色:绿白绿渐变
	5. 字色:标红字白边,内容蓝色
	6. 字体:标为黑体字,内容宋体
	7. 主标题字号(宽×高):2.2 cm×1.7 cm
	8. 副标题字号(宽×高):1.3 cm×1.0 cm
	9. 内容字号(宽×高):0.7 cm×0.6 cm

续表 5-2

项目	内　　容
使 用 方 法	1. 锚杆巷道内的料场做统一拉线,拉线使用 16 号铁线,每隔 3 m 用尼龙扎带做一个拉线吊挂点(扎带多余尾巴剪掉),以保证拉线平直,拉线两侧使用小型花篮螺丝(拉紧钩子,规格为 20 mm)与帮锚杆用锚杆螺丝固定,保证拉线紧、平、直 2. 喷浆巷道内的料场在锚喷巷道帮上打拉线固定锚杆,用小型花篮螺丝(拉紧钩子)拉直,牌板吊挂方法同锚杆巷道 3. 铁棚巷道内的料场牌板吊挂拉线两侧用小型花篮螺丝(拉紧钩子)与棚卡子(单独安设)螺杆连接拉紧。牌板吊挂方法同锚杆巷道 4. 与栅栏上部横杆子齐、固定,上沿拉线距底板 1.7 m,如巷道侧帮有管路、电缆等与拉线在同一高度,拉线要在管线外侧安设,牌板与管线间距保持在 50~100 mm
日 常 维 护	1. 牌板用尼龙扎带吊挂在拉线上,余量一致且不得大于 10 mm,尼龙扎带末端(尾巴)一律朝向里侧向下方,隐蔽在牌板后面 2. 用黑色白板笔填写,字迹工整,字号与牌板打印的文字大小相同。每日白班接班后所属单位安排专人统计填写 3. 牌板每日白班接班后必须进行保洁,用柔软的抹布擦拭,不得有灰尘、污迹,禁止用水清洗,禁止洗尘时将水溅到牌板上 4. 各单位要备有足够的刻字粘贴,更换或原粘贴损坏,要及时更换 5. 存放、移设标志牌时,必须轻拿轻放,防止损坏表面贴膜

3. 测风牌板及管理标准

测风牌板如图 5-3 所示,其管理标准见表 5-3。

测风牌板			
断面/m²		CH_4/%	
风速/(m/s)		CO_2/%	
风量/(m³/min)		温度/℃	
大气压/Pa		粉尘 浓度	全尘
测定日期			呼尘
测定地点		测定人	

图 5-3　测风牌板

表 5-3　　　　　　　　　**测风牌板管理标准**

项目	内　　容
制作工艺	1. 规格(宽×高):0.3 m×0.42 m 2. 材质:写真喷绘压膜,白钢边,铝塑板衬底 3. 面色:绿白绿渐变 4. 字色:标红字白边,内容蓝色 5. 字体:标为黑体字,内容宋体 6. 主标题字号(宽×高):2.2 cm×2.2 cm 7. 副标题字号(宽×高):1.3 cm×1.0 cm 8. 内容字号(宽×高):1.1 cm×1.1 cm
吊挂方法	1. 锚杆巷道内做统一拉线,拉线使用 16 号铁线,每隔 3 m 用尼龙扎带做一个拉线吊挂点(扎带多余尾巴剪掉),以保证拉线平直,拉线两侧使用小型花篮螺丝(拉紧钩子,规格为 200 mm)与帮锚杆用锚杆螺丝固定,保证拉线紧、平、直 　2. 喷浆巷道内在锚喷巷道帮上打拉线固定锚杆,用小型花篮螺丝(拉紧钩子)拉直,牌板吊挂方法同锚杆巷道 　3. 铁棚巷道内的牌板吊挂拉线两侧用小型花篮螺丝(拉紧钩子)与棚卡子(单独安设)螺杆连接拉紧。牌板吊挂方法同锚杆巷道 　4. 测风牌板上沿拉线距底板 1.7 m,如巷道侧帮有管路、电缆等与拉线在同一高度,拉线要在管线外侧安设,牌板与管线间距保持在 50~100 mm
使用要求	书写:楷体字,字色为黑色,字迹工整平直。使用油性记号笔填写
日常维护	1. 存放、移设标志牌时,必须轻拿轻放,防止损坏表面贴膜,牌板附近有爆破、翻棚、挑顶等作业时要及时将牌板掩护或移设位置 　2. 每班至少进行一次保洁,用柔软的抹布擦拭,不得有灰尘、污迹,禁止用水清洗,禁止洗尘时将水溅到牌板上 　3. 牌板出现损坏,及时通知办公室追查分析,落实责任,对责任人按原价同等金额处罚 　4. 牌板损坏不能继续使用时,要退还管理办公室,以旧换新 　5. 职能科室管理人员及安监员对牌板的吊挂、使用、维护等工作要进行严格的监督检查

4. 局部通风机管理牌板及管理标准

局部通风机管理牌板如图 5-4 所示,其管理标准见表 5-4。

局部通风管理牌板			
施工地点			
运转风机型号		额定风量/(m³/min)	
备用风机型号		额定风量/(m³/min)	
安装时间		吸入风量/(m³/min)	
风筒规格、数量	mm	掘进长度/m	
	节	风筒长度/m	
风机距掘进道口风速	m/s	末端风量/(m³/min)	
测定时间	年 月 日	测定人	

图 5-4 局部通风管理牌板

表 5-4　　　　　局部通风机管理牌板管理标准

项目	内　容
制作工艺	1. 规格(宽×高):0.3 m×0.42 m
	2. 材质:写真喷绘压膜,白钢边,铝塑板衬底
	3. 底色:
	4. 面色:绿白绿渐变
	5. 字色:标红字白边,内容蓝色
	6. 字体:标为黑体字,内容宋体
	7. 主标题字号(宽×高):1.6 cm×1.4 cm
	8. 副标题字号(宽×高):1.3 cm×1.0 cm
	9. 内容字号(宽×高):1.1 cm×1.1 cm

项目	内　　容
使用方法	1. 锚杆巷道内的料场做统一拉线,拉线使用 16 号铁线,每隔 3 m 用尼龙扎带做一个拉线吊挂点(扎带多余尾巴剪掉),以保证拉线平直,拉线两侧使用小型花篮螺丝(拉紧钩子,规格为 200 mm)与帮瞄杆用锚杆螺丝固定,保证拉线紧、平、直 2. 喷浆巷道内的料场在锚喷巷道帮上打拉线固定锚杆,用小型花篮螺丝(拉紧钩子)拉直,牌板吊挂方法同锚杆巷道 3. 铁棚巷道内的料场牌板吊挂拉线两侧用小型花篮螺丝(拉紧钩子)与棚卡子(单独安设)螺杆连接拉紧。牌板吊挂方法同锚杆巷道 4. 上沿拉线距底板 1.7 m,如巷道侧帮有管路、电缆等与拉线在同一高度,拉线要在管线外侧安设,牌板与管线间距保持在 50～100 mm
日常维护	1. 牌板用尼龙扎带吊挂在拉线上,余量一致且不得大于 10 mm,尼龙扎带末端(尾巴)一律朝向里侧下方,隐蔽在牌板后面 2. 用黑色白板笔填写,字迹工整,字号与牌板打印的文字大小相同。每日白班接班后所属单位安排专人统计填写 3. 牌板每日白班接班后必须进行保洁,用柔软的抹布擦拭,不得有灰尘、污迹,禁止用水清洗,禁止洗尘时将水溅到牌板上 4. 各单位要备有足够的刻字粘贴,更换或原粘贴损坏,要及时更换 5. 存放、移设标志牌时,必须轻拿轻放,防止损坏表面贴膜

第六章 风筒的安设、维护与临时设施的构建

第一节 风筒的安设与拆除

一、风筒的安全使用

风筒在使用过程中应遵守以下规定：

(1) 每条风筒应有清晰耐久的标志。

标志示例：500×10×150 S87.5H01。

其中：

500×10×150——风筒直径(mm)×长度(m)×负压风筒的钢丝间距(mm)；

S——抗静电阻燃；

87.5——制造年月；

H——制造厂名；

01——检验合格证号。

(2) 风筒吊环应折叠在外侧，折叠包装后不得产生粘贴。

(3) 风筒用编织袋等包装，包装袋不应破损。在包装袋处应注明产品名称、规格、数量、质量、制造厂名及出厂日期。

(4) 风筒在储存中应保持清洁，禁止与油类、酸碱或其他有损于橡胶或塑料质量的物质接触，避免阳光直射，并距热源 1 m 以外。室内温度保持在 −15～35 ℃，相对湿度保持在 50%～80%。

（5）风筒在搬运中，应谨防机械撞击、摩擦而引起的损伤，避免日晒雨淋。

（6）在上述（4）、（5）条件下，制造厂应保证产品自出厂之日起，一年的储存期内物理机械性能、安全性能符合 MT 标准的要求（即性能符合原出厂要求）。

（7）必须采用抗静电、阻燃风筒。风筒口到掘进工作面的距离以及混合式通风的局部通风机和风筒的安设，应在作业规程中明确规定。

二、风筒安装、维护与拆除的操作步骤

1. 安装准备

入井时要携带必要的工具和材料，了解工作地点的风筒直径、长度，是否需要接新风筒。

2. 风筒的搬运与安装

（1）按计划领取质量符合要求的风筒。

（2）如果风筒数量较多，用车装运时，软质风筒要折叠好，按装运风机时的要求进行装运，运送到指定地点。

（3）第一节风筒与风车嘴套上，用铁丝扎紧，防止脱落；之后依次往前接。

（4）风筒吊挂要"平、直、紧、稳"，用铁丝或用细钢丝绳拉紧吊挂，吊挂位置避免车刮或其他设备材料挤压和剐蹭；风筒必须与电缆分开吊挂，一般与防尘水管吊挂在一边；软质风筒必须逢环吊挂，硬风筒每节至少吊挂两点，且每节风筒末端两侧的挂钩要用铁丝系在巷道侧壁上。

（5）风筒之间接头要严密。软质风筒接头要用反压边，不能反接，为了防止脱节可以再用铁丝在两节风筒的铁环之间捆扎一下；硬风筒的接头处要加衬垫，螺丝要上紧。

（6）同一台风机延接的风筒型号要尽量一致，如果直径不一样时，要先大后小，不同直径之间用过渡节。

（7）风筒末端距工作面迎头的距离，按《规程》规定执行，保证工作面迎头的风量满足人员呼吸、排尘和稀释瓦斯的要求。

（8）风筒拐弯时要设弯头或缓慢拐弯，不准拐死弯。弯头应按照巷道的转向事先做好。

（9）风筒在井下使用过程中不免会产生破口，如果破口不大直接用胶水和风筒布在井下进行修补；如果较大，还必须用针线先行缝上，然后再用风筒布和胶水补上，防止漏风。如果风筒损坏严重，不能修补时，需更换一节新的风筒，但更换时不得随意停开风机，如确需停开风机，必须先做停风计划，经同意后，且制定相应的安全措施后方可进行更换。

3. 风筒的拆除

（1）巷道掘进完工形成完整的通风系统后，应及时拆除所有风筒，这时可停风后再回收。

（2）如果是独头巷道停工而不用通风时，拆除风筒时应由里向外依次进行，并且不准停风。

（3）拆除风筒时，先解下吊绳，一节一节地放到地上，再一节一节地折叠放好，装车或人工扛背运至井上，进行晒干和修补，如果沾的泥炭较多，还需进行冲洗。

4. 风筒的修补

风筒回收上井后，首先应刷洗、晒干，检查风筒的损坏情况及耐用程度，分别进行处理。没有损坏的可直接收入仓库待用，如果能修复使用就进行修补，如果太烂则报废处理。

风筒修补步骤：

（1）备好胶水。粘补风筒的胶水可以直接购买，也可以自己按要求配制。

（2）备好补丁。根据破口大小裁剪补丁，以圆形为好，补丁应大于破口，压边超过破口边界 20 mm 为宜。为防止补丁补后翘起，补丁边应裁成斜面。

（3）修补。补丁和破口应刷净，晾干后分别涂上胶水，待补丁和破口上胶水不沾手时即可粘合。补丁粘合后应用小木槌敲实，使其粘合严密，保证不漏风。对于 100 mm 以上的大破口，先用缝风筒的专用线进行缝合，之后再用胶水粘补。

（4）风筒上的吊环应齐全，如果有损坏的要添加上，间距应以保证风筒吊挂平直为宜。

（5）反压边要保证完好，如果有损坏的要缝补齐全，并且两端铁圈也要缝牢。

（6）修补好的风筒应妥善保存，按规格尺寸分别存放在指定地点，做好标志，以方便取用。存放的风筒每季度最好晾晒一次。

（7）制作弯头和过渡节时，要根据巷道尺寸和风筒的直径来设计，要注意平缓，过渡节长度不小于 2 m。

5. 安装、维护与拆除风筒的安全规定

（1）风筒末端到工作面的距离，一般不大于 5 m，必须保证工作面有足够的风量。

（2）风筒必须使用有"煤安"标志的合格产品。

（3）适当增大风筒节长，减少风筒数目，改进接头方式，降低风筒的局部风阻和漏风。

（4）风筒吊挂要平、直、稳、紧，逢环必吊，缺环必补，防止急拐弯和突变。

（5）采用有接缝的风筒时应粘补或灌胶堵所有的针眼防止漏风。

（6）每隔一段距离风筒上安装放水嘴，随时放出风筒中的凝结水。

（7）风筒管理要做到"五不让"，即不让风筒落后工作面的距离超过作业规程规定，不让风筒脱节破裂，不让别人改变风筒的位置和方向，不让风筒堵塞不通，不让风筒浸在水中。

三、风筒漏风及危害

1. 风筒漏风的概念

从风筒的接头、针眼和破口处向风筒外漏风的现象称为风筒漏风。正常情况下,金属和玻璃钢风筒的漏风,主要发生在接头处;而胶布风筒不仅在接头处,全长的壁面和缝合针眼处都有漏风,所以风筒漏风属于连续的均匀漏风。漏风使局部通风机风量 $Q_{通}$ 与风筒出口风量 $Q_{出}$ 不等,显然 $Q_{通}$ 与 $Q_{出}$ 之差就是风筒的漏风量 $Q_{漏}$。它与风筒种类、接头的数目、方法和质量以及风筒直径、风压等有关,但更主要的是与风筒的维护和管理密切相关。反映风筒漏风程度的指标参数有漏风率、有效风量率和漏风系数。

(1) 漏风率

风筒漏风量占局部通风机工作风量的百分数称为风筒漏风率 $\eta_{漏}$。

$$\eta_{漏} = \frac{Q_{漏}}{Q_{通}} \times 100\% = \frac{Q_{通} - Q_{出}}{Q_{通}} \times 100\% \qquad (6\text{-}1)$$

$\eta_{漏}$ 虽能反映风筒的漏风情况,但不能作为对比指标。故常用百米漏风率 $\eta_{漏100}$ 表示:

$$\eta_{漏100} = 100\eta_{漏}/L \qquad (6\text{-}2)$$

式中 L——风筒全长,m。

一般要求柔性风筒的百米漏风率达到表 6-1 的数值。

表 6-1 柔性风筒的百米漏风率

通风距离/m	<200	200~500	500~1 000	1 000~2 000	>2 000
$\eta_{漏100}$/%	<15	<10	<3	<2	<1.5

(2) 有效风量率

掘进工作面风量占局部通风机工作风量的百分数称为有效

风量率 $P_{有效}$ 。

$$P_{有效} = \frac{Q_{出}}{Q_{通}} \times 100\% = \frac{Q_{通} - Q_{漏}}{Q_{通}} \times 100\% = (1 - \eta_{漏}) \times 100\% \quad (6\text{-}3)$$

（3）漏风系数

风筒有效风量率的倒数称为风筒漏风系数 $P_{漏}$ 。金属风筒的 $P_{漏}$ 值可按下式计算：

$$P_{漏} = \left(1 + \frac{1}{3} KDn \sqrt{R_0 L} \right)^2 \quad (6\text{-}4)$$

式中 K——相当于直径为 1 m 的金属风筒每个接头的漏风率。法兰盘加草绳垫圈连接时，$K = 0.002 \sim 0.0\,026$ $m^3/(s \cdot Pa^{1/2})$；加胶质垫圈连接时，$K = 0.003 \sim 0.0\,016\ m^3/(s \cdot Pa^{1/2})$。

　　　　D——风筒直径，m；

　　　　n——风筒接头数，个；

　　　　R_0——每米风筒的风阻，$N \cdot s^2/m^8$；

　　　　L——风筒全长，m。

柔性风筒的 $P_{漏}$ 值可用下式计算：

$$P_{漏} = \frac{1}{1 - n\eta_{接}} \quad (6\text{-}5)$$

式中 n——风筒接头数，个；

　　　　$\eta_{接}$——每个接头的漏风率，插接时 $\eta_{接} = 0.01 \sim 0.02$，螺圈反边接头时 $\eta_{接} = 0.005$。

2. 风筒漏风的危害

风筒漏风主要有以下几方面的危害：

（1）使掘进工作面的有效风量减少，满足不了工作面需风量；

（2）工作面炮烟排放缓慢，风流中炮烟浓度高，巷道污染时间长；

（3）煤巷掘进时，瓦斯容易积聚、超限；

（4）掘进工作面和巷道中矿尘浓度高，一方面降低工作场所可见度，存在安全隐患，另一方面容易使工人患尘肺病。

（5）工作面气温高，气候不良，工人作业效率低。

四、搬运风筒的注意事项

（1）在运送风筒时防止矿车等其他物件撞、挤、压、刮风筒。

（2）跨越带式输送机、刮板输送机时，必须先同输送机司机联系好，必要时可暂停输送机运转，以保证操作安全。

（3）在上下山掘进时，修补风筒和整理风筒时要注意矿车的来回运输。有人工作时，严禁矿车运输；有矿车运输时，不得有人在运输线路上工作。

（4）巷道较高时，要设台架，工作时要站稳；在电机车运行的巷道中吊挂风筒时，要设安全警戒，严防被电车刮、撞，并应注意防止架空线触电伤人。

（5）斜巷、立井掘进时，风筒之间连接要牢固，防止风筒因自重而脱节。

（6）修补风筒的胶水、汽油要存放在单独房间里，并应保持油桶严密，严禁烟火；风筒修补室内禁止使用火炉取暖，还应备有灭火器材，保持室内清洁卫生。

（7）经常检查井下风筒，如有破口要随时修补，并随时整理风筒，达到平、直、不漏风，防止风筒脱节。

（8）在井下安装、维修风筒工作结束后，要认真进行检查，确认风筒吊挂质量符合局部通风质量标准化要求，收拾好工具，方可离开现场。

（9）地面晾晒、冲洗、清扫风筒时要戴防尘口罩。修补结束后，要将修补好、晾干后的风筒折叠收拾好，存放到指定地点，并将现场清理干净。

第二节　临时设施的构建

一、混凝土及砂浆的配制

1. 建筑工具

构筑通风设施常用工具主要需要木工和瓦工所使用的一般工具,如木工用的斧子、弓锯(顺锯和截锯)、刀锯、平底刨、槽刨、手钻、电钻、锤子、电刨和电锯等工具,用这些工具加工通风设施的木制品;瓦工用的大铲、刨锛、剁斧、大锤、抹子、托灰板、灰镐、灰勺和铁锹等,用这些工具完成通风构筑物的砌筑工作;另外还需米尺、角尺、钳子、扳子等工具。

2. 建筑材料

(1) 矿用水泥

水泥是水硬性胶结材料,水泥主要成分是氧化钙和二氧化硅(SiO_2)。我国颁布的国家标准规定,有五个水泥品种,即硅酸盐水泥、普通硅酸盐水泥(普通水泥)、矿渣水泥、火山灰水泥及粉煤灰水泥。

以国家规定的标准检验方法制作的试模在 28 d 时的抗压强度值作为水泥的标号。按照《通用硅酸盐水泥》(GB 175—2007)的规定,采用 GB/T 17671—1999 规定的方法,将水泥、标准砂和水按 1∶2.5∶0.5 的比例,制成 40 mm×40 mm×160 mm 的标准试件,在标准养护条件下(1 d 内为 20 ℃±1 ℃、相对湿度为 90% 以上的空气中,1 d 后为 20 ℃±1 ℃的水中)养护至规定的龄期,分别按规定的方法测定其 3 d 和 28 d 的抗压强度和抗折强度。根据测定的结果划分水泥强度等级,如硅酸盐水泥(P·Ⅰ/P·Ⅱ)分为 42.5、42.5R、52.5、52.5R、62.5 和 62.5R 共 6 个强度等级(分别代表试件 28 d 的抗压强度标准值的最小值为 42.5 MPa、52.5 MPa、62.5 MPa,带 R 的为早强型等级)。强度均不低于表 6-2 中的强度值。

表 6-2   通用硅酸盐水泥各龄期强度值   MPa

品　种	强度等级	抗压强度		抗折强度	
		3 d	28 d	3 d	28 d
硅酸盐水泥	42.5	≥17.0	≥42.5	≥3.5	≥6.5
	42.5R	≥22.0		≥4.0	
	52.5	≥23.0	≥52.5	≥4.0	≥7.0
	52.5R	≥27.0		≥5.0	
	62.5	≥28.0	≥62.5	≥5.0	≥8.0
	62.5R	≥32.0		≥5.5	
普通硅酸盐水泥	42.5	≥17.0	≥42.5	≥3.5	≥6.5
	42.5R	≥22.0		≥4.0	
	52.5	≥23.0	≥52.5	≥4.0	≥7.0
	52.5R	≥27.0		≥5.0	
矿渣硅酸盐水泥，火山灰硅酸盐水泥,粉煤灰硅酸盐水泥,复合硅酸盐水泥	32.5	≥10.0	≥32.5	≥2.5	≥5.5
	32.5R	≥15.0		≥3.5	
	42.5	≥15.0	≥42.5	≥3.5	≥6.5
	42.5R	≥19.0		≥4.0	
	52.5	≥21.0	≥52.5	≥4.0	≥7.0
	52.5 R	≥23.0		≥4.5	

(2) 石灰

石灰是气硬性胶凝材料,石灰主要成分是氧化钙(CaO)和氧化镁(MgO),石灰制作的浆材硬化后强度小,常用石灰制成石灰砂浆用做砌体胶结材料;制成麻刀或纸筋灰浆用做密闭墙涂面材料和纯石灰浆粉刷密闭墙面,定期粉刷可堵塞密闭墙裂隙,防止漏风。

（3）砂浆

砂浆是胶凝材料、细骨料及水三种材料组成的混合物。砂浆中常用的胶凝材料有水泥、石灰、石膏等。细骨料多为天然砂（粒度 0.15～5 mm），有时也可以用细的炉渣等代替。

按砂浆胶凝材料不同，有水泥砂浆、水泥黏土砂浆及石灰黏土砂浆等。矿井构筑通风设施时多使用水泥砂浆或水泥黏土砂浆。凡在地下水位以下及水饱和或潮湿基础中砌筑砖石砌体时，或在矿压较大的巷道里构筑砖石砌体时，都应选择水泥砂浆。

砂浆的标号是根据砂浆的抗压强度而定的，即以 7.07 cm×7.07 cm×7.07 cm 的立方体试块养护至 28 d 的抗压强度值来确定的。其砂浆常用的标号有 10、25、50、75、100 等。

（4）混凝土

混凝土是以水泥作为胶凝材料，将粗、细骨料胶结成为整体的复合材料。水泥的种类很多，应根据工程性质及所处环境条件、施工条件等合理选择不同种类和不同标号的水泥。粒径大于 5 mm 的骨料称为粗骨料，常用的粗骨料有卵石（砾岩）与碎石两种。细骨料是制作混凝土中粒度小于 5 mm 的骨料，一般均以天然砂为细骨料，有时也用碎石屑或矿渣屑。

在通风构筑物建筑中，混凝土有两种使用方法，一是制作混凝土块（板块和长方块），用来砌筑风门、风桥和密闭等；二是在井下直接制作混凝土拌合物浇注防火密闭、通风密闭和防水密闭等。混凝土构筑物具有抗压强度大、防火性能好、气密性高和服务时间长等优点。

表 6-3 为采用水泥标号给出的配制混凝土的配合比和材料用量。混凝土配合比是 1：A：B 的数字形式给出的（1 代表 1 份水泥量；A 代表 A 份细骨料量；B 代表 B 份粗骨料量），如 1：2.6：5.3 就是 1 kg 水泥配 2.6 kg 砂子和 5.3 kg 石子。水灰比 W/C（W——水的用量，C——水泥的用量），例如，水灰比为 0.72，则表

示 1 kg 水泥要加 0.72 kg 水。表中配制量中一项是配制 1 m³ 混凝土拌合物的材料用量,另一项为 400 L(0.4 m³)混凝土搅拌机每搅拌一次的材料投入量。

表 6-3   混凝土配合比和材料用量

标号	C15	C20	C25	C30
配置量	1 m³	1 m³	1 m³	1 m³
强度/MPa	310	404	463	500
砂子/kg	645	524	489	479
石子/kg	1 225	1 264	1 285	1 230
水	180	190	190	190
配合比	1:2.081:3.952:0.58	1:1.342:3.129:0.47	1:1.056:2.717:0.41	1:0.958:2.462:0.38
水灰比	0.58	0.47	0.41	0.38

二、临时性风门的构筑与质量标准

1. 临时性风门位置的选择

主要根据采区通风系统的情况进行选择,其要求是:风门位置必须选择在巷道支护完好、无片帮、无冒顶的地点,并保证行车风门两风门之间的距离不小于一列车长度;行人风门两风门之间的距离不小于 5 m。风门位置尽量靠近回风侧。若巷道条件较差或受巷道条件限制,巷道要做好挑顶及拉底工程,但必须保证门墙与煤岩体接严接实。

2. 工具与材料准备

(1) 工具:锯、斧子、大锤、抹子、铁锹、水桶、米尺、铅笔(或粉笔)、钎子、手镐(或风镐)。

(2) 材料:红砖、料石、水泥、黄砂、铁质横梁、木质横梁、木板等。

3. 临时性风门门墙及门框施工要求（图 6-1）

临时性风门门墙厚度为 20～30 mm，根据现场条件可适当加厚至 40 mm，板材宽度一般为 0.2～0.3 m，厚度为 20～30 mm，长度一般应在 4 m 以上，板材薄厚必须均匀，四面要刮净，呈矩形。门墙所用立柱为方材，其规格根据巷道的断面大小和支护确定。

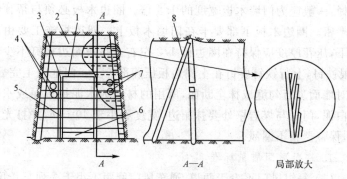

图 6-1　临时性风门门墙及门框示意图

1——上门槛；2——木板墙；3——门框；4——电缆；
5——门轴；6——下门槛；7——管子孔；8——撑木

建筑临时性风门门墙时，要先设好门框及巷道两帮立柱，立柱要掏不少于 200 mm 柱窝，上部要与顶板接实，下部固定在下门槛上，并固定牢靠，有架棚时要捆在横梁或棚腿上。若是裸体巷道或锚杆支护时，要在门墙里侧每根立柱打上一根撑木，以防风门歪倒，门框要有倾斜角度（一般为 85°），以便保证风门能靠自重关闭。门框的上下底槛要事先钉好，并互相平行，与门框成直角。门框设好后，从上至下钉鱼鳞板，每块木板距煤岩壁要留有 20 mm 左右的间隙，以防帮顶来压挤坏门墙。两排木板之间搭接压茬应控制在 20～25 mm 之间，木板两端应按巷道插角做好抹斜，与煤岩壁保持均匀间隙。每块木板钉不少于 8～10 根铁钉（按每根立柱不少于 2 根铁钉计算）。铁钉成两行，上行铁钉（第一块木板除外)要同时钉在上块木板被压茬部位。铁钉长度要根据板料厚度选择,但钉入立柱深度不小于铁钉长度的1/3。

木板与门框搭接时,要特别注意,不但木板端头对齐,而且只能钉在门框1/2左右,以便安门扇时作包边沿口用。若门墙通过管线,事先要做好预留孔,并封堵严密。临时风门门墙必须圈边,所圈的木板边也要鱼鳞式搭接,圈边木板长度根据现场实际情况选择,一般应为门墙木板宽度的1.5倍。圈边木板必须与帮顶接触严密。圈边木板下部要卡在门墙木板上。圈边板施工要由上至下,压茬厚度应保持在圈边板1/2左右。每块圈边板钉不少于4根铁钉,上行铁钉要钉在上圈边板压茬部位上。门框施工完后,要对墙面进行勾缝或抹全断面,所用的材料为水泥掺黄泥或水泥掺白泥,门框与煤岩壁处要抹裙边,宽度不小于40 mm,并打光压实,保证严密不漏风。

4. 临时风门质量标准

(1) 每组风门不少于两道,通车风门间距不小于一列车长度,行人风门间距不小于5 m。

(2) 风门能自动关闭,通行电机车及斜巷运输的风门要有报警信号,否则要设专人负责看管。

(3) 风门设在顶、帮良好处,周围5 m支护良好,无杂物、无积水、无淤泥。

(4) 门墙四周接触严密,木板墙要鱼鳞式搭接,墙面要用灰、泥满抹或勾缝。

(5) 门框要包边沿口,有衬垫,四周接触严密。

(6) 门扇平整不漏风,与门框接触严密。

(7) 通车风门必须设底坎、挡风帘(输送机巷风门也需设挡风帘)。

(8) 风门的大小要有利于行人的开启、通过。

5. 注意事项

（1）使用工具施工时应穿戴好劳动保护用品。

（2）作业人员应服从安排，注意组员之间的相互协作。

（3）严格按照操作规程的要求程序进行操作。

（4）注意操作地点的顶板、瓦斯、风量、风速的变化情况，确保施工安全。

（5）完成上述操作后，要仔细检查工作地点，不得遗漏物品、工具、配件。

6. 设置风门的注意事项

（1）风门应迎风开启，使风门承受风压作用关闭得更为严密，防止受通风压力的作用自行启开。

（2）为了防止在行人、行车时开启风门造成风流短路，应在同一巷道内至少设置两道风门。行人、行车时，禁止将两道风门同时启开。在风压高的地区，为了减少漏风，应设置 3 道以上的风门。

（3）行人巷道中，两道风门间的距离不得小于 5 m。在行驶电机车的巷道中，两道风门的距离应大于一列车的长度，以防止列车通过时两道风门同时打开而造成风流短路。在这类巷道中应设置自动风门，如设普通风门，需有专人看管。设置自动风门的巷道如需同时行人时，应在其一侧另外安设专供行人的普通风门。

（4）《规程》规定，进、回风井之间和主要进、回风巷之间的每个联络巷中，必须砌筑永久性风墙；需要使用的联络巷，必须安设两道联锁的正向风门和两道反向风门。反向风门是指与正向风门开启方向相反的风门。它是为了实现矿井反风，而又不致风流短路而构筑的风门，平时开启，反风时关闭。

（5）《规程》规定，控制风流的风门、风桥、风墙、风窗等设施必须可靠。不应在倾斜运输巷中设置风门；如果必须设置风门应安设自动风门或设专人管理,并有防止矿车或风门碰撞人员以及矿车碰坏风门的安全措施。开采突出煤层时,工作面回风侧不应设置风窗。

三、临时性挡风墙砌筑与质量标准

临时性挡风墙主要用在停工时间不超 6 个月的盲巷(或停掘的巷道)及联络巷处,用以临时性调整风路,是矿井生产工作中经常施工的工程项目。

1. 临时性挡风墙建筑位置的选择

临时性挡风墙的位置要选在巷道支护规整、帮顶完好,无片帮、冒顶,距正常通风巷道口不超过 6 m 的地方,选在上山巷道时,还要缩小。

2. 挡风墙施工前的准备工作

施工前必须派专人由外向里逐步检查瓦斯、一氧化碳及 6 m 范围内巷道支护、顶底板情况,发现问题要及时处理,只有确保安全时方可施工,施工时现场要吊挂常开式瓦斯监测报警仪。

临时性挡风墙一般采用木质材料构筑。施工人员应根据现场状况,备好所用材料。材料有:方材、板材、圆木,各种规格铁钉及抹面用的水泥、黄泥等。施工人员必备的工具有:锯、斧子、钳子、米尺、铅笔、大锤、铁锹、抹子等。所有工具必须随身携带。

3. 临时密闭(挡风墙)的构筑

原则是以不漏风为准,并严格按《煤矿安全质量标准化标准》中通风部分标准及设计施工。

(1) 临时性木板挡风墙(图 6-2)

施工具体要求如下:

施工前要保证安全出口畅通。在架棚巷道施工时,要拆除支架刹杆。拆除刹杆时要加固其前后两组以上支架。顶板破碎应先用托棚或探梁将梁托住,再拆除刹杆。刹杆拆除后要清净浮煤、浮石,见硬帮、硬顶。清浮煤、浮石应按先上后下的原则施工,以防发生意外事故。如巷道压力大、变形严重、帮顶裂隙较大，应事先用砂浆或黄泥抹严，若在裸体及锚杆巷道中施工时应掏槽，将立柱稳牢，每根立柱应打结实。

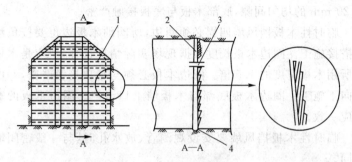

图 6-2　临时性木板挡风墙

1——鱼鳞板墙；2——立柱；3——观测孔；4——裙边勾缝

临时性木板挡风墙（临时板闭）厚度为 20～30 mm，根据服务性质可适当加厚到 40 mm，板材宽一般为 200～300 mm，长度均应在 4 000 mm 左右。板材薄厚必须均匀，成矩形。挡风墙所用立柱为方木，其规格根据巷道断面的大小和具体情况确定。

在进行临时性木板挡风墙建筑时，必须打不少于 4 根立柱（巷道宽时可增加），两帮的立柱要靠紧煤岩帮，立柱上下要做柱窝，柱窝深度不少于 200 mm。现场施工中可根据顶、底、帮状态，适当放宽。立柱必须保持同一垂直面，可以向里侧倾斜，但法线倾角不能超过 2°。立柱要固定在原架棚上。

木板应按鱼鳞式搭接，搭接压茬应控制在 20～25 mm 之间，木板两端应按巷道插角做好抹斜，与煤岩帮保持均匀间隙（不要紧靠煤岩帮，以防顶、帮来压挤坏挡风墙），但间隙不超过 20 mm。钉木板时要由上向下施工，每块木板钉不少于 8 根的铁钉（按每根立柱不少于 2 根铁钉）。每块木板要钉 2 排铁钉，上行铁钉（第一块木板除外）要同时钉在上块木板上。铁钉长度要根据材料薄厚选择好,但钉入立柱深度不少于铁钉长度的 1/3。若木板长度不能满足巷道宽度时($L_板 < L_巷$),要用短材搭接,但搭接口处必须处在立柱上,并保持接口垂直成线。顶部木板与顶板留有不超过 20 mm 的均匀间隙,底部木板与底板接触严密。

临时性木板挡风墙四周必须圈边,所圈的木板边也要按鱼鳞式搭接施工。圈边木板长度根据现场实际情况选择,但应是木板墙所用木板宽度的 1.5 倍。圈边木板必须与帮顶接触严密,并由上向下施工。圈边木板底部与木板墙上口卡严。圈边木板的宽度应一致。

临时性木板挡风墙要安设观测管、放水孔时,与一般密闭墙相同。

(2)临时性木板段挡风墙

木板段密闭墙是用 1 m 左右长的短木,一层短木一层黏土捣实构筑而成,最后黏土抹面。它属于半永久性密闭墙,比临时性密闭的要求要高,便于启封,密封性好,主要用于封闭火区时间不长,隔绝风流,消灭火源。

4.临时性挡风墙质量标准

(1)挡风墙设在顶帮良好处,见硬底、硬帮,与煤岩接实。

(2)挡风墙周围 5 m 内巷道支护完好,无片帮、无冒顶、无杂物、无积水、无淤泥。

(3)挡风墙四周接触严密,木板墙应采用鱼鳞式搭接,墙面要用灰、泥抹平或勾缝,不漏风。

(4)挡风墙前无瓦斯积聚。

(5)挡风墙前要设栅栏、警标和检查牌板。

5.注意事项

(1)使用工具施工时,应穿戴好劳动保护用品。

(2)作业人员应服从安排,注意组员之间的相互协作。

(3)严格按照操作规程的要求进行操作。

（4）注意操作地点的顶板、瓦斯、风量、风速的变化情况，确保施工安全。

（5）进行质量检查及现场的安全检查。

（6）完成上述操作后，要仔细检查工作地点，不得遗漏物品、工具、配件等。

四、风桥的构筑与质量标准

1. 工具与材料准备

（1）工具：锯、斧子、大锤、抹子、铁锹、水桶、米尺、铅笔（或粉笔）、钎子、手镐（或风动凿岩机）等。

（2）材料：红砖、料石、水泥、黄砂、铁质横梁、木质横梁、木板等。

2. 操作顺序及步骤

（1）操作顺序

验收材料→清理操作现场（安全检查）→施工→质量检查→清理操作现场→考核验收→拆除构筑物。

（2）操作步骤

① 两坡挑顶的要求如下：

a. 挑顶前先加固顶板及起坡点外 5 m 内的支架。

b. 根据施工要求打炮眼，爆破挑顶。

c. 装药、爆破必须由专职爆破工按有关规定进行。爆破必须执行爆破工的有关操作规程规定。

d. 爆破后由施工负责人和爆破工共同验炮。验炮后应一人监护，并打上临时支柱后再清渣。

② 挑正顶的要求如下：

a. 挑正顶前，先将炮眼打好，然后回掉原支架；装药时，必须认真检查顶板，并打好临时支柱。

b. 挑正顶时必须先加强下巷支架，必要时可在棚梁下打临时支柱。

③ 卧底时,应先在附近支架棚梁处打上临时支柱,维护好顶板。

④ 对砌墙的要求如下:

a. 可用砖、料石砌墙,风桥两端坡度不能大于 30°,应呈流线形。

b. 砌墙应先放好中腰线,并按规定掏槽,应见实帮实底。

c. 墙面要砌平整,勾缝和抹面应符合质量标准要求,顶帮应接严填实。

d. 风桥前墙及桥面用水泥预制板铺密,后墙用砖或料石砌筑,墙中加填黄土,层层用木槌捣实,应用砂浆将桥面抹平。

⑤ 上巷支护需要支棚打柱时,必须穿鞋。正顶打的棚腿要打在下巷棚梁上;坡巷的支架必须牢固,起坡处棚柱要与巷道顶部垂直。

⑥ 服务年限短,风量小于 $10 \text{ m}^3/\text{s}$ 时,可采用铁筒式风桥,但要符合《规程》的有关规定。

3. 风桥的建筑质量要求

风桥一般应符合下列要求:

(1) 用不燃性材料建筑,桥面平整,手触感觉不到漏风。

(2) 风桥通风断面不小于原巷道断面的 80%,呈流线型,坡度小于 30°。

(3) 风桥前后 5 m 范围内巷道支护良好,无杂物、积水和淤泥。

(4) 风桥两端接口严密,四周见实帮、实底,充填结实。

(5) 风桥上下不得设风门。

(6) 铁筒式风桥(隔墙)四周须掏槽;风筒直径不得小于750 mm,风筒壁厚不得小于 5 mm。

(7) 漏风率不大于 3%。

(8) 通风阻力不得超过 147 Pa。

4. 风桥构筑注意事项

(1) 风桥施工完毕后,要将管路、电缆悬挂整齐,现场清理干净。

(2) 用铁筒做风桥时,每个接头均要加衬垫、拧紧,两端应呈流线型。

(3) 施工时,现场负责人应经常检查附近巷道支架、顶板的情况,发现问题及时解决,并及时汇报。

(4) 风桥中不准安设风门。

(5) 风桥建成后,要将内墙全面整修勾缝或抹面。

(6) 进行质量检查及现场的安全检查。

(7) 完成上述操作后,要仔细检查工作地点,不得遗漏物品、工具、配件等。

第三部分　中级工专业
知识和技能要求

第七章 矿井风量调节

在矿井通风网络中,风量按照网络中各分支风阻的大小自然分配,往往不能满足作业地点的风量需求,需要采取控制和调节风量的措施。另外,随着生产过程的发展和变化,工作面的推进和更替,巷道风阻、网络结构及所需的风量均在不断变化,相应地要求及时进行风量调节。所以风量调节是矿井通风技术管理中的一项经常性工作,它对矿井安全生产和节约通风费用都有重大的影响。

矿井风量调节的措施多种多样。按其调节的范围,可分为矿井总风量调节与局部风量调节。

第一节 矿井总风量调节

矿井总风量调节主要是调整主要通风机的工作点。其方法是改变主要通风机的特性曲线,或是改变主要通风机的工作风阻。

一、改变主要通风机工作风阻调节法

如图 7-1 所示的通风机工况,通风机特性曲线为 n,当矿井风阻特性曲线 R 增大为 R_1 时,通风机的工作点由 a 变到 b,矿井总风量由 Q 减到 Q_1;反之,工作点由 a 变到 c,矿井总风量由 Q 增至 Q_2。

因此,当矿井要求的通风能力超过主要通风机最大潜力又无法采用其他调节法时,就必须降低矿井总风阻,以满足矿井通风要求。

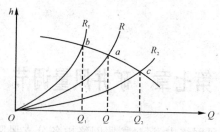

图 7-1 改变主要通风机工作风阻调节风量

如果主要通风机的风量大于矿井实际需要,可以增加主要通风机的工作风阻,使总风量下降。由于离心式通风机的输入功率随风量的减少而降低,所以,对于离心式风机,当所需风量变小时,可利用风硐中的闸门增加风阻,减小风量;对于轴流式风机,通风机的输入功率随风量的减小而增加,故一般不用闸门调节而多采用改变通风机的叶片安装角度,或降低风机转速进行调节;对于有前导器的通风机,当需风量变小时,可用改变前导器叶片角度的方法来调节,但其调节幅度比较小。

二、改变主要通风机特性调节法

1. 离心式通风机

对于矿井使用中的一台离心式通风机,其实际工作特性曲线主要决定于风机的转速。如图 7-2 所示,一台离心式通风机在转速为 n_1 时,其风压特性曲线为 I。如果实际产生的风量 Q_1 不能满足矿井需风量 Q_2 时,可用比例定律求出该风机所需新的转速 n_2 ,即:

$$n_2 = n_1 \frac{Q_2}{Q_1} \tag{7-1}$$

绘制出新转速 n_2 时的全风压特性曲线 II,它和矿井总风阻曲线 R 的交点 M 即为通风机新的工作点。同时,根据新转速的效率特性曲线和功率特性曲线,检查新工作点是否在合理的工作范围内,并验算电动机的能力。

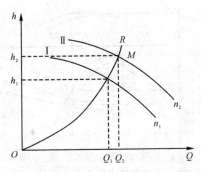

图 7-2　改变通风机的转速改变风量

　　改变通风机转速是改变离心式通风机特性曲线的主要方法。其具体做法是:如果通风机和电动机之间是间接传动,可以改变传动比或改变电动机的转速;如果通风机和电动机之间是直接传动,则可变电动机的转速或更换电动机。

　　2.轴流式通风机

　　轴流式通风机特性曲线的改变,主要决定于通风机动轮叶片安装角和通风机转速两个因素。在矿井生产中,常采用改变轴流式通风机叶片安装角的方法实施调节。如图 7-3 所示。

　　正常运转时,叶片安装角为 θ_1(27.5°),运转工况点为特性曲线 I′上的 a 点;由于生产需要,矿井总阻力增加,为保证原有的风量,主要通风机运转工况点移至 b 点,此时,则把叶片安装角调整到 θ_2(30°),才能使风压特性曲线 I 通过 b 点,从而保证矿井总风量的需要。

　　轴流式通风机的叶片是用双螺帽固定于轮毂上,调整时只需将螺帽拧开,调整好角度后再拧紧即可。这种方法的调节范围比较大,一般每次可调 5°(每次最小可调 2.5°),而且可使通风机在最佳工作区域内工作。采用变频技术控制主要通风机的矿井,在一定范围内,也可通过调整电动机转速,方便地实现总风量的调节。

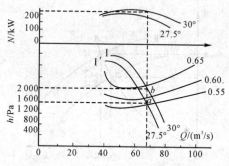

图 7-3　改变通风机叶片安装角改变风量

3. 对旋式通风机

　　对旋式通风机是近年来开发应用的新型高效轴流式风机。其调节方法和一般轴流式通风机相似，可以调整风机两级动轮上的叶片安装角（可调整其中一级，也可同时调整两级），也可以改变电动机的转速。由于对旋式通风机的两级动轮分别由各自的电动机驱动，在矿井投产初期甚至可单级运行。

第二节　局部风量调节

　　局部风量调节是指在采区内部各工作面之间、采区之间或生产水平之间的风量调节。局部风量调节方法有增阻法、减阻法及辅助通风机调节法。

一、增阻调节法

　　增阻调节法是通过在巷道中安设调节风窗等设施，增大巷道的局部阻力，从而降低巷道处于同一分支中的风量，增大另一分支的风量。这是目前矿井使用最普遍的局部风量调节的方法。

　　增阻调节是一种耗能调节法。具体措施主要有：安设调节风窗、临时风帘、空气幕调节装置等。其中调节风窗由于其调节风量范围大,制造和安装都较简单,在生产中使用得最多。

1. 风窗调节法

在风门上方开一小窗,用可滑移的窗板
来改变窗口的面积,从而改变巷道中的局部
阻力。

并联网路中(图 7-4)分支 1、2 风路的风
阻分别是 R_1 和 R_2,所需风量分别是 Q_1 和
Q_2,如果有并联风路风压关系,即 $R_1Q_1 <
R_2Q_2$,则在风压小的分支 1 安设风窗,增加
局部阻力 $h_窗$,使得分支 1、2 风压相等,即

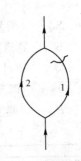

图 7-4　增阻调节法

$$h_2 = h_1 + h_窗$$

或
$$R_2Q_2^2 = h_1 + h_窗$$

则风窗的阻力为

$$h_窗 = h_2 - h_1$$

风窗的风阻为

$$R_窗 = \frac{h_窗}{Q_1^2} = \frac{h_2 - h_1}{Q_1^2} \tag{7-2}$$

2. 风窗面积的计算

由于风流经过调节风窗时产生局部阻力,风流经过风窗后风
流断面收缩(图 7-5)。根据水力学和能量方程,当已知风窗的阻
力或风阻时,可求出风窗的面积 $S_窗$。

当 $S_窗/S \leqslant 0.5$ 时,调节风窗面积的计算公式为

$$S_窗 = \frac{QS}{0.65Q + 0.84S\sqrt{h_窗}} \tag{7-3}$$

或
$$S_窗 = \frac{S}{0.65 + 0.84S\sqrt{R_窗}} \tag{7-4}$$

当 $S_窗/S > 0.5$ 时,调节风窗面积的计算公式为

$$S_窗 = \frac{QS}{Q + 0.759S\sqrt{h_窗}} \tag{7-5}$$

或
$$S_窗 = \frac{S}{1 + 0.759S \sqrt{R_窗}} \quad (7\text{-}6)$$

式中 　$S_窗$——调节风窗的断面积，m^2；

　　　S——巷道的断面积，m^2；

　　　Q——通过的风量，m^3/s；

　　　$h_窗$——调节阻力，Pa；

　　　$R_窗$——调节风窗的风阻，$N \cdot s^2/m^8$。

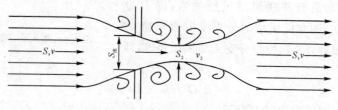

图 7-5　调节风窗风流收缩状态

3. 增阻调节法的特点

增阻调节法具有简单、方便、易行、见效快等优点。适用于矿井通风阻力不大的分区风流中风量调节；但增阻调节法会增加矿井总风阻，减少总风量。在主干风路中增阻调节时，必须考虑主要通风机风量的变化；否则会出现风量减少得多，增加得少，可能出现调节后风量不能满足需要的情况。调节风窗应设置在适宜地点，如在煤巷中布置时，要考虑由于风窗两侧压差引起煤体裂隙漏风而发生自燃的危险性。

4. 增阻调节法应注意的问题

使用调节风窗调节风量应注意如下问题：

（1）调节风窗应尽量安设在回风流中，以免妨碍运输。如果安设在运输巷道中，尽可能选在运输量少的区段巷道中，且采取多段调节，即用若干个大面积调节风窗代替一个面积较小的调节风窗，且满足小面积风窗的阻力等于这些大面积风窗的阻力之和。

(2) 在复杂风网中采用增阻法调节时,应按先内后外的顺序逐渐调节。使每个网孔的阻力达到平衡。要合理确定风窗的位置,防止重复设置。

(3) 风窗一般安设在风桥之后。如果将风窗安设在风桥之前,由于风流经风窗后压降很大,造成风桥上、下风流的压差增大,可能导致风桥漏风增大。

二、减阻调节法

减阻调节法是通过在巷道中采取降阻措施,降低巷道的通风阻力,从而增大与该巷道处于同一分支的风量,减小与其并联分支的风量。

并联网路中(图 7-6)分支 B、C 风路的风阻分别是 R_1 和 R_2,所需风量分别是 Q_1 和 Q_2,如果有并联风路风压关系,即 $R_1Q_1^2 < R_2Q_2^2$,则在风压大的分支 C 风阻由 R_2 降至 R_2',使得分支 B、C 风压相等,即:

$$h_1 = h_2' = R_2'Q_2^2$$

$$R_2' = \frac{h_1}{Q_2^2}$$

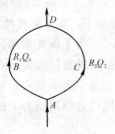

图 7-6 减阻调节法

减阻调节的措施主要有:扩大巷道断面、降低摩擦阻力系数、清除巷道内堆放的杂物、开掘并联巷道、缩短风流路线的总长度等。减阻调节法与增阻调节法相反,可以降低矿井总风阻,若主要通风机风压特性曲线不变,增加矿井总风量;但降阻措施的工程量和投资一般都较大,施工工期较长,所以一般多在矿井增产、老矿挖潜改造或某些主要巷道年久失修的情况下,用来降低主要风路中某一段巷道的通风阻力。在矿井生产实际中,对于通过风量大、风阻也大的风硐、回风石门、总回风道等地段,采取扩大断面、改变支护形式等减阻措施,效果较明显。

三、辅助通风机调节法

辅助通风机调节法是在阻力大、风量不足的并联分支,采用辅助通风机克服一部分通风阻力的方法,增加局部地点的风量。图 7-7 为采用辅助通风机调节法调节风量的通风网路图。安装辅助通风机的方法有两种:有风墙的辅助通风机和不设风墙的辅助通风机。

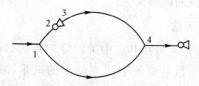

图 7-7 辅助通风机调节法

1. 有风墙的辅助通风机

为了保证新鲜风流通过辅助通风机而又不致妨碍运输,一般把辅助通风机安设在进风流的绕道中,如图 7-8 所示。但在进风巷道中至少要安设两道自动风门,其间距必须满足运输的要求,风门必须向压力大的方向开启。

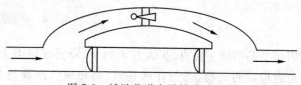

图 7-8 辅助巷道安设辅助通风机

2. 无风墙的辅助通风机

当调节所需克服的阻力较小时,将辅助通风机直接安设在巷道中,利用辅助通风机出口的速度,增加巷道内通过的风量(图 7-9)。

采空区附近的巷道中安设辅助通风机时,要选择合适的位置。否则,有可能产生通过采空区的循环风或漏风,甚至引起采

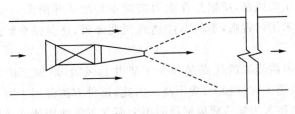

图 7-9 直接安设辅助通风机

空区的煤炭自燃。

辅助通风机调节法的施工相对较方便,并可降低矿井总风阻,增加矿井总风量,同时可以减少矿井主要通风机能耗;但采用辅助通风机调节时,设备投资较大,辅助通风机的能耗较大,且辅助通风机的安全管理工作较复杂,安全性较差。在我国,煤矿很少使用辅助通风机调节风量,但金属矿山使用辅助通风机调节风量的情况较多。

用辅助通风机调节风量时须注意以下几点:

(1) 若辅助通风机安设在回风流中,必须使辅助通风机电动机与回风流隔开,设法引入新鲜风流,使电动机在新鲜风流中运转,保证辅助通风机安全运转。

(2) 当辅助通风机停止运转时,须立即打开风门。主要通风机一旦停转,必须立即停止辅助通风机的运转,且打开风门,以免发生循环风。开启辅助通风机时,应检查附近 20 m 内瓦斯浓度,只有瓦斯浓度不超限时才能开启辅助通风机。

(3) 安设辅助通风机的地点应选择在巷道围岩稳定、坚固处,避免发生漏风。

四、各种调节方法的评价

增阻调节法的优点是简便、经济、易行;但由于它增加了矿井总风阻,矿井总风量减少。因此,这种方法只适于服务年限不长、调节区域的总风阻占矿井总风阻的比重不大的采区范围内。对于矿井主要风路,特别是在阻力搭配不均的矿井两翼调风,则尽量避免采用。否则,不但不能达到预期效果,还会使全矿通风条件恶化。

减阻调节法的优点是减少了矿井总风阻,增加了矿井总风量;但实施工程量较大、费用高。因此,这种方法多用于服务年限长、巷道年久失修造成风网风阻很大而又不能使用辅助通风机调节的区域。

辅助通风机法调节的优点是简便、易行,且提高了矿井总风量,但管理复杂,安全性较差。因此,这种方法可在并联风路阻力相差悬殊、矿井主要通风机能力不能满足较大阻力风路要求时使用。

总之,上述三种风量调节方法各有特点,在运用中要根据具体情况,因地制宜选用。当单独使用一种方法不能满足要求时,可考虑上述方法的综合运用。

第八章　局部通风

第一节　矿用风筒

一、风筒的种类

掘进通风使用的风筒分硬质风筒和柔性风筒两类,按其材质又可分为金属风筒、胶皮风筒和塑料风筒。

1. 硬质风筒

硬质风筒有铁风筒和玻璃钢风筒两种,主要用于局部通风机抽出式通风,因而也叫负压风筒。铁风筒一般由厚 2～3 mm 的铁板卷制而成,直径有多种规格,详见表 8-1。铁风筒的优点是坚固耐用,使用时间长,各种通风方式均可使用。缺点是成本高、易腐蚀、笨重、拆装搬运不便,在弯曲巷道中使用困难。因此,铁风筒在煤矿中使用日渐减少。

表 8-1　　　　　　铁风筒规格

风筒直径/mm	每节风筒长度/m	壁厚/mm	垫圈厚/mm	每米风筒质量/kg
400	2、2.5	2	8	23.4
500	2.5、3	2	8	28.3
600	2.5、3	2	8	34.8
700	2.5、3	2.5	8	46.1
800	3	2.5	8	54.5
900	3	2.5	8	60.8
1 000	3	2.5	8	68

硬质风筒中的玻璃钢风筒比铁风筒轻便(其密度约为钢材的 1/4),抗酸、碱腐蚀性强,摩擦阻力系数小,但成本较高。

2. 柔性风筒

柔性风筒有帆布风筒、胶皮风筒、人造革风筒和塑料风筒等,主要用于压入式通风,因而也叫正压风筒。因此,煤矿的风筒可根据用途区分为煤矿用正压风筒和煤矿用负压风筒。

柔性风筒一般每节长 10 m,直径也是多种规格。常用胶皮风筒规格见表 8-2,常用塑料风筒规格见表 8-3。柔性风筒的优点是轻便,拆装搬运容易,接头少;缺点是强度低,易损坏,使用时间短,且只能用于压入式通风。目前煤矿中采用压入式通风时多采用柔性风筒。

表 8-2 常用胶皮风筒规格

风筒直径/mm	每节风筒长度/m	壁厚/mm	风筒断面/m²	每米风筒质量/kg
300	10	1.2	0.071	1.3
400	10	1.2	0.126	1.6
500	10	1.2	0.196	1.9
600	10	1.2	0.283	2.3
800	10	1.2	0.503	3.2
1 000	10	1.2	0.783	4.0

表 8-3 常用塑料风筒规格

材料名称	直径/mm	壁厚/mm	节长/m	每米质量/kg
聚氯乙烯	400	0.4	50	1.28
聚氯乙烯	300	0.3~0.5	50	—
聚乙烯	300	0.3	50	—

为了充分利用柔性风筒的优点,扩大使用范围,近年已生产出带刚性骨架的可伸缩风筒,即在柔性风筒内每隔一定距离加一钢丝圈或螺旋形钢丝圈。这种风筒能承受一定的负压,可用于抽

出式通风,而且具有可伸缩的特点,比铁风筒使用方便。

二、煤矿用正压风筒和负压风筒使用标准及规格

1. 煤矿用正压风筒

煤矿用正压风筒(柔性风筒)是由玻璃纤维、化学纤维等混织布为骨架材料与橡胶、塑料或橡塑制成的涂覆布风筒,用于煤矿井下局部通风机进行正压通风。

(1)柔性风筒的结构如图 8-1 所示。

(2)柔性风筒规格尺寸应符合表 8-4 要求。

(3)柔性风筒两端加反边,其长度 L_1 为 150～200 mm。

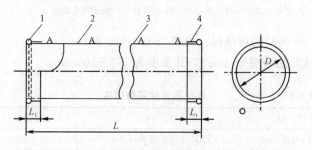

图 8-1 柔性风筒结构

1——端圈;2——吊环安装线;3——吊环;4——反边

表 8-4 煤矿用柔性风筒规格

项 目	尺 寸	允许误差/mm
风筒内径/mm	300、400、450、500、600、800、1 000	0～+6
风筒长度/m	5、10、20	0～+100

2. 煤矿用负压风筒

煤矿用负压风筒(伸缩风筒)是由玻璃纤维、化学纤维等混织布为骨架材料与橡胶、塑料或橡塑制成的涂覆布风筒,风筒内设有等距离的金属骨架,用来供煤矿井下局部通风机进行负压通风。

（1）伸缩风筒的结构如图 8-2 所示。

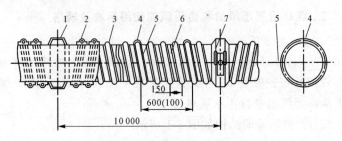

图 8-2　伸缩风筒结构

1——端圈；2——螺旋钢丝；3——压条；4——主吊环；

5——副吊环；6——涂覆带；7——快速接头软带

（2）风筒的规格尺寸应符合表 8-5 要求。

风筒的一端加接头布，其长度为 150～200 mm。

表 8-5　　　　　　　　　　煤矿用伸缩风筒规格

项　目	尺　寸	允许误差/mm
风筒内径/mm	300、400、500、600、800	0～+6
风筒长度/m	3、5、10	0～+130

　　上述带刚性骨架的可伸缩风筒，是在柔性风筒中每隔一定距离（如 150 mm）加一钢丝圈或用弹簧做成的螺旋形刚性骨架。这种风筒兼有刚、柔风筒的优点，可用于抽出式通风，能承受一定的负压，具有可伸缩的特点，比铁风筒使用方便。

　　如图 7-3 所示的 KSS600-X 型风筒是用金属整体螺旋弹簧钢丝为骨架的可伸缩型塑料布风筒。常用的风筒直径有 300、400、500、600 和 800 mm 等 5 种规格。

三、特殊风筒

1. 附壁风筒

附壁风筒是指利用气流的对流附壁效应，将供给掘进工作面

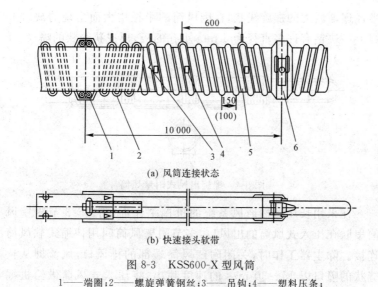

(a) 风筒连接状态

(b) 快速接头软带

图 8-3 KSS600-X 型风筒

1——端圈;2——螺旋弹簧钢丝;3——吊钩;4——塑料压条;
5——风筒布;6——快速接头软带

的轴向压入风流改变成具有一定速度的沿巷道周壁旋转的风流,并带动整个巷道断面的空气不断向工作面推动的风筒,又称康达风筒。旋转风流在掘进机司机工作区域的前方建立起阻拦粉尘向外扩散的空气屏幕,可封锁住掘进机工作时产生的粉尘使其不外流并经过吸尘罩进入除尘器中进行净化,从而提高了机掘工作面的收尘效率。它适合于采用长压短抽通风系统的机械化掘进工作面使用。

附壁风筒的型式有多种,根据巷道断面积、供风量、运输状况及掘进机型号等生产技术条件不同而不同。常用的型式有螺旋出风式及径向出风式 2 种。

(1) 螺旋出风式

螺旋出风式附壁风筒如图 8-4 所示,是一种长 1.5～2.0 m,直径 0.5～0.8 m 的铁皮风筒。在风筒断面上有 1/3 的圆周做成半径逐渐增大的螺旋线状,在因风筒的半径增大而出现的缺口上焊上一块钻有许多直径为 5 mm 小孔的板,形成狭缝状的喷口。

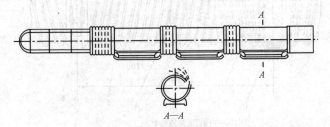

图 8-4 螺旋出风式附壁风筒

在采用长压短抽通风系统的机掘工作面,将 2～3 节附壁风筒串联在压入式风筒的出风口,多节附壁风筒间用伸缩式软风筒连接。除尘器工作时,关闭附壁风筒端部的排风口,风流即从狭缝状的喷口以 15～30 m/s 的速度喷出,将压入式风筒供给机掘工作面的轴向风流改变为沿巷道周壁旋转的风流吹向整个巷道,向机掘工作面供风;除尘器停机后,开启排风口,恢复压入式风筒向机掘工作面直接供风。

螺旋出风式附壁风筒具有很好的收尘效果,但体积大、质量大、移动不便,一般适用于断面大于 14 m³ 并能对附壁风筒实现机械化移动的巷道。

(2) 径向出风式

径向出风式附壁风筒如图 8-5 所示。

它是一种出风口较小,并在风筒周壁上钻有许多小孔的风筒。在采用长压短抽通风系统的工作面,将附壁风筒串联在压入式风筒的出风口,由于附壁风筒的出风口缩小,仅有 20％～30％的压入风量直接沿轴向送进工作面;而 70％～80％的压入风量则通过风筒径向壁上的小孔送向整个巷道并扩散到全断面,以一定的速度向前推进,阻止工作面产生的粉尘向巷道外扩散。

径向出风式附壁风筒的收尘效果好,体积小,质量轻,移动方

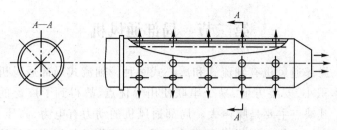

图 8-5　径向出风式附壁风筒

便,适应性强,一般用在巷道断面小于 14 m³ 的机掘工作面。

2. 高性能风筒

(1) 阻燃抗静电柔性 PVC 塑料风筒

该风筒具有阻燃、抗静电性能,与胶布风筒比较,有介质轻、价廉、柔软、阻力小等优点,是胶布风筒的换代产品。

(2) 煤矿用正压风筒和正压强力风筒

聚氯乙烯塑料正压风筒与胶布风筒相比较,具有风阻小、寿命长、质量轻、价格低廉、阻燃性好等优点,同时能在常温下快速粘补,适用于各类矿山的井下采掘工作面局部通风机正压通风以及隧道工程的正压通风。

为推广使用大功率、高压头对旋式轴流通风机,已研制出能承受高风压的塑料涂覆布正压强力风筒,与大功率、高压头风机配套于长距离通风。经测试,塑料涂覆布正压强力风筒(800 mm)的通风性能如下:耐内压≥7 000 Pa;膨胀率≤3%;百米风阻≤6.2 N·s²/m⁸;百米漏风率为 2.5%;其他性能,如阻燃、抗静电、耐寒、耐热性能等均符合 MT 164—2007 标准要求。

强力风筒的直径可根据用户需要在 φ300～φ1 500 mm 范围任意选定。在使用过程中风筒若有损坏,可用专用黏合剂在井下不停机的情况下快速粘补。

第二节　局部通风机

　　局部通风机有轴流式和离心式 2 种。轴流式局部通风机具有体积小、安装方便、易于串联使用等优点,故得到了广泛的应用。其缺点主要是噪声大。局部通风机的动力有电力、高压水、压缩空气 3 种,以电力应用最为广泛。我国煤矿长期广泛使用的电力局部通风机是防爆型的 JDT 系列,但由于其效率低,将逐步淘汰。

　　20 世纪 90 年代,我国的新型局部通风机有了长足的发展。在压入式掘进通风作业中推广了对旋式局部通风机;在瓦斯排放和掘进除尘方面又出现了新型抽出式局部通风机和多功能局部通风机;在风机材质方面采用了无摩擦火花和安全摩擦火花材料;在驱动方面,除了传统的防爆电动机外,还采用了气马达;所有新型风机都设计了各种形式的消声结构。

　　下面介绍几种典型的局部通风机。

一、BKJ66-11 系列轴流式局部通风机

　　BKJ66-11 系列局部通风机的结构如图 8-6 所示。机号有 №3.6、№4.0、№4.5、№5.0、№5.6 和 №6.3 等 6 个规格,其技术参数见表 8-6。

表 8-6　　　　　BKJ66-11 系列局部通风机技术参数

型　号	风量 /(m³/min)	全风压 /Pa	功率 /kW	转速 /(r/min)	动轮直径 /m
BKJ66-11№3.6	80～150	600～1 200	2.5	2 950	0.36
BKJ66-11№4.0	120～210	800～1 500	5.0	2 950	0.40
BKJ66-11№4.5	170～300	1 000～1 900	8.0	2 950	0.45
BKJ66-11№5.0	240～420	1 200～2 300	15	2 950	0.50

续表 8-6

型　号	风量 /(m³/min)	全风压 /Pa	功率 /kW	转速 /(r/min)	动轮直径 /m
BKJ66-11№5.6	330～570	1 500～2 900	22	2 950	0.56
BKJ66-11№6.3	470～800	2 000～3 700	42	2 950	0.63

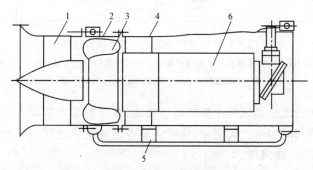

图 8-6　BKJ66-11 系列局部通风机结构

1——前风筒;2——主风筒;3——叶轮;4——后风筒;5——滑架;6——电动机

BKJ66-11 系列通风机的优点是:

(1) 效率高,最高效率达 90%,与 JBT 型相比,效率提高 15%～30%,且高效区宽。

(2) 耗电少,如用 BKJ66-11№4.5 型(叶轮直径 0.45 m)代替 JBT52-2 型,电动机功率可由 11 kW 降至 8 kW。

(3) 噪声低,比 JBT 型局部通风机低 6～8 dB(A)。

二、新型压入式局部通风机

1. FD 系列对旋式局部通风机

(1) FD 系列对旋式局部通风机的基本结构和工作原理

FD 系列对旋式局部通风机主要由集风器、消声器、电动机、叶轮、机壳等部分组成,如图 8-7 所示。

工作时,2 台防爆电动机驱动 2 个旋向相反的叶轮旋转,空气流入第一级叶轮获得能量后,经第二级叶轮排出,第二级叶轮兼

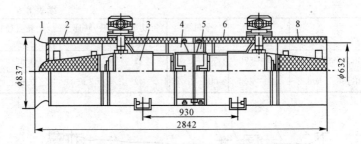

图 8-7　FD 系列对旋式局部通风机结构

1——集风器；2——前消声器；3——前机壳；4——Ⅰ级叶轮；
5——Ⅱ级叶轮；6——后机壳；7——后消声器

有普通轴流式通风机中静叶栅的功能，在获得垂直圆周方向速度分量的同时加给气流能量，从而达到普通轴流式通风机不能达到的高效率、高风压。

由于叶轮Ⅰ和Ⅱ等速相反转动，空气经过两级叶轮后得到了较高能量，即在同样轴向进、排气条件和同样叶轮列数的情况下，对旋式局部通风机可以比普通局部通风机提高 6%～8% 的做功能力。

（2）FD 系列对旋式局部通风机的主要特点

① 该系列通风机Ⅰ级叶轮和Ⅱ级叶轮贴得很近，风叶采用扭曲的圆弧钢板叶片。叶轮材质为软钢。

② 该系列通风机属于无静叶轴流式通风机，采用外包复式单孔空腔共振吸声结构消声器组合体，具有较低的噪声。

③ 该系列通风机在工作面范围区域和最高效率下的流量系数变化不大，而压力系数变化却不小，即 $h-Q$ 性能曲线较普通轴流式通风机陡，故非常适合掘进工作面定风量控制，即压力增加较大，而风量变化较小。因此，只要风筒接头质量好、漏风率在规定值内，当双级运行时，FD-1№6 型对旋式局部通风机在 10～20 m² 掘进断面的送风距离可达 2 000 m 以上；FD-1№5 型对旋式

局部通风机在 $6 \sim 8\ m^2$ 掘进断面的送风距离可达 $1\ 500\ m$。

④ 该系列通风机效率提高,满载时为 80% 左右,高出 JBT 系列风机 $8\% \sim 10\%$。

2. FDⅡ系列对旋式局部通风机

FDⅡ系列对旋式局部通风机是根据国际矿用风机发展趋势,结合我国煤矿开采特点及其对局部通风的要求,在总结了原 FD 系列对旋式局部通风机使用中暴露出的问题,考虑了用户新的需求,吸收国内外风机前沿新技术而开发的新一代产品,其结构如图 8-8 所示,其主要技术参数见表 8-7。

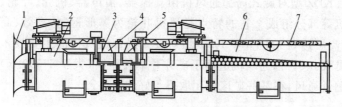

图 8-8 FDⅡ系列对旋式局部通风机结构

1——集风器;2——电动机;3——机壳;
4——Ⅰ级叶轮;5——Ⅱ级叶轮;6——扩散器;7——消声器

表 8-7　　FDⅡ系列对旋式局部通风机技术参数

型号	直径 /mm	风量 /(m³/min)	风压 /Pa	效率 /%	噪声 /dB(A)	电动机功率 /kW	风筒直径 /mm
No 4	400	120~260	2 600~300	80	10	8	450
No 5	500	150~280	3 000~350	82	10	11	500
		170~300	3 500~400	82	10	15	
No 5.6	560	220~380	4 000~450	83	10	22	600
		230~390	5 000~550	83	12	30	
No 6	600	285~470	5 700~650	85.7	12	37	700
No 6.3	630	350~465	5 600~700	83.2	12	44	700

型号	直径 /mm	风量 /(m³/min)	风压 /Pa	效率 /%	噪声 /dB(A)	电动机功率 /kW	风筒直径 /mm
No6.7	670	420～600	6 300～1 000	80.5	12	60	800
		450～650	6 700～1 000	83	12	74	
No7.5	750	540～800	7 000～1 500	83	15	90	1 000
No8	800	660～950	7 100～1 500	80.5	16	110	1 200

3. KDZ 型对旋式局部通风机

KDZ 型对旋式局部通风机由集流器、消声器、机壳、叶轮、电动机等部分组成。它的特点是风机叶轮为翼形钢制,高效、高压(最高可达 8 000 Pa)。KDZ 型对旋式局部通风机的主要技术参数见表 8-8。该通风机适用于矿井井下长距离(大于 1 500 m)巷道掘进通风,在某些矿区使用取得了好的效果。

表 8-8　　　　KDZ 型对旋式局部通风机的主要技术参数

风量/(m³/min)	风压/Pa	效率/%	功率/kW	噪声/dB	质量/kg
250～450	6 600～2 500	80	2×26	15	450

三、新型抽出式局部通风机

煤矿采用的抽出式局部通风机除需具有一般局部通风机的性能外,还需满足防止产生摩擦火花和电动机不直接与抽出的污风相接触等要求。

1. 无摩擦火花型

动叶片或叶轮采用阻燃、抗静电的工程塑料注塑成型。因工程塑料为热塑性材料,熔融温度为 200～300 ℃,不会产生高温粉屑,所以不产生摩擦火花。

FSD-2×18.5 型塑料叶轮抽出式局部通风机是无摩擦火花型的一种。为使风机能在高瓦斯涌出的长距离巷道条件下做抽出式运转,并保证高效低噪,采用内置式电动机和对旋式气动原理。流道中的电动机用特殊密闭腔与污风隔开。风机叶轮采用阻燃抗静电塑料以防止产生摩擦火花,外壳采用消声结构。FSD-2×18.5 型风机由以下 5 部分组成:

(1) 具有阻燃、抗静电(内添加型)工程塑料叶片的叶轮一对。

(2) 2 台 YBFd160L-2 型防爆电动机。

(3) 2 套隔离密封腔。

(4) 带消声结构的扩散器和进气罩各 1 个。

(5) 带消声结构的风机外壳 2 套。

叶轮由单片塑料叶片和轮毂组装而成。叶片由模具注塑制成单件,组装时,先将叶片镶嵌在钢制轮毂上,然后用螺栓紧固起来,两端面用铜皮覆盖。FSD-2×18.5 型局部通风机技术参数见表 8-9。

表 8-9　　　　FSD-2×18.5 型局部通风机技术参数

叶轮直径 /mm	风量 /(m³/min)	风压 /Pa	功率 /kW	全压效率 /%	静压效率 /%	噪声 /dB
630	250~470	500~5 300	2×18.5	80.5	77.3	12.5

该局部通风机适用于长距离高瓦斯巷道掘进时作抽出式通风,适用于走向长、隅角瓦斯涌出量大的采煤工作面处理瓦斯,也可做除尘风机。

2. 安全摩擦火花型

动叶用铜合金,轮毂用软钢制成;或者叶轮外的机壳内壁镶铜环,叶轮用软钢制成。因软钢与铜产生的摩擦火花能量不足以点燃瓦斯,故称之为安全摩擦火花。

上述两大类型风机又均可分为电动机驱动和气动马达驱动,而电动机驱动又可分为外电机(流道分叉式)和内置电机(密封腔式)2 种方式。

第三节　掘进通风

利用局部通风机或主要通风机产生的风压对局部地点进行通风的方法称为掘进通风。其方法有全风压通风、引射器通风和局部通风机通风。

一、全风压通风

全风压通风就是利用矿井主要通风机的风压借助导风设施把新鲜空气引入掘进工作面。其优点是通风连续可靠,安全性能好,管理方便,但这种方法要消耗矿井总风压,使矿井通风阻力增大,要求有足够的全风压,而且行人与运输均有不便。这种方法一般用于通风距离不长的局部地点通风。

1. 风筒导风(图 8-9)

在巷道内设置挡风墙截断主导风流,用风筒把新鲜空气引入掘进工作面,污浊空气从独头掘进巷道中排出。

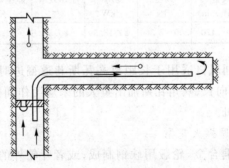

图 8-9　风筒导风

特点:此种方法辅助工程量小,风筒安装、拆卸比较方便,通常用于需风量不大的短巷掘进通风。

2. 平行巷道导风(图 8-10)

在掘进主巷的同时,在附近与其平行掘一条配风巷,每隔一定距离在主、配巷间开掘联络巷,形成贯穿风流,当新的联络巷沟通后,旧联络巷即封闭。两条平行巷道的独头部分可用风障或风筒导风,巷道的其余部分用主巷进风,配巷回风。

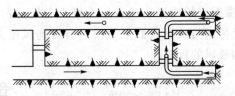

图 8-10 平行巷道导风

特点:此方法常用于煤巷掘进,尤其是厚煤层的采区巷道掘进中,当运输、通风等需要开掘双巷时。此法也常用于解决长巷掘进独头通风的困难。

3. 风障导风(图 8-11)

在巷道内设置纵向风障,把风障上游一侧的新风引入掘进工作面,清洗后的污风从风障下游一侧排出。这种导风方法,构筑和拆除风障的工程量大,适用于短距离或无其他好方法可用时采用。

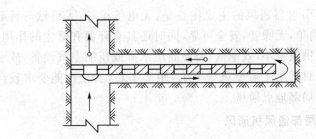

图 8-11 风障导风

二、引射器通风

利用引射器产生的通风负压,通过风筒导风的通风方法称为引射器通风。引射器通风一般都采用压入式。有高压水射流和高压气射流通风。如图 8-12 所示为水力通风机示意图。

引射器通风的原理是利用喷嘴喷出高压流体(高压水或压气)时,在喷嘴射流的周围造成负压而吸入空气并在混合管 2 内混合,将能量传递给被吸入的空气使之具有通风压力,以克服风筒阻力,达到通风的目的。

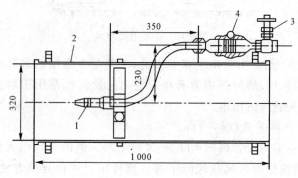

图 8-12　水力通风机
1——喷嘴;2——混合管;3——阀门;4——过滤网

采用引射器通风的主要优点是:无电气设备,无机械运转部件,设备简单,无噪音,安全可靠,同时还具有降温和降尘的作用。但是由于供风量小,效率低,需要高压水源或压缩空气设备,故引射器通风只适用于需要风量不大,距离不长,安全性能要求较高的小范围局部地点通风。

三、局部通风机通风

利用局部通风机作动力,通过风筒导风的通风方法称为局部通风机通风,它是目前局部通风最主要的方法。常用通风方式:压入式、抽出式和混合式通风。

1. 压入式通风

压入式通风是指利用局部通风机和导风筒将新鲜风流压入（输送到）掘进工作面,污浊风流沿掘进巷道排出的通风方式,如图 8-13 所示。

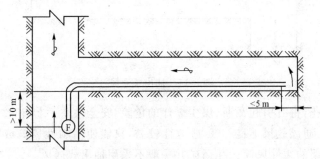

图 8-13　压入式通风

其优点是:① 局部通风机位于新鲜风流中,安全性好。② 有效射程大,排除工作面炮烟及瓦斯的能力强。③ 适应性强,既可用刚性风筒,又可用柔性风筒。④ 风筒的漏风对排除炮烟和瓦斯起到有益的作用。

其缺点是:① 炮烟（污风）沿掘进巷道排出,劳动环境较差。② 排除整个掘进巷道中的炮烟时间长,影响掘进速度。

2. 抽出式通风

抽出式通风是指新鲜风流沿掘进巷道流入掘进工作面,污浊风流经导风筒由局部通风机抽出的通风方式,如图 8-14 所示。

其优点是:① 污风经风筒排出,可以使掘进巷道中保持新鲜空气,劳动环境好。② 爆破时,人员只需撤到安全距离之外即可（不必撤至掘进巷道口以外）,往返距离短,所需时间少。③ 所需排烟的（巷道）长度,仅为工作面至风筒吸入口之间的距离,故排烟时间短,有利于提高掘进速度。

其缺点是:① 污风经由局部通风机排出,一旦局部通风机产

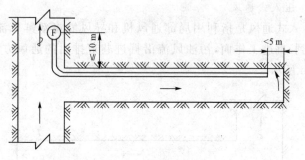

图 8-14　抽出式通风

生火花,将有引起瓦斯、煤尘爆炸的危险,安全性差。② 有效吸程较短,通风效果不良。③ 适应性较差,只能使用刚性风筒或带刚性骨架的柔性风筒。瓦斯矿井一般不采用抽出式通风。

3. 压抽混合式通风

混合式通风是指一个掘进工作面装备 2 套局部通风设备,1套作压入式通风,另 1 套作抽出式通风的联合通风方式。混合式通风的新鲜空气经压入式工作的通风设备送入掘进工作面,污浊空气由抽出式工作的通风设备排出。

混合式通风主要有长压短抽式、长抽短压式、长压长抽式等几种布置方式,如图 8-15 所示。

(1) 长压短抽式

压入式风机设于新鲜风流中,压入风筒沿巷道全长布置,抽出风筒与除尘风机定期随工作面延深而前移。抽出风筒一般长50~60 m,压入风筒末端距工作面 10~15 m。抽出风筒口超前压入风筒口,距工作面 3~5 m。压抽风量比为约 2.5∶1~5∶1.5。这种布置方式,工作面风量由压入式风机提供,抽出式风机吸出风流起着排除粉尘的作用。它适用于高瓦斯矿井,瓦斯涌出量较大的掘进工作面。

(2) 长抽短压式

抽出风筒从位于回风道内的除尘风机开始并接至工作面,工作面风量由除尘风机来满足,小功率压入式风机只作为辅助通风设备安装于掘进巷道内距工作面吸(抽)出风筒口 30～50 m 的位置,压入风筒口超过吸(抽)出风筒口。压入风流只起吹散及稀释顶板瓦斯、工作面瓦斯,提高工作面风速,加速粉尘炮烟排出的作用。根据试验,当抽出风筒口距工作面 15～20 m,压入风筒口距工作面 6～10 m,抽压风量比为 3∶1～5∶1 时,可以得到较理想的除尘效果,除尘率达 70%～95%。这种方法适用于低瓦斯矿井,即工作面瓦斯较小,粉尘危害比较严重的作业地点。采用这种通风方式时,必须安装瓦斯风电闭锁装置,严格控制并避免压入式风机发生循环风。

(3) 长压长抽式

压入和抽出式风机分别安设在掘进巷道的入风和回风侧,沿巷道的全长布置两趟风筒。抽出风筒采用带骨架的伸缩风筒,风筒末端接近工作面迎头。压入式风机风筒口距掘进工作面的距离小于风流有效射程,抽出式风机风筒口距掘进工作面的距离小于有效吸程。

混合式通风方式的优点是作业环境好,通风效果好;缺点是设备多,管理复杂。采用混合通风方式时,必须制定专门的通风设计说明书,列入作业规程。

四、长距离掘进通风技术

随着煤矿生产技术的发展,工作面的长度增加,单巷长距离通风问题越来越多。各矿井在此方面积累了一定经验,可归纳如下:

(1) 适当增加风筒的节长,减少风筒的接头数目,降低风筒的局部风阻和漏风。一般风筒插接接头漏风量在 0.2～0.4 m^3/min,当接头数较多时,不可能实现长距离通风。国内有使用 200 m/节的风筒,效果明显。

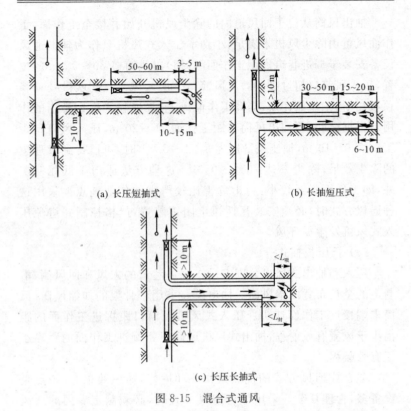

(a) 长压短抽式   (b) 长抽短压式

(c) 长压长抽式

图 8-15 混合式通风

（2）改进接头方式。淮北沈庄煤矿用铁圈压板接头代替插接方式，送风距离达 3 033 m，工作面的风量为 63.2 m³/min。

（3）长距离通风必须要合理选择风筒的直径。风筒的通风摩擦阻力与风筒直径的五次方成反比。风筒直径增加一倍，通风阻力减少 32 倍。平顶山煤业集团有限公司六矿的丁 6—22200 综采工作面走向长度 2 350 m，运输、回风两巷断面 13.1 m²，瓦斯涌出量较大，工作面需风量 250 m³/min，局部通风机的吸风量 420 m³/min，风压为 2 759 Pa。根据上述要求，矿井选用 DJF2×30 kW 高效对旋局部通风机，该风机参数是：风量 440～600 m³/min；工作风压

5 700～2 100 Pa；全压效率80％，额定转速2 950 r/min；采用的风筒直径1 000 mm，工作面的瓦斯控制在0.46％，工作面温度在28 ℃以下。由于保证了通风，提高了掘进速度，减少了百万吨掘进率，此项技术共创造经济效益122.2万元。

（4）采用柔性风筒时，要吊挂平直，防止刮破，要用粘补或灌胶封堵所有的针眼，减少漏风。

（5）采用局部通风机的串联方法。1989年11月广旺矿务局旺苍矿在1182大巷采用压入式通风，风机分散串联，单列胶质风筒，通风长度3 300 m，其中大巷3 000 m，采用的风筒为95 600 mm；上山300 m，采用的风筒为56 400 mm。使用的局部通风机为JBT62型28 kW一台、JBT52型111 kW一台，11 kW局部通风机串联在1 920 m处。28 kW风机的静压为2 735 Pa，$Q_i=199$ m³/min；11 kW风机的静压为2 564 Pa，$Q_i=132$ m³/min；工作面风筒的出口风量为82 m³/min。

（6）直接采用大功率风机和大直径风筒。目前我国已生产有多种类型的大功率局部通风机。如煤炭科学研究总院重庆分院的60 kW对旋风机和抚顺分院的55 kW子午加速型风机，其额定风量均达500 m³/min，额定风压均达4 500～5 000 Pa。并且生产与大功率局部通风机相配套的直径为800～1 000 mm的高强度胶质风筒，都能满足高瓦斯长距离掘进工作面的要求。

第四节　巷道贯通时的通风管理

在煤层中掘进巷道与其他巷道相贯通时，为防止冒顶、瓦斯、煤尘和爆破等事故的发生，必须遵守《规程》中的规定。

一、巷道贯通前

（1）掘进巷道贯通前，综合机械化掘进巷道相距50 m，其他巷道相距20 m时，必须停止一个工作面作业，做好调整通风系统的准备工作,地测部门必须向矿总工程师报告,并通知生产和通风部门。

(2)生产和通风部门必须分步制定巷道贯通安全措施和通风系统调整方案。

(3)在有突出危险的煤层中,上山掘进工作面同上部平巷的贯通,上部平巷工作必须超过贯通位置,其超前距离不得小于5 m。

二、巷道贯通时

(1)必须派干部(包括通风部门)现场统一指挥,确保施工安全。

(2)只准一个工作面向前掘进,停掘工作面必须保持正常通风,停止一切工作,撤出作业人员。必须经常检查风筒是否脱节,工作面及其回风流中的瓦斯浓度是否超限,发现脱节或超限必须立即处理。

(3)掘进的工作面每次装药爆破前,生产班组长必须派专人和瓦斯检查员共同到停掘工作面,检查该工作面及其回风流中的瓦斯浓度,只有在两个工作面及其回风流中的瓦斯浓度都在1%以下时,方可进行掘进工作和装药爆破。

(4)每次爆破前,在两个工作面都必须设置栅栏和专人警戒。

(5)坚持"一炮三检"制度,每次爆破后,爆破工、瓦斯检查员和班组长必须巡视爆破地点,检查通风、瓦斯、煤尘、顶板、支架和拒爆等情况,只有等双方工作面检查完毕认为无异常情况,人员撤出警戒区域后,才允许进行掘进工作面的下一次爆破工作。

(6)间距小于20 m的平行巷道,其中一个进行爆破时,两个工作面的人员都必须撤至安全地点。

(7)在地质构造复杂的地区进行贯通工作,必须有防止顶板高冒的安全技术措施并贯彻执行。

三、巷道贯通后

通风部门立即组织人员进行风流调整,实现全风压通风,并检查风速和瓦斯浓度,符合《规程》规定,通风系统稳定后,方可恢复工作。

四、巷道贯通管理规定

(1)一般掘进巷道同其他巷道相距 20 m 前,综掘巷道与贯通巷道相距 50 m 前,地测部门必须向矿总工程师报告,并通知采区和通风部门。报告内容包括贯通点附近的地质条件、岩性、地质构造、顶底板稳固性以及水文地质等情况。

(2)掘进巷道贯通必须编制通风设计和专项安全技术措施,由矿总工程师组织生产、通风、机电、监测等有关部门联合会审,充分考虑贯通前、贯通中、贯通后的有关事宜。应提前施工好的通风设施必须在贯通前完成,并由矿总工程师批准;贯通时必须由一名矿级领导现场统一指挥,要加强贯通对头的通风、瓦斯、积水检查和管理工作,通风区(科)需要有一名区(科)长到现场;贯通后,立即按通风设计调整通风系统,并对相关区域的风量、瓦斯情况进行详细检查,发现问题及时采取措施处理,保证有足够的风量防止瓦斯积聚,待通风系统稳定后,瓦斯浓度在 1% 以下方可恢复其他工作。

(3)两个矿井合并成联合通风系统时的贯通,改变全矿井、一翼或一个水平的通风系统时的贯通,均必须制定安全措施,报集团公司总工程师批准。巷道贯通时,矿总工程师必须现场指挥。

(4)掘进巷道在贯通已密闭的瓦斯尾巷、已采区、老窑时,必须探明情况,制定排放瓦斯、积水等措施,由矿总工程师审批。排除巷道积水时,必须制定防止瓦斯积聚和瓦斯串入其他工作面的措施。

(5)贯通工作必须在白班进行。

（6）贯通时的安全措施内容包括：接近贯通巷道时必须预留的煤（岩）柱厚度和预防瓦斯、水，调整通风系统等方面的技术措施，并附有调整通风系统前后图纸。制定安全撤出机电设备路线、位置及改变系统时受到影响的范围、程度及相应的安全措施，要明确现场指挥人员，参加人员职责明确。此外还应包括应急措施。

（7）通风部门接到巷道贯通通知书后，必须做好调整通风系统的准备工作，通风调度必须掌握每班贯通距离（瓦检员必须写实贯通距离）情况，并填写在通风调度日报表上。通风区（科）必须编制专门的调整通风系统措施，内容包括：

① 因调整通风系统而影响区域必须停电撤人，并停止采区内的一切工作，立即调整通风系统，待通风系统稳定后方可恢复工作。

② 绘制贯通巷道两端附近的通风系统图，图上标明风流方向、风量和瓦斯量，并预计贯通后的风流方向、风量和瓦斯量的变化情况。

③ 明确贯通时调整风流设施的布置和要求，包括设施种类、规格、位置、施工时间等，并提前做好有关准备。

④ 必须明确贯通后局部通风机停开负责人。

⑤ 制定通讯联系办法及具体要求。

（8）当两条掘进巷道（对掘或相交）施工时，一般巷道贯通相距 20 m，只允许一个工作面向前贯通，另一个工作面必须停止一切工作，撤出所有作业人员，切断电源，设置栅栏，保持正常通风；同时按规定检查瓦斯，瓦斯浓度超限时必须停止对方工作面的掘进，立即处理，由通风矿长负责。

（9）对即将贯通时的爆破管理规定：

① 掘进的工作面每次装药爆破前，都必须由班长和瓦检员共同到对方工作面检查瓦斯浓度等情况，只有当各处瓦斯浓度均在

1%以下时方可装药爆破。

② 每次爆破前,停工面不得停风,在两个工作面入口都必须设置栅栏和专人警戒;必须执行"一炮三检"和"三人连锁放炮"制度。

③ 每次爆破后,爆破工和班长必须检查双方工作面供风情况、瓦斯浓度、煤尘、顶板、支护和有无拒爆等安全状况,待一切正常后,方可进行下一次爆破。

④ 间距小于 20 m 的平行巷道,其中一个工作面爆破时,两个工作面人员都必须撤出。

⑤ 必须打探眼,探眼深度不小于循环进度的 2.5 倍,不准一次贯通全断面。

(10) 生产采区的采区进、回风巷之间,矿井的主要进、回风巷之间,不得补打联络巷。如确需补打时,在贯通前必须完成永久设施,严禁使用临时设施,受影响区域必须有专人检查瓦斯,停电撤人。

(11) 在有突出危险的煤层中,上山掘进工作面同上部平巷贯通时,上部平巷工作面必须超过贯通位置,其超前距离不小于 5 m。

第五节　局部通风管理

一、局部通风系统的质量标准

(1) 局部通风机的安装和使用符合《规程》的规定,风机的位置、供风量应满足要求,防止发生循环风。

(2) 局部通风机的设备完好,吸风口有风罩、整流器,高压部位(包括电缆接线盒)有衬垫(不漏风)。风机距地面高度应大于 0.3 m,5.5 kW 以上局部通风机安设消音器(低噪声和除尘风机除外)。

（3）局部通风机要由专人看管，其他人员不得随意停开局部通风机。

（4）1台局部通风机不准同时向2个掘进工作面供风。风筒末端距工作面距离：煤巷不超5 m，岩巷不超10 m。风筒末端风量不少于40 m³/min（作业规程另外规定除外）。

（5）风筒接头严密（手距接头0.1 m处感觉不到漏风），无破口（末端20 m除外）。风筒吊挂平直，逢环必吊，铁风筒至少吊挂两点。

（6）风筒拐弯处要设弯头或缓慢拐弯，不准拐死弯。异径风筒接头，先大后小，不准花接。

（7）煤和半煤岩及突出矿井的岩石掘进工作面必须安设并正常使用"三专两闭锁"装置，采区变电所和配电点标清"三专"标志，掘进距离超过500 m不能保证风量要求时，必须安设双风机双电源。为达到这一要求，《规程》规定："高瓦斯矿井必须安装'三专两闭锁'，即专用电源、专用开关、专用变压器和风电闭锁与甲烷电闭锁。"

（8）低瓦斯矿井掘进工作面供电要采、掘分开，并使用风电闭锁装置。

（9）掘进巷道内不得检修机车、矿灯等其他设备。特殊需要时要有安全措施。

二、局部通风管理

掘进作业规程中，必须明确掘进巷道的通风方式、局部通风机和风筒的安装、使用等项规定。采取局部通风机串并联等非常规措施供风时，必须制定安全措施，报公司总工程师批准。

局部通风机安装前必须按作业规程规定，测定安装地点风量，最低风速不低于《规程》第一百零一条之规定，方可安装。安装、使用局部通风机和风筒应遵守下列规定：

（1）局部通风机的运输、安装由区队负责，并设专人管理，局部通风机必须由班(组)长负责管理,保证正常运转,擅自停止局部通风机运转要严肃认真地进行追查和处理。局部通风机损坏必须在 24 h 内更换。

(2)压入式局部通风机和启动装置必须安装在进风巷道中,距掘进巷道回风口的距离不得小于 10 m。

(3)局部通风管理要统一归通风部门负责,掘进工作面必须备有足够的备用风筒,除大班外,其他班的风筒延接由掘进队负责,瓦检员负责监督检查。瓦检员每班检查局部通风机运转情况,并实行挂牌管理,瓦检员每班要签名或挂牌。牌板上应填明局部通风机功率、风筒长度、吸入风量和出口风量等。

(4)局部通风机的装置要齐全,吸风口有风罩和整流器,高压部位不漏风,必须吊挂或上架,离地面高度不得小于 0.3 m。

(5)高、突矿井所有掘进工作面的局部通风机都必须采用"三专两闭锁"和"两双两自动",低瓦斯矿井中掘进工作面的局部通风机要与采煤工作面分开供电,并使用"两双两自动"和"两闭锁"。"双风机、双电源"必须同型号、同能力,对双风机自动转换装置必须每天进行一次试验,由电工操作,瓦检员监督,双方签字后将试验结果上报矿主管领导。

(6)必须采用抗静电、阻燃风筒,风筒出口到掘进工作面的距离,在保证工作面瓦斯不超限的情况下,瓦斯重点面、全煤上山、突出危险工作面最大不超过 5.0 m,一般煤巷、半煤岩巷不超过 7.0 m;全岩巷不超过 10 m。风筒必须吊挂平直,逢环必挂。

(7)掘进工作面必须使用防炮崩风筒,长度不小于 9 m,软质风筒与防炮崩风筒连接必须有过渡节,防炮崩风筒直径最低不小于 300 mm,并且应有不少于 2 节的备用防炮崩风筒。倾角大于 10°的倾斜巷道工作面应有风筒固定措施。由瓦检员协助掘进队吊挂。

(8)风筒出口风量应根据瓦斯涌出量确定,并满足下列要求:

瓦斯重点面不低于 80 m³/min,一般工作面不低于 60 m³/min,巷道风速不低于《规程》规定。

(9) 局部通风机必须定期检查维修,保持正常运转;备用局部通风机每天要定期开动 2 h,以防止备用风机受潮。

(10) 推广使用低噪声、节能局部通风机,逐渐取代高噪声、高能耗局部通风机。局部通风机噪音超过 85 dB 必须上消声器。

(11) 掘进开门之前必须安装好局部通风机和风筒,局部通风机不启动不允许开门,上、下山开门 10 m 内拐弯必须使用防炮崩弯头。

(12) 严禁使用 3 台以上(含 3 台)局部通风机同时向 1 个工作面供风。不得使用 1 台局部通风机同时向 2 个作业的掘进工作面供风。用 2 台局部通风机供风时必须制定措施,报矿总工程师批准,并符合《规程》规定。

(13) 局部通风机不得随意停风。因检修等原因必须停局部通风机时,必须提前通知通风区,并制定相应的停电、停风、排瓦斯措施,报矿总工程师批准,做到有计划、有组织、有措施。停风前,必须切断电源,撤出人员,设置栅栏,瓦检员警戒。

第九章　矿井灾害防治

第一节　瓦斯爆炸的预防

一、瓦斯爆炸及其危害

1. 瓦斯爆炸的概念

瓦斯是一种能够燃烧和爆炸的气体,瓦斯爆炸就是空气中的氧气与瓦斯在高温热源的作用下进行剧烈氧化反应的过程。

$$CH_4 + 2O_2 = CO_2 + 2H_2O + Q$$

瓦斯在高温热源的作用下,与氧气发生化学反应,生成二氧化碳和水蒸气,并放出大量的热,这些热量能够使反应过程中生成的二氧化碳和水蒸气迅速膨胀,形成高温、高压气体并以极高的速度向外冲出。当空气中的氧气不足或反应不完全时,会产生大量的 CO。

2. 瓦斯爆炸的条件

(1)瓦斯浓度。瓦斯与空气混合,按体积计算瓦斯浓度达 5%～16%时具有爆炸性。瓦斯爆炸界限并不是固定不变的。

(2)点燃瓦斯的火源。引爆火源温度为 650～750 ℃,且火源存在时间大于瓦斯爆炸感应期。

(3)空气中的氧气含量。如果空气中氧气含量低于 12%,瓦斯就会失去爆炸性。

以上三个条件只有在同一时空集合时,才会发生瓦斯爆炸事故。

3. 瓦斯爆炸产生的危害

（1）产生大量的剧毒气体一氧化碳。一氧化碳，是瓦斯爆炸造成人员伤亡的主要原因。

（2）产生高温。瓦斯爆炸的瞬间温度可达 1 850～2 650 ℃。这对井下人员和设备造成危害。

（3）产生冲击波。瓦斯爆炸以后，巷道中的空气压力约为爆炸前的 7 倍左右。高压空气不仅摧毁巷道支架和设备，同时也是造成人员伤亡的重要原因之一，还可扬起煤尘、引发煤尘爆炸。

（4）瓦斯爆炸后，爆炸波又会反向冲击，这对巷道的破坏性更大。当条件满足时，便会形成二次爆炸。

二、瓦斯爆炸的一般规律

（一）在煤矿的任何地点都有发生瓦斯爆炸的可能性，但大部分发生在采掘工作面

1. 采煤工作面容易发生瓦斯爆炸的原因

采煤工作面容易发生瓦斯爆炸的地点主要是采煤工作面上隅角和采煤机滚筒附近。

（1）采煤工作面上隅角容易发生瓦斯爆炸的原因

① 上隅角容易出现瓦斯积聚。原因有三：一是瓦斯的密度较空气小，易于上浮，所以采空区内积存的高浓度瓦斯容易从上隅角附近逸散出来；二是上隅角往往是采空区漏风的主要出口，采空区的瓦斯很容易被漏风带出；三是工作面上隅角处的出口风流直角拐弯，易形成涡流区，瓦斯难以被风流带走。

② 上隅角附近往往设置回柱绞车等机电设备，且作缺口爆破时容易产生明火，出现引爆火源的机会较多。

（2）采煤工作面采煤机滚筒附近容易发生瓦斯爆炸的原因

① 在滚筒破碎煤体时，会涌出大量瓦斯，而滚筒处通风不良，故容易形成瓦斯积聚。

② 截齿与支架顶梁或顶板岩石碰撞时，可能产生摩擦火花点

燃瓦斯形成爆炸。

2. 掘进工作面容易发生瓦斯爆炸的原因

（1）掘进巷道多数位于煤层的新开拓区，瓦斯涌出量较大。

（2）局部通风管理难度较大，容易出现失误或管理不善，如局部通风机因故停转或风筒漏风太大致使风量不足或风速过低等原因，不能有效地将掘进工作面附近及巷道内的瓦斯冲淡排出，导致瓦斯积聚而达到爆炸浓度。

（3）煤巷掘进多用电钻打眼，经常爆破，出现机电设备失爆和爆破不合规定产生引爆火源的可能性较多。

（二）井下一切高温火源都可以引起瓦斯燃烧或爆炸，但主要的火源是爆破火焰和电气设备火花

应当指出，随着我国采煤机械化的迅速发展，机组截齿摩擦产生火花而引起瓦斯爆炸事故的次数将逐渐增多。

三、瓦斯爆炸的预防措施

（一）防止瓦斯积聚的措施

1. 加强通风管理

加强通风管理是防止瓦斯积聚最基本、最有效的措施。

（1）每一矿井都必须采用机械通风。

（2）在瓦斯涌出量较大的矿井中，主要通风机应尽量采用抽出式通风。因为一旦主要通风机因故停止运转，井下空气的压力升高，在短时间内可以防止瓦斯涌出，安全性能好。

（3）并联通风要比串联通风经济又安全，要尽量采用并联通风，避免串联通风。

（4）加强通风设施的管理，保证质量。

（5）加强掘进通风管理，防止漏风，避免循环风，保证掘进工作面的所需风量。掘进工作面严禁采用扩散通风。

（6）尽量采用大断面巷道，减少通风阻力，改善通风状态。

（7）每一矿井都必须实行分区通风，具有完整、独立、合理的

通风系统。

（8）矿井各用风地点必须按照《规程》的要求供给质洁量足的空气。

2. 加强瓦斯检查与监测

矿井瓦斯检查是指使用便携式光学甲烷检测仪、便携式甲烷检测报警仪等设备，由瓦斯检查员等进行非连续检测煤矿瓦斯的方法。

矿井瓦斯监测是指通过采用矿井安全监控系统、甲烷风电闭锁装置、甲烷断电仪等固定设备连续监测煤矿瓦斯的方法，主要用于采掘工作面及其进、回风巷等场所的瓦斯连续监测与断电控制。

3. 及时处理局部积聚的瓦斯

在巷道的冒落空洞、盲巷、独头巷道以及风流达不到的其他地方，出现瓦斯浓度达到 2%、体积在 0.5 m^3 以上的现象，叫做局部瓦斯积聚。一般采煤工作面上隅角、微风或停风的掘进工作面、冒落的高顶处、停风的盲巷及煤仓等地点最易积聚瓦斯。及时处理这些地区局部积聚的瓦斯，是矿井日常瓦斯管理工作的重要内容，也是预防瓦斯爆炸事故的工作之一。

4. 抽放瓦斯

抽放瓦斯是瓦斯涌出量大的矿井或采区防止瓦斯积聚的有效措施。

（二）防止瓦斯引燃的措施

1. 防止明火点燃

（1）严禁携带烟草和点火物品下井；

（2）井口房和通风机房附近 20 m 内，不得有烟火或用火炉取暖；井下严禁使用灯泡取暖和使用电炉；

（3）井下和井口房内不得从事电焊、气焊和喷灯焊接等工作，如果必须在井下主要硐室、主要进风井巷和井口房内进行电焊、气焊和喷灯焊接等工作，每次必须制定安全措施，并遵守相应规定；

（4）严格管理井下火区。

2. 防止爆破火焰

（1）爆破作业必须执行"一炮三检制"。

（2）井下爆破作业，必须使用煤矿许用炸药和煤矿许用电雷管。煤矿许用炸药的选用应遵守相应规定，不得使用过期或严重变质的爆炸材料。

（3）采掘工作面必须使用煤矿许用瞬发电雷管或煤矿许用毫秒延期电雷管。不同厂家生产的或不同品种的电雷管，不得掺混使用。不得使用导爆管或普通导爆索，严禁使用火雷管。

（4）炮眼封泥应用水炮泥，水炮泥外剩余的炮眼部分应用黏土炮泥或用不燃性的、可塑性松散材料制成的炮泥封实。

3. 防止电气火花

（1）加强电气设备的管理。电气设备的防爆性能要经常检查，不符合要求时要及时更换和修理。

（2）井下不得带电检修、搬迁电气设备、电缆和电线。

（3）容易碰到的、裸露的带电体及机械外露的转动和传动部分必须加装护罩或遮栏等防护设施。

（4）所有电缆接头不得有"鸡爪子"、"羊尾巴"和明接头。

（5）防爆电气设备入井前，应检查其"产品合格证"、"煤矿矿用产品安全标志"及安全性能；检查合格并签发合格证后，方准入井。

（6）严禁使用矿灯人员拆开、敲打、撞击矿灯。

（7）井下防爆电气设备的运行、维护和修理，必须符合防爆性能的各项技术要求。

4. 防止摩擦火花

防止采煤机、掘进机截齿与煤层中坚硬矿物质造成的摩擦火花。坚持使用内外喷雾，遇到地质构造割煤时进行洒水。在摩擦发热的设备部件上安设过热保护装置和温度检测报警断电装置等。

（三）防止瓦斯爆炸范围扩大的措施

在风井口应安设防爆门，主要通风机必须有反风装置。必须及时清除巷道中的浮煤，清扫或冲洗沉积煤尘，定期撒布岩粉。矿井还必须设置岩粉棚和水幕装置，以免造成连锁爆炸。井下有关地点按《规程》要求安设隔爆设施。

（四）发生瓦斯爆炸事故时的应急避险

（1）当灾害发生时一定要镇静清醒，不要惊慌失措、乱喊乱跑。当听到或感觉到爆炸声响和空气冲击波时，应立即背朝声响和气浪传来的方向、脸朝下、双手置于身体下面、闭上眼睛迅速卧倒。头部要尽量低，有水沟的地方最好趴在水沟边上或坚固的障碍物后面。

（2）立即屏住呼吸，用湿毛巾捂住口鼻，防止吸入有毒的高温气体，避免中毒与灼伤气管和内脏。

（3）用衣服将自己身上的裸露部分尽量盖严，以防火焰和高温气体灼伤身体。

（4）迅速取下自救器，按照使用方法戴好，以防止吸入有毒气体。

（5）高温气浪和冲击波过后应立即辨别方向，以最短的距离进入新鲜风流中，并按照避灾路线尽快逃离灾区。

（6）已无法逃离灾区时，应立即选择避难硐室，充分利用现场的一切器材和设备来保护人员和自身安全。

四、煤与瓦斯突出

1. 煤与瓦斯突出的危害

煤与瓦斯突出是煤矿常见灾害之一，它对煤矿的危害主要表现在：采掘工作面或巷道突然间充满高浓度瓦斯，易造成人员窒息，遇火时还会发生瓦斯爆炸；突出时的动能可摧毁支架，破坏设备、设施；破坏通风系统，造成风流紊乱；突出的煤岩堵塞巷道，影响巷道使用。

2. 煤与瓦斯突出的预兆

煤与瓦斯突出的预兆包括有声预兆和无声预兆。

有声预兆包括：

（1）响煤炮。突出前在煤体深处发出大小、间隔不同的响声。有的像炒豆声，有的像鞭炮声，有的像机枪连射声，有的像闷雷声。煤炮声由小到大、由远到近、由稀到密是突出较危险的信号。

（2）气体穿过含水裂缝时的吱吱声。

（3）因压力突然增大而出现的支架嘎嘎声、劈裂折断声、煤岩壁断裂声。

无声预兆包括：

（1）在煤层构造方面表现为：煤层层理紊乱，煤变软、变暗淡、无光泽，煤层干燥，煤尘增大，煤层受挤压褶曲、变粉碎、厚度不均，倾角变化。

（2）地压显现。煤层及顶底板压力增大，支架变形，煤壁外鼓、片帮、掉渣；用手摸扶煤壁时有冲击和震动感，炮眼变形装不进药，打钻时夹钻、顶钻、垮孔等。

（3）瓦斯涌出异常。瓦斯涌出量增大，或忽大忽小；煤尘浓度增大，空气气味异常、闷人。

（4）气温变化。一般是巷道气温下降，煤壁发冷。

3. 煤与瓦斯突出的防治

在开采突出煤层时，必须采取"四位一体"的综合防治措施，包括：突出危险性预测、防治突出措施、防治突出措施的效果检验和安全防护措施。

第二节　瓦斯管理

一、排放瓦斯过程中的瓦斯管理

1. 排放瓦斯的安全措施

（1）计算排放瓦斯量，预计排放所需时间。

（2）明确排出的瓦斯与全风压风流混合处的瓦斯浓度，制定控制送入独头巷道风量的方法，严禁"一风吹"。

（3）确定排放瓦斯流经的路线，标明通风设施、电气设备的位置。

（4）明确撤人范围，指定警戒人位置。

（5）明确停电范围、停电地点及断、复电的执行人。

（6）明确必须检查瓦斯的地点和复电时的瓦斯浓度。

（7）明确排放瓦斯的负责人和参加人员的名单及各自担负的责任。

（8）图文齐全、清楚，通风设施、机电设备及甲烷传感器等应该上图的，都要准确，不能遗漏。符合《规程》的规定。

2. 排放瓦斯时的安全注意事项

（1）编制排放瓦斯措施时，必须根据不同地点的不同情况制定有针对性的措施。禁止使用"备用"措施，更不准几个地点用一个措施。

（2）排放瓦斯前必须先检查局部通风机及其开关地点附近 10 m 以内风流中的瓦斯浓度，其浓度不超过 0.5% 时，方可人工启动局部通风机向独头巷道送入有限的风量，逐步排放积聚的瓦斯；同时，还必须使独头巷道中排出的风流与全风压风流混合处的瓦斯和二氧化碳浓度都不得超过 1.5%。

（3）排放时在回风汇合均匀处应设 2 个以上检查瓦斯浓度点，以便控制排放浓度。当瓦斯浓度超过 1.5% 时，应指令调节风量人员减少向独头巷道送入风量，确保独头巷道排出的瓦斯在全风压风流混合处的瓦斯不超限。

（4）排放时，严禁局部通风机发生循环风。如果发生循环风，立即停止局部通风机运转，消除循环风后再启动局部通风机。

（5）排放时，独头巷道的回风系统内必须切断电源，撤出人员。矿山救护队应在现场值班。

（6）排放后,经检查证实,整个独头巷道内风流中的瓦斯浓度不超过 1%,氧气浓度不低于 20%,二氧化碳浓度不超过 1.5%,且稳定 30 min 后,瓦斯浓度没有变化时,才可以恢复局部通风机的正常通风。

（7）独头巷道恢复正常通风后,必须由电工对独头巷道中的电气设备进行检查,证实完好后,方可人工恢复局部通风机供风的巷道中的一切电气设备的电源。

3. 控制排放风流中瓦斯的方法

控制排放风流中瓦斯的方法多根据排放现场的具体情况选定。主要有以下几种:

（1）局部通风机直接排放法

独巷停风时间较短,积存瓦斯量不多,在排放瓦斯回风线路上瓦斯浓度不超过规定时,可直接启动局部通风机进行排放。

（2）使用变频调速风机直接排放

这种方法方便易行,就是在排出瓦斯流经的巷道内设置甲烷传感器,将甲烷传感器和变频调速风机的调速装置连接。当甲烷超限时,变频调速装置动作,减小风机的转速,从而减少送入的风量;当排出的甲烷不超限时,变频调速装置加大风机转速增加送风量,从而保证排出的甲烷不超过规定。

（3）增阻排放法

排放前,在回风口以外的新风流一侧将风筒用绳子捆结一定的程度,以增加阻力,控制通过风筒的风量,使全风压风流汇合处的瓦斯浓度控制在规定范围内。随着浓度的下降,逐渐放开绳子,到最后全部放松。捆风筒时,不能将风筒捆严,以防烧坏局部通风机。

（4）风筒接头调风排放法

若独巷距离远、停风时间长、瓦斯积聚量大,启动局部通风机排放瓦斯前,在回风口一侧的全风压巷道内,将风筒接头断开,然后启动局部通风机,并检查局部通风机是否产生循环风。根据瓦斯浓度的大小,将断开的风筒接头拉成一定错距来调节送往独巷的风量,使大部分风量从断口短路,流入回风并降低瓦斯浓度。开始送往独巷的风量要小,然后根据排出的瓦斯浓度大小来确定两风筒错口距或吻合的程度。随着接头的逐渐吻合,风量由小而大送往独巷。当两接头全部吻合后,独巷的风量近似最大值。如果回风长时间稳定在安全瓦斯浓度范围,说明独巷内瓦斯排放工作完毕,即可全部恢复接头。在重新恢复接头时,如果因压力大有困难,可短时间停止局部通风机运转,但应尽量缩短操作时间,以免再次造成独巷内瓦斯积聚。

(5)风筒三通调风排放法

独巷敷设风筒时,在回风口一侧的全风压风流中敷设一个三通风筒,如图 9-1 所示。平时将三通风筒未用的一头封堵,即在图9-1中 A 处用绳子将风筒捆死。启动局部通风机排放瓦斯前,将三通风筒封堵的一头放开,启动局部通风机检查有无循环风,确认无循环风后开始排放瓦斯。当局部通风机启动后,风筒中的大部分风量经三通风筒未用的一头进入回风内,很少一部分风量送往独巷便不会造成排出瓦斯浓度超限。为做到绝对有把握,可将三通至独巷的一头缩小,然后根据需要逐渐放大,直至全部放完,在回风瓦斯浓度不超限时,可以慢慢缩小三通未用的一头,全部封严后送往独巷的风量达到最大值。当回风长时间都稳定在安全瓦斯浓度时,证明独巷瓦斯已排放完毕。

(6)逐段通风排放法

一般情况下,已经封闭的独巷里面都已积聚了瓦斯浓度高的气体,排放时比较困难。所以,启封密闭排放瓦斯要十分慎重。

通常独巷内都未敷设风筒,启封密闭排放瓦斯时要敷设风筒。一次性将风筒全部敷设在井下无风的高浓度瓦斯区既困难又危险,因此,采取逐段排放法较好。

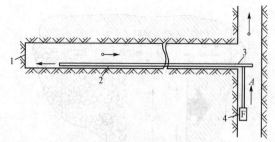

图 9-1　三通风筒示意图

1——掘进工作面;2——风筒;3——三通风筒;4——局部通风机

　　排放前,准备一根短风筒(5 m 左右),先检查密闭处有无瓦斯积聚,如果有则必须先处理后启封。将密闭上角打一些比较小的孔洞,启动局部通风机,先使风筒偏离孔洞,然后逐渐靠近。同时检查回风瓦斯,用风筒与密闭孔洞距离的大小来控制瓦斯浓度。慢慢扩大密闭孔洞,直到风筒移入密闭内,附近瓦斯浓度不超 0.5%,再全部打开密闭,人员才能进入里面,风筒可随着向前敷设运入独巷。待风筒出口附近瓦斯浓度下降后,可将风出口缩小,加大风筒出口射程,排出前方的瓦斯。当风筒出口前方一段的瓦斯浓度不超过 1.5% 时,接上一根短风筒,加大射程排放前方的瓦斯,达标后取下短风筒,接上一根平时用的风筒(一般 10 m),依次逐段地排放。如果发现回风瓦斯超过安全值,可将风筒接头断开,采用风筒接头调风法排放。

二、局部积聚瓦斯的处理

1. 采煤工作面上隅角处瓦斯积聚的处理方法

(1) 风障引导风流法

风障引导风流法的实质是将新鲜风流引入瓦斯积聚的地点,把局部积聚的瓦斯冲淡、带走。图 9-2 所示的风障引导风流法是应用较普遍的方法,它适应于上隅角瓦斯涌出量不超过 2 m³/min、工作面风量大于 200 m³/min、风障最大长度不超过 20 m 的情况。

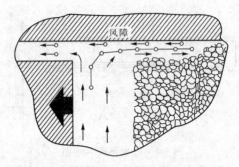

图 9-2　风障引导风流处理上隅角积聚瓦斯

（2）风筒导排风流法

风筒导排法，按其动力源的不同分为水力引射器、电动通风机和压气引射器三种不同导排方式。其处理积聚瓦斯的原理和布置方式都是相同的，如图 9-3 所示，风筒进风口设在上隅角瓦斯积聚地点后，工作面中一部分风流流经上隅角进入风筒口时，即把积聚的瓦斯冲淡、带走。

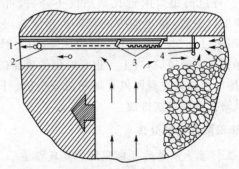

图 9-3　利用水力引射器排除积聚瓦斯

1——水管；2——导风管；3——引射器；4——风障

（3）尾巷排放法（如图 9-4 所示）

尾巷排放法是目前广泛采用的一种方法。此种方法利用尾

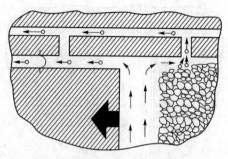

图 9-4　尾巷排放法处理积聚瓦斯

巷与工作面采空区的压力差,使工作面一部分风流流经上隅角、采空区、通风眼(联络眼)到尾巷,达到冲淡、排除上隅角瓦斯的目的。如果尾巷排放瓦斯效果不显著,可在工作面的回风道设调节风门,以增大采空区与尾巷之间的压差,提高排放效果。

此方法的优点是利用已有的巷道,不需要增加设备,易于实施,较经济;其不足是进入尾巷的瓦斯量难以控制,瓦斯浓度忽高忽低。

(4)沿空留巷排除法

在工作面回风巷沿空留巷,使部分风流通过上隅角,以冲淡和带走上隅角局部积聚的瓦斯。

(5)瓦斯抽放法

瓦斯抽放法即进行采空区的瓦斯抽放。

(6)充填置换法

充填置换法如图 9-5 所示。这种方法是对采空区上隅角的空隙进行充填,将积聚瓦斯的空间用不燃性固体物质充填严密,使瓦斯没有积聚的空间

(7)风压调节法。

风压调节法也称均压通风法,如图 9-6 所示。

在工作面进风巷安设两台局部通风机(通风能力大小根据工

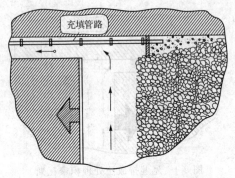

图 9-5　充填置换法处理积聚瓦斯

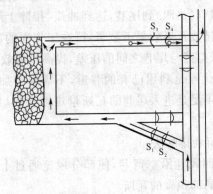

图 9-6　风压调节法处理积聚瓦斯

作面需要风量大小而定)和接设 15～20 m 导风筒,向工作面送风,并在导风筒的出风口与局部通风机之间设两道风门,在工作面回风巷设两道调节风门 S_1、S_2,以调节风压;同时,在回风巷设一趟硬质导风筒,一端伸入上隅角采空区 5～8 m,另一端穿过两道调节风门,以排放采空区上部的瓦斯。风量的控制应以上隅角瓦斯不超限为准。

　　风压调节法的实质是利用局部通风机和设在回风巷的调节风门,提高工作面的空气压力,平衡工作面与采空区的压差,或使工作面气压略高于采空区,抑制采空区瓦斯向工作面涌出,从而达到解决工作面风流瓦斯超限和上隅角瓦斯积聚问题的目的。

采用此方法时要管理好风门。当局部通风机停风时,要立即将两组风门打开,以免造成事故。

(8)调整通风方法

根据煤层赋存条件的不同和瓦斯涌出量大小、涌出来源及涌出形式,可调整或选择较适宜的通风方式,达到预防、排除上隅角积聚瓦斯的目的,如图9-7所示。从图中所示的四种通风方式可以清楚地看出,由于回风方向同进风方向是同一方向,采空区涌出的瓦斯受矿井通风压力的作用只会向回风方向流动,而不会朝着相反的方向流入工作面。因而,工作面上隅角就不会积聚瓦斯。这几种通风方式同U形通风方式相比,都容易引起向采空区漏风,因此,有自然发火危险的煤层不宜采用。

2. 采煤机附近瓦斯积聚的处理方法

根据瓦斯积聚形成的不同原因,应采取相应的处理方法:

(1)加大风量。在采取煤层注水湿润煤体和采煤机喷雾降尘措施后,经矿总工程师批准,可适当加大风速,但不得超过5 m/s。

(2)降低瓦斯涌出量和减少瓦斯涌出量的不均衡性。可延长采煤机在生产班中的工作时间或每昼夜增加一个生产班次,使采煤机以较小的速度和截深采煤。

(3)当采煤机附近(或工作面中其他部位)出现局部瓦斯积聚时,可安装小型局部通风机或水力引射器,吹散排出积聚的瓦斯。

(4)抽放瓦斯。采取煤层开采前预抽或开采过程中边采边抽的方法降低瓦斯涌出量。

3. 巷道冒落空洞内瓦斯积聚的处理方法

(1)导风板引风法。在高顶空间下的支架顶梁上钉挡板分风流引到高冒处,吹散积聚瓦斯,如图9-8所示。

(2)充填置换法。在顶梁上铺设一定厚度的木板或荆笆,在上

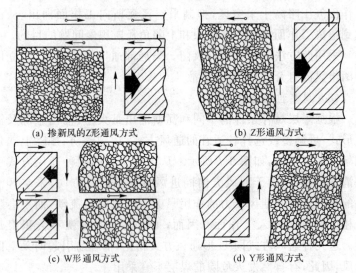

(a) 掺新风的Z形通风方式　　　　　(b) Z形通风方式

(c) W形通风方式　　　　　　　　(d) Y形通风方式

图 9-7　处理上隅角瓦斯的几种通风方式

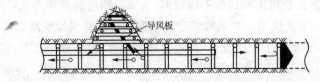

图 9-8　导风板引风法处理巷道冒落空洞内积聚的瓦斯

面填满黄土或砂子,从而将积聚的瓦斯置换排除,如图 9-9 所示。

(3)风筒分支排放法。巷道内若有风筒,可在冒顶处附近的风筒上加三通或安设一段小直径的分支风筒,向冒顶空洞内送风,以排除积聚的瓦斯,如图 9-10 所示。

(4)压风排除法。在有压风管通过的巷道,可在管路上接出分支,并在支管上设若干个喷嘴,利用压风将积聚的瓦斯排除,如图 9-11 所示。

4.顶板附近瓦斯层状积聚的处理

(1)加大巷道内的风流速度。使风速大于 0.5～1.0 m/s,让

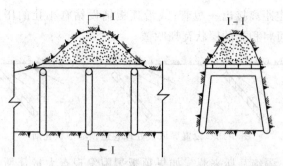

图 9-9　充填置换法处理巷道冒落空洞内积聚的瓦斯

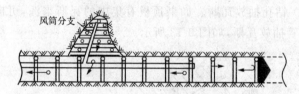

图 9-10　风筒分支排放法处理巷道冒落空洞内积聚的瓦斯

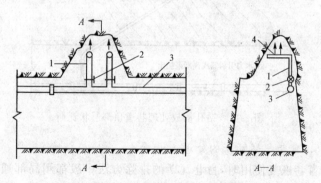

图 9-11　压风排除法处理巷道冒落空洞内积聚的瓦斯
1——压风支管;2——开关;3——压风管;4——喷嘴

瓦斯与风流充分混合而排出。

（2）加大顶板附近的风流速度。如在顶梁下设置导风板,将风流引向顶板附近等,如图 9-12 所示。也可沿顶板铺设铁风筒,每隔一定距离接出一短管;或沿顶板铺设钻有小孔的压风管等,这样都可将积聚的层状瓦斯吹散。

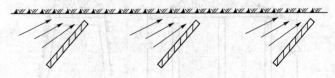

图 9-12　设置导风板处理巷道顶部层状瓦斯

（3）隔绝瓦斯来源。如果顶板裂隙发现有大量瓦斯涌出,可用木板和黏土将其背严填实。

（4）钻孔抽放瓦斯。如果顶板有集中的瓦斯来源,可向顶板打钻接管抽放瓦斯,如图 9-13 所示。

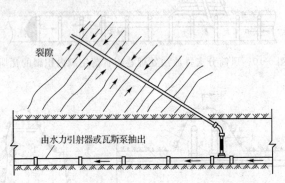

裂隙

由水力引射器或瓦斯泵抽出

图 9-13　钻孔抽放处理巷道顶部层状瓦斯

5. 盲巷积聚瓦斯的处理

盲巷恢复使用时,盲巷瓦斯的排除方法一般都用局部通风机进行,措施中应注意以下几点:

（1）盲巷回风涉及的范围内,机电设备应停止运转并切断电源,且不准有人工作。

（2）处理前应由救护队检查盲巷瓦斯浓度,并估算出瓦斯积存量。

（3）处理工作至少有 2 人进行。

（4）局部通风机要安装在距回风口 10 m 之外的进风侧，排除过程中，要控制风流量，逐段进行，步步为营，并检查回风道的瓦斯浓度，防止将高浓度瓦斯一次吹出。

（5）开动局部通风机前，应检查局部通风机 20 m 内瓦斯是否超限，开动局部通风机后应检查是否产生循环风。

第三节　矿井灭火

一、发生火灾时的风流控制

1. 控制风流的目的

"火借风势，风助火威。"这句话足以说明矿井发生火灾时控制风流的意义。具体说，控制风流的目的在于：保证人员的安全撤出；防止火烟扩散和瓦斯、煤尘爆炸；限制火灾蔓延和扩大，为灭火创造有利条件。

2. 控制风流的方法

火灾时期控制风流的方法有：

（1）保证正常通风，稳定风流；

（2）维持原来风向，减小风量；

（3）停止主要通风机工作或局部风流短路；

（4）反转风流方向。

一般情况下，火灾发生在矿井总进风流中（进风井口、进风井筒内、井底车场、总进风道等）时，应进行全矿井反风，防止烟气进入井下采掘工作区；对中央并列式通风的矿井，在条件允许时，可使进、回风井的风流短路，将烟气直接从回风井排出。

火灾发生在矿井总回风流中（总回风道、回风井底、回风井筒和回风井口）时，只有维护原风流方向，才能迅速排出烟气。如果自然风压、火风压较大而且与主要通风机风压一致，瓦斯涌出量又很小时,为了减弱火势,有时也可采取减风措施,但不得轻易停风。因为在瓦斯矿井中停风是很危险的。

火灾发生在采区内时,风流调度比较复杂。此时,原则是稳定风流,保持正常通风,应特别注意防止风流逆转。通常不采取减风、停风或反风措施。

机电硐室发生火灾时,通常是关闭防火门或修筑临时挡风墙来隔断风流。

在实际操作中,控制风流大多采取维持原风向或风流短路控制方法,对反风和停风措施则持慎重态度。

无论采用什么方法控制风流,都必须注意防止将具有危险浓度的瓦斯送入火区而引起爆炸。

3. 控制风流应符合的要求

(1) 能有效地控制火势、防止扩大灾情。

(2) 创造接近火源采取直接灭火的条件。

(3) 不会造成瓦斯积聚和煤尘飞扬。

(4) 防止火风压造成风流逆转。

(5) 有利于尽快恢复生产。

4. 火风压的概念

火风压也叫火负压,它是指井下发生火灾时,高温烟流流经有高差的井巷所产生的附加风压。

(1) 火风压的产生与危害

火灾刚发生时,井下风流及烟气都是沿着发火前的原风流方向流动的。火势逐渐发展,由于经过火源的空气温度急剧升高,火烟流经巷道的气温随之增高,空气体积膨胀,密度减小,于是产生与自然风压相似的火风压。

火风压如同通风网络中的辅助通风机装置,能改变网络中的风压分布。其主要危害是:能导致风路中风量的增加或减少,甚至使风流倒转,使正常的通风系统遭到破坏,扩大事故范围,在瓦斯矿井里还可能引起瓦斯爆炸。火风压不但会增加灭火时的困难,还会造成井下人员的更大伤亡。

（2）火风压的特性

① 高温烟气流经的巷道始末两端标高差越大,产生的火风压值越大。在水平巷道内,标高差很小,产生的火风压极微。只有在烟气流经倾斜或垂直的巷道时,才会出现明显的火风压。

② 火势越大,温度越高,造成烟气流经巷道内空气平均温度的增量越大,产生的火风压也越大。

矿内发生火灾后,火源附近的气温往往超过 1 000 ℃,而烟气即便是在离火源很远的地方也能达到 100 ℃以上,它们流经倾斜或垂直巷道时产生的火风压有可能使通风网络中某些巷道内的风流逆转。

二、灭火方法

井下灭火方法可分为直接灭火、隔绝灭火和联合灭火 3 类。

（一）直接灭火法

直接灭火法就是用水、砂子、岩粉、化学灭火器或其他灭火器具直接扑灭火灾或者直接挖除火源的灭火方法。

1. 用水灭火

用水直接灭火具有操作简便、灭火迅速、消火彻底、经济有效等优点,但也有其局限性。

用水灭火时的注意事项:

（1）保证水量足够。防止水量不足时水在高温作用下分解出的氢气和氧气与一氧化碳相混合形成爆炸性混合气体。

（2）注意喷射方法。灭火人员要站在上风侧,先从火源外围喷水,逐步向火源中心逼近,以免生成大量水蒸气和灼热的煤渣飞溅,伤害灭火人员。

（3）保持正常通风,以便将高温水蒸气和烟气直接导入回风流中。

（4）用水扑灭电气设备火灾时，必须事先切断电源。

（5）不宜用水来扑灭油类火灾。

（6）要有瓦斯检查员在现场随时检测瓦斯含量。

2. 用砂子或岩粉灭火

将砂子或岩粉直接撒布在火源上，或用压气喷枪喷洒在火源上，将燃烧物与空气隔绝，使火熄灭。这适用于扑灭电气设备火灾和油类火灾。砂子或岩粉成本低廉，灭火时操作简单，易于长期存放。所以，在炸药库、材料库和机电硐室等地均应备有防火砂箱或岩粉箱。

3. 用灭火器灭火

（1）用泡沫灭火器灭火。灭火时，将灭火器倒拿在手中，使瓶中的酸性溶液和碱性溶液混合，发生化学反应，形成大量充满二氧化碳的气泡喷射出来，覆盖在燃烧物的表面上，隔绝空气，起到灭火作用。此外，泡沫中的水分能吸热、降温；泡沫中放出的二氧化碳，将冲淡空气中的氧浓度，也有利于灭火。

（2）用干粉灭火器灭火。干粉灭火是以磷酸铵粉末为主药剂，以炉灰为防潮防滞剂，以灭火手雷和喷粉灭火器为工具的一种灭火方法。对初起的矿井各类火灾均有良好的灭火效果。

4. 高倍数空气机械泡沫灭火

高倍数泡沫灭火的作用实质上是扩大了用水灭火的有效性，泡沫覆盖在燃烧物上，隔绝与空气的接触；与火接触泡沫破裂，水分蒸发，吸热降温；水蒸气稀释氧浓度，抑制燃烧；泡沫隔热性好，救护人员可以通过泡沫接近火源，采取积极措施直接扑灭火灾。

图 9-14 所示为抚顺煤研所研制的 BGP-200 型防爆对旋电动发泡装置。发泡时，潜水泵在水桶 6（或矿车）中吸水，同时将泡沫剂从盛剂桶 5 中吸入泵内，在管路 4 中混合，由旋叶式喷嘴 7 喷出，洒在双层棉线网 8 上，开动风机吹动，即生成大量泡沫，借风流推动作用送入火区。

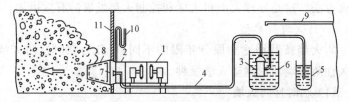

图 9-14　高倍数泡沫灭火装置

1——风机;2——泡沫发射器;3——潜水泵;4——管路;5——盛剂桶;
6——水桶;7——喷嘴;8——棉线网;9——水管;10——水柱计;11——密闭

这种灭火方法灭火速度快、效果好;可以远距离操作,从而保证灭火人员的安全;灭火后恢复火区生产容易。

5. 挖除火源灭火

挖除火源灭火是将已经发热或燃烧的煤炭以及其他可燃物挖掉,并运出井外,是扑灭火灾最可靠的方法。但挖除火源必须注意以下问题:

(1)挖除火源前,应先用大量压力水喷浇,待火源冷却后再挖除掉,并运至井外。如有余火,应用水彻底浇灭。

(2)必须随时检查瓦斯浓度和矿井温度,只有在瓦斯浓度不超过 1%、温度不高时才能挖除。

(3)若需架设临时支护,应将支护材料湿透。

(4)挖除火源的范围应超过发热煤炭 1~2 m。此外,煤体的温度不得超过 40 ℃。

(5)挖除火源后的空间要用不燃性材料充实封闭。

这种灭火方法具有一定的危险性,所以要根据上述条件和注意事项组织好足够的力量,制定严格的安全措施,力求用最短的时间来完成。

(二)隔绝灭火法

隔绝灭火法是在矿井火灾不能用直接法扑灭时,用防火墙将火源或发火区严密封闭起来,切断火区的空气源,使火源缺氧的灭火方法。这是处理大面积火区和控制火势发展的有效措施。

1. 防火墙的类型

防火墙按其用途和服务年限的不同,可分为临时性防火墙、永久性防火墙和耐爆防火墙三种。

(1) 临时性防火墙

临时性防火墙的作用是暂时切断风流,阻止火势发展。要求建造简便、迅速,其结构简单、用料少、需时短,能迅速切断火区的空气源、控制火势发展并为砌筑永久性防火墙创造条件。

(2) 永久性防火墙

永久性防火墙用于长期封闭火区,切断风流。要求坚固、严密、耐压。这类防火墙根据用料不同可分为木段、料石、砖、混凝土等多种形式。

(3) 耐爆防火墙

在瓦斯较大的地区封闭火区时,为防止火区内部发生瓦斯爆炸而摧毁防火墙,要求防火墙应具有耐爆性。耐爆防火墙可用砂(土)袋、砂带或石膏等材料建造。

如图 9-15 所示砂袋耐爆防火墙,首先用砂袋或土袋(土块直径应小于 50 mm)堆砌耐爆体,其长度一般不应小于 4~5 m。然后紧靠砂(土)袋再砌筑永久性防火墙体。有些煤矿用水砂充填代替堆砌砂(土)袋来建造耐爆防火墙,砂带长度一般不应小于 5~10 m。这种方法施工迅速,安全性、气密性都很好。

2. 封闭火区的顺序

封闭火区是一项复杂而危险的工作,尤其是瓦斯矿井,在封闭过程中可能形成瓦斯积聚而导致瓦斯爆炸事故。封闭火区工作过程顺利与否,封闭效果的好坏乃至成败,与封闭火区的顺序有直接关系。首先将对火区影响不大的次要风路的巷道封闭起来,然后封闭火区的主要进风、回风巷道。其封闭顺序有下列 3 种:

(1) 先封闭进风口,后封闭回风口。在没有瓦斯爆炸危险的

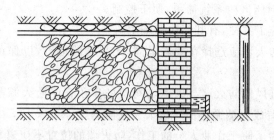

图 9-15　砂袋耐爆防火墙

情况下,可先在火区的进风口迅速构筑临时防火墙,切断风流,控制和减弱火势;然后再在回风口构筑临时防火墙;最后,在临时防火墙的掩护下建造永久性防火墙。

(2)先封闭回风口,后封闭进风口。这种封闭方法,一般在火势不大、温度不高、无瓦斯存在以及烟流不大的情况下实施,在为了迅速截断火源蔓延时采用。

(3)进、回风口同时封闭。在瓦斯矿井中,为防止因封闭火区引起瓦斯爆炸,应采取进、回风口同时封闭的方法。所谓同时封闭,仍是先构筑进风口防火墙,只是在防火墙将要建成时,先不急于封严,留出一定断面的通风孔,待回风口防火墙也即将完工时,约好时间,同时将进、回风口防火墙上的通风孔迅速封堵严密。这种方法封闭时间短,能很快封闭火区,切断供氧,火区内瓦斯浓度也不易达到爆炸界限。

总之,在瓦斯矿井封闭火区时,应考虑火区内气压的变化、瓦斯涌出量、是否会产生风流逆转、封闭空间的容积、火区瓦斯达到爆炸浓度所需的时间等因素,全面慎重选择封闭顺序和防火墙位置。常用的是进、回风口同时封闭的顺序。

3. 封闭火区应注意的问题

(1)防火墙位置选择合理。

① 在保证灭火效果和工作人员安全的条件下,使封闭范围尽

可能小,封闭区内系统简单,便于控制。

②施工方便,有利于快速施工。

③防火墙应选择在围岩坚固、无裂缝的地方,以保证其严密不漏风。

④进风侧防火墙与火源之间切忌存在有连通火源前后的巷道,避免造成火烟循环而导致火灾气体爆炸。

⑤为了便于作业人员的工作,防火墙的位置不应离新鲜风流太远,一般不应超过 10 m,也不应小于 5 m,以便留有复墙位置。

(2)防火墙的数目要尽可能少。防火墙越多,控制范围越大,漏风就越大,不利于灭火。同时,防火墙数目少,可避免人力、物力和财力的浪费。

(3)封闭火区用的材料充足,运送方便,供应及时。

(4)采用进、回风侧同时封闭顺序时,进、回风侧必须按约定时间同时封堵通风孔,施工人员必须及时撤离。

(5)坚持建筑标准,确保建筑质量。防火墙的技术、质量标准各矿务局(矿)有统一规定。

(6)封闭火区时,必须指定专人检查瓦斯、氧气、一氧化碳、煤尘,以及其他有害气体和风向、风量的变化,还必须采取防止瓦斯、煤尘爆炸和人员中毒的安全措施。

(三)综合灭火法

所谓综合防灭火是指在现场灭火过程中,直接灭火无效时采用隔绝灭火,但隔绝封闭火区,达不到灭火的目的,进而采用直接灭火和隔绝灭火综合运用,就叫综合灭火法。

1. 黄泥灌浆防灭火

黄泥灌浆防灭火具有成本低、材料方便、操作简单、防灭火效果好等特点,是在我国防灭火工作中广泛采用的一种方法。黄泥灌浆就是利用地面和井下的高差产生的压力,把事先搅拌好的泥浆注入火区,或用泥浆泵将泥浆注入火区用来灭火的方法。

注浆灭火方法应根据矿井和火区的具体情况而定,一般采用以下三种注浆方法:

(1)地面打钻注浆灭火。适用于矿井深度不大,火源距地面较近,地面有注浆材料,可以从地面打钻把泥浆直接注入火区的情况。

(2)消火道注浆灭火。适用于火源距巷道较远,打钻有困难时,可沿火区一侧或其四周开掘消火道,再向火区打钻注浆。

(3)地面集中注浆站注浆灭火。适用于矿井开采深度较深、范围较大、火源距地表深度大时,采用在地面设固定集中注浆站,建立注浆系统,进行预防性注浆和注浆灭火。

2. 阻化剂防灭火

阻化剂就是能降低或阻止煤的自燃或燃烧的化学物质及其水溶液。将阻化剂在火区周围的煤体中注入后,由于阻化剂的作用能阻止火区的蔓延和降低火区温度,故它具有防火、灭火的双重功能。常用产品有氯化钙、氯化镁、氯化铵的水溶液及水玻璃等。

3. 均压防灭火

所谓均压防灭火就是利用风窗、风机、调气室和连通管等调节压力手段改变矿井通风系统的压能分布,降低漏风压差,减少漏风,切断供氧,从而达到抑制煤炭氧化、惰化火区的目的。由于均压防灭火能切断火区供氧,抑制了煤炭氧化,惰化了火区,因而它具有防火和灭火的双重功能。采用均压通风防灭火必须进行详细的通风阻力测定,掌握各风路的风阻,才能有效进行防灭火。

4. 惰性气体防灭火

所谓惰性气体防灭火就是把不参与燃烧反应的单一或混合的窒息性气体,利用一定的方式送入火区,使火区的含氧量下降到抑燃值以下,从而达到防火、灭火的双重效果。利用惰性气体处理火灾,一般是在火势较大、不能接近火源以及用其他方法直接灭火具有很大的危险,不能取得应有的效果时采用。

惰气灭火方法有以下三种:

(1) 将惰性气体发生器产生的以氮、二氧化碳、水蒸气为主体的湿式惰性气体,压送到封闭的火区内,稀释火区中的氧气浓度,增加封闭火区内的气压,减少新鲜空气的流入,达到防止瓦斯爆炸和加速灭火的目的。

(2) 注二氧化碳灭火。将液态或固态二氧化碳注入封闭的火区内,在火区高温作用下,液态或固态二氧化碳转化为气态,吸热降温,并把氧气的浓度稀释到 12% 以下,达到灭火的目的。

(3) 注氮灭火。将由制氮机制取的气氮或液氮注入火区,降低氧气浓度,冲淡封闭区可燃易爆性气体的浓度,降低火源温度。采用氮气防灭火时,必须遵守《规程》第二百三十八条的规定。

5. 凝胶防灭火

凝胶防灭火就是用基料和促凝剂按一定比例混合配成水溶液后,发生化学反应,破坏煤炭着火的一个或几个条件,以达到防灭火的目的。

(1) 凝胶防灭火的原理

① 吸热降温。凝胶生成过程是一种水解反应,反应过程吸收大量的热能。

② 阻化作用。成胶过程生成的物质本身具有阻化作用。

③ 渗透性好。凝胶剂在成胶前是近似水的溶液,流动较容易,能渗透到散煤中,并将散煤黏结成整体。

④ 堵漏风。由于凝胶剂有很好的渗透性,成胶前注入煤体缝隙中,成胶后,使煤体黏结成一个整体,封闭了煤的孔隙,而本身具有良好的稳定性,使空气不能进入,故可长期隔绝氧气。

⑤ 良好的稳定性。凝胶前注入煤体内凝胶后,由于空气的湿度较高,且不直接暴露于空气中,可长时间保持无变化。

(2) 应用范围

① 采空区灭火。
② 预防巷道高冒煤炭自燃。
③ 压注破碎煤柱封堵漏风。
④ 提高通风设施质量。

第十章 通风机的安装、拆除与永久设施的构建

第一节 局部通风机的安装与拆除

一、局部通风机的安装及使用要求

（1）选用局部通风机的通风方式时，要严格执行《规程》的规定：煤巷、半煤岩巷和有瓦斯涌出的岩巷的掘进通风方式应采用压入式，不得采用抽出式。如果采用混合式，必须制定安全措施。瓦斯喷出区域和煤（岩）与瓦斯（二氧化碳）突出煤层的掘进通风方式必须采用压入式。

（2）局部通风机的安装和使用地点符合《规程》的规定，保证正常运转，不产生循环风。要挂局部通风管理牌板和检查牌板。管理牌板内容包括施工地点，主风机、备用风机型号和额定风量，安装时间，掘进长度，风筒规格、数量及长度，吸入风量，末端风量，测定时间，测定人。检查牌板内容包括安设地点、班次、瓦斯浓度、二氧化碳浓度、检查时间、检查人、安装和使用是否符合规定、运转是否正常。

（3）局部通风机的设备要齐全，吸风口要有风罩和整流器，高压部位要有衬垫。

（4）局部通风机安装前，安装人员要检查防爆性能（如防爆面间隙是否符合规定；防爆盖螺丝是否齐全、拧紧等），机壳是否完

好,有无裂痕。进风口有无安全网罩,无问题时才能安装。

(5) 局部通风机应装在专用台架上或采取吊挂,距巷道底板高度应大于 0.3 m 为宜,以防底板杂物粉尘扬起来,并提高入口流畅的均匀性,减少入口的局部阻力。掘进工作面的风筒吊挂必须符合通风质量要求,责任到人,严格管理。

(6) 局部通风机要指定人员进行管理(瓦检员、爆破工、电工不得兼管),并挂看管人员牌。风机工持证上岗,熟练掌握局部通风机操作程序,不得随意停开风机。风机工必须随身携带局部通风机停开记录手册,现场交接班。启动局部通风机必须执行"三人同在"制度。

(7) 使用局部通风机的掘进工作面不得停风;因检修、停电等原因停风时,必须撤出人员,切断电源。恢复通风前,必须检查瓦斯。只有在局部通风机及其开关附近 10 m 以内风流中的瓦斯浓度都不超过 0.5% 时,方可人工开启局部通风机。

(8) 严禁 3 台以上(含 3 台)局部通风机同时向一个掘进工作面供风。1 台局部通风机不准同时向 2 个作业的掘进工作面供风。风筒末端距工作面距离:煤巷不超过 5 m,岩巷不超过 10 m。

(9) 局部通风机接头后,应做 10 min 以上的试运转,检查其运转是否正常,试运转后,在手把上标明反、正转方向。

(10) 局部通风机必须安消音器,否则不准投入运行。

二、局部通风机的安装与拆除

1. 搬运与安装

(1) 在掘进工作面开掘之前,按作业规程的设计要求,领取符合本掘进工作面所需风量的局部通风机,并对局部通风机进行检查和试运行,合格后方可下井。

(2) 根据安装局部通风机的工作要求,携带好各类工具。

(3) 用矿车或叉车装运局部通风机时,要用铁丝固定好,机身两侧和上部高度不得超出车身规定的长度,应符合运输要求,并要有专人负责跟电机车工、信号工、把钩工联系,运送到接车地点。

(4) 在地面用平板车装运局部通风机时,轮胎要打足气,装上后,要固定好,一人在前面拉,另外有专人在后面推扶,防止滚落。

(5) 人工搬运局部通风机时,要用足够强度的钢丝绳索来抬,要系牢抬稳,并注意路道和来往车辆。通过带式输送机或刮板输送机时要和司机取得联系,停止运行后方可通过。在上下电绞眼时,要执行"走人不走钩,走钩不走人"制度,严禁用滚动方式来搬运。

(6) 装卸车时要互相配合,稳起稳放,防止损坏设备和挤、碰伤装卸人员。

(7) 局部通风机运送到指定位置后进行安装,安装时要做到:

① 按作业规程的要求确定安装位置,顶板、两帮支护完好,没有淋水。

② 局部通风机安装地点距回风口不得小于 10 m,并用铁丝或钢丝绳吊挂,或用道木垫起,离地高度不小于 0.3 m。机体安装要稳固,不能滑落。

③ 局部通风机安装时应将风机、消声器(低噪声风机除外)、过渡节、整流器之间用衬垫和螺丝固定上紧,连成一个整体。它们的顺序是:整流器→消声器→风机→消声器→过渡节→风筒。

(8) 湿式除尘风机安装结束后,应检查风叶与筒壁的间隙,其任何方向间隙小于 2.5 mm 时,不得投入运行。

(9) 安装完后,要认真进行检查,确认局部通风机安装质量符合通风质量标准化标准要求,与施工单位签收交接完后,收拾好工具,方可离开工作地点。

(10) 当一个局部通风地点贯通后形成全负压通风时,可以进行风机的拆除回收工作。

2. 拆除回收工作

(1) 确定风机可以拆除。由技术科下达拆除通知书,本单位做出任务单,进行拆除。

(2) 做好停电计划,到达地点后,先进行停电,然后把风机的接线从开关上甩下来。

(3) 如果是吊挂的,应先把风机放下来,同时把风筒从过渡节上卸下;如果是垫高的,直接就可以拆卸。

(4) 拆卸螺丝,卸下消声器、衬垫以及整流器、过渡节。

(5) 装上矿车,捆扎好,和装运风机时一样回收上井。

(6) 把衬垫、螺丝收拾好,一并回收上井,下次可以再使用。

(7) 清理现场,收拾好工具,符合要求后,方可离开。

3. 使用设备、工具

风机、消声器(低噪声风机除外)、过渡节、整流器、衬垫、螺丝、铁丝或细钢丝绳、扳手、钳子等。

4. 注意事项

(1) 每项工作都要按规定和质量标准进行。

(2) 职工要持有煤矿安全资格证,开电绞车还必须有电绞车司机证,挂钩工必须有挂钩工证等,不得无证开车。

(3) 运送、拆除、回收过程中防止损坏局部通风机的接线盒,防止挤、碰、压瘪风机外壳或使风机叶片变形。防止损坏风机、消声器两端接口使螺丝衬垫上不紧,造成高压部位漏风。

第二节 永久设施的构建

一、普通风门的构筑

(一)工具与材料准备

(1) 工具:锯、斧子、大锤、抹子、铁锹、水桶、米尺、铅笔(或粉笔)、钎子、手镐(或风镐)。

（2）材料：红砖、料石、水泥、黄砂、铁质横梁、木质横梁、木板等材料。

（二）操作顺序及步骤

1. 操作顺序

构筑普通风门应遵照下列顺序进行：

验收材料→清理操作现场（安全检查）→施工→质量检查→清理操作现场→考核验收。

2. 操作步骤

（1）在有水沟的巷道中砌风门墙垛前，必须先砌反水池。

（2）安放门框时应按以下规定进行：

① 先安放下槛，下槛的上平面要稍高于轨面，下槛设好后再安装门框及上槛横梁，要求门框与门槛互成直角，上、下槛应互相平行。

② 根据风压大小调门框倾角，门框应朝顺风方向倾斜一定角度，一般以 85°左右为宜。调门框倾角后，用棍棒、铁丝将门框稳固，如图 10-1 所示。

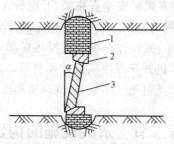

图 10-1　风门倾斜安装

1——门墙；2——门框；3——门扇

（3）按照密闭的施工顺序，进行掏槽、砌墙、砌墙垛，要求两边墙垛施工平行进行，逐渐把门框牢固嵌入墙垛内。

（4）若需要在风门墙垛中通过电缆线路，在砌墙时要预留孔口孔位。

(5) 反向风门要与正向风门同时施工,除门框倾斜角度、开关方向与正向风门相反外,其余要求与正向风门相同。

(6) 风门墙垛砌好后,墙两边均要用细灰砂浆勾缝或满抹平整,做到不漏风。水泥砂浆凝固后,方可挂风门扇。在有轨道的巷道中安设风门时,应设置底坎。

(7) 安装门轴时,应将做好的门轴带螺钉的一端打入在门框上钻取的孔内,并打正装牢。

(8) 安装门扇时,应将门带上的圆孔套入门框的轴上,并使门扇与门框四周接触严密,要求风门不坠、不歪,开关自如。

(9) 风门下部及水沟处应钉挡风帘,确保严密不漏风;管线孔应用黄泥封堵严实。

(10) 安设有自动开关装置的主要通车风门时,应保证其灵敏可靠、开关自如。

(11) 进、回风井之间和主要进、回风巷之间的风门要安设连锁装置。

(三) 注意事项

(1) 使用工具施工时应穿戴好劳动保护用品。

(2) 作业人员应服从安排,注意相互协作。

(3) 严格按照操作规程的要求程序进行操作。

(4) 注意操作地点的顶板、瓦斯、风量、风速的变化情况,确保施工安全。

(5) 完成永久风门构筑操作后,要仔细检查工作地点,不得遗漏物品、工具、配件等。

(四) 单扇木质普通风门的构筑范例

单扇木质普通风门是煤矿中最常见的通风构筑物,其结构如图 10-1 所示,主要由门扇、门框和门墙构成。

(1) 选择安设风门的地点。要选择在一段平直的岩石巷道

（或煤巷）中构筑风门，安设地点前后 5 m 内巷道支架完好，无空帮空顶。由于风门两侧压差大，煤帮裂隙多，漏风严重，还可能导致煤炭自燃，因此尽量避免在煤巷中设置风门。因为斜巷风门容易损坏，管理困难，所以一般不应选在倾斜巷道中设置风门。

（2）准备材料。根据巷道断面及门墙厚度估算两道风门所需的材料，一般门墙多用料石、混凝土块或砖砌筑，根据风门尺寸制作门框和门扇，用松木等强度较大的木料制成。门扇和门框一般在井上做成后运到安设地点，也可在井下制作。

（3）门墙两帮和顶底均要掏槽。

（4）砌筑风门。先将巷道底部掏槽砌平，然后立好门框，立门框时注意两点：一是门扇启开方向是迎向风流方面；二是门轴与门框要向关门方向（顺风方向）倾斜 15°～20°，如图 10-1 所示的 α 角。继续向上砌门墙，料石块间隙和掏槽处间隙用水泥砂浆填满充实，防止漏风。

（5）制作普通风门的门扇和门框。普通风门的门扇和门框主要使用木材和金属制成。

木质风门的门扇是由一层厚度不小于 30 mm 的木板或者由厚为 20～25 mm 的两层木板拼成，两层木板相互交叉放置。不论是单层门扇还是双层门扇，木板之间要错口接缝或槽舌接缝，如图 10-2 所示。门扇用横撑木连接起来[图 10-3(a) 和图 10-3(c)]，或沿整个门扇做框，有时仅上下用方木代替整框[图 10-3(b)]。为了避免门扇歪斜和下垂，在门扇打上一根或两根斜撑，斜撑可用方木条或扁钢。为了减少双层木板风门的透气性，在两层木板之间填塞沥青油纸或粗胶布等密封材料。门扇四周边缘钉上橡胶布皮或粗毛毡，且门扇与门框要斜口或半槽口接合，如图 10-4 所示。

二、永久风门的构建与质量标准

服务时间在半年以上、门墙用不燃性材料建筑的风门称作永

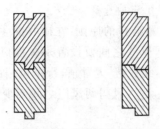

图 10-2　木板拼接方法

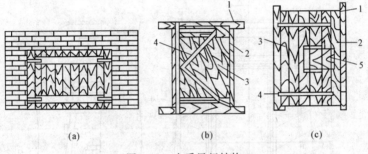

(a)　　　　　　　(b)　　　　　　　(c)

图 10-3　木质风门结构

1——门框；2——门扇框；3——木板；4——门扇横撑或斜撑；5——风窗

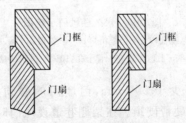

图 10-4　门扇与门框接合方法

久性风门。有防火功能和隔断风流功能的要设铁风门，一般巷道采用木质风门，木质风门易于维修，封堵漏风容易；而铁风门封堵漏风困难，维修则要电气焊，安全性差。

1. 永久性风门位置的选择

永久性风门位置选择的原则：在矿井的主要进、回风井之间及矿井的主要进、回风巷之间要设置永久性风门，风门设置地点要求巷道支护完好，无片帮、无冒顶，行车风门的两风门之间距离不小于一列车长度，行人风门两风门之间不少于 5 m。风门位置应尽量靠近回风侧。

2. 永久性风门门框、门墙的施工要求（图 10-5）

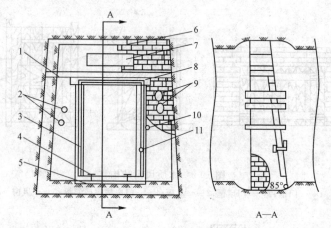

图 10-5　永久性风门示意图

1——横梁；2——电缆孔；3——门框沿口；4——铁道；5——下门槛；6——红砖；
7——调量窗；8——上门槛；9——管子孔；10——风门闭锁孔；11——门轴

门墙厚度不少于 500 mm，门墙四周必须掏槽，掏槽深度500 mm以上，见硬帮硬顶。在架棚巷道设风门时，必须拆除1～2架棚。拆除架棚时，必须先加固前后两组以上支架，再拆除棚腿，严禁空顶作业。棚腿拆除后，应先从上向下将顶帮浮渣及刹杆逐步清除，最后将横梁拆除。横梁拆除后，应按设计要求将帮顶掏槽到设计深度。若帮顶煤岩体有裂隙，首先用水泥与黄泥或白灰与黄泥将裂隙堵严，同时要清净底板所有杂物。在砌碹巷道建永久风门时,要破碴掏槽,砌碹严格按专项安全技术措施施工。

砌筑门墙时,应先设好门框(门框与门扇接触处事先要做好沿口),稳门框时应先稳下门槛。有铁道时,下门槛要做成双凹形。下门槛的上平面要稍高于轨面,下平面要低于轨道底面,凹槽要标准,槽宽要保证行车畅通,下门槛要平直。下门槛设好后再安装门框及上门槛横梁。门框与门槛必须成直角,上下门槛互相平行。门框倾角应根据该地点风压的大小,向顺风方向倾斜85°左右为宜。上门槛用临时支撑与顶板打牢。上下门槛与门框接口两端必须留不少于 $300\sim500$ mm 长的横梁,此横梁必须嵌入门墙内。门框应设在门墙入风侧,与门墙外面保持一致。设完门框之后,从靠门框底部逐层砌筑门墙(砖或料石)。砌筑时,以门框为起点,向两端延伸,靠门框侧门墙必须平直,门墙两侧断面必须整齐。红砖或料石层与层之间、块与块之间的缝隙必须用水泥砂浆填满,不许出现重缝或空缝。门框与巷帮之间,应尽量选择合适的红砖或料石,与巷帮接严接实。如有裂隙,应用水泥砂浆填满压实。当门墙砌到上门槛时,门墙应与上门保持同一水平,保证上门槛牢固地嵌入门墙中。因上门框与门墙相比较窄小,不能托住上部的门墙,因此,还必须在上门槛里侧背与门槛同样规格的横梁(木质或铁质均可),横梁宽度应与门墙里侧墙面保持一致。上门槛及横梁两端要与门墙接实接严,必要时用木楔夯实,保证风门开启过程中不变形或移动。门墙砌筑到距顶板 $2\sim3$ 层时,应从一侧砌起,一直砌至顶板,以便保证门墙与顶板接严接实。

在有水沟的巷道中砌筑风门门墙时,应先砌反水池,然后再砌门墙。反水池入排口之间的高差应根据该处风压大小来确定,但必须保证反水畅通、不漏风。若需要在风门墙中通过管线,在砌墙施工中应事先预留好孔口。一般要求:电缆孔应事先下好套管(套管可以参考以下做法:$\phi50$ mm 套管锯成两半,当穿完电缆后,再将套管合上)。管路可根据巷道所铺设的规格,事先设好(管路两端出门墙不少于 500 mm,两端焊好法兰)。所有管线孔必须用水泥砂浆封堵严密。

门墙为正、反向风门服务时,反向风门门框也要与正向风门门框同时安设,除反向风门门框的倾斜角度及开关方向与正向风门相反外,反向风门的其他施工方法及要求与正向风门相同。

门墙施工完后,墙两边均要用细灰砂浆勾缝或满抹平整,做到严密不漏风。门墙四周的帮顶要抹裙边,裙边宽度不少于 300 mm,并压实打光。水泥砂浆凝固后,方可挂风门扇。

3. 风门门扇的施工

门扇的施工方法很多,但以木质风门门扇为主,也有在木质风门外包铁皮变成铁门扇的。门扇施工可以采用双层木板、中间加衬布,或单层木板错口接触等方法。施工单位可根据实际情况来选择,但总体原则是:永久性风门门扇可以采用单层木板或外边包铁皮方法。

(1) 双层木板中间加衬布门扇的施工要求

双层木板中间加衬布门扇厚度一般为 35 mm,衬布采用柔性风筒、帆布或胶皮等材料,但衬布严禁有孔洞或破口,以便保证门扇严密不漏风,衬布的规格应与门扇规格一致(只能大,不能小)。

加工门扇时,首先在底部铺设好木质门带,门带为上下两条(或三条)相同的方木,且距门扇上、下、左、右均留有一定的间距,并固定好,以防铺钉木板时走样。两条门带要平行、不歪扭。门带设好后,在门带上设下层木板,木板与门带垂直铺设,门扇木板要垂直巷道。木板要一头对齐,木板之间要尽量靠严,并用铁钉将木板钉在门带上(位置要设计好)。下层木板设完后,在下层木板上铺衬布,衬布要平整,无褶曲,必要时用小铁钉将其固定在底木板上(四周处)。在衬布上,再依次铺设上层木板,上层木板要从一侧施工,并与下层木板横边平行对齐铺设,每块木板要用 6~

8个铁钉,牢固地钉在门带上。每钉完一块木板均要拉紧衬布一次。上木板之间的对缝与底木板之间的对缝要错开,严禁重缝。上木板一头要与底木板对齐,所使用的铁钉长度要尽量穿透门带。所有木板钉完后要将门扇翻过来,并将露头部分砸平,或反扣到门带内,并均匀地在门带上、木板上钉钉子,特别是门扇周边处要钉好。保证两层木板接触严密、牢固。钉完后,要按门框规格尺寸锯成标准门扇,并在四周做好沿口,沿口用锯拉或用刨子推均可。沿口应平整,与门框沿口同等角度。

门扇钉完后要安装铁门带,铁门带为2条,规格一致。铁门带的圆筒折页露在门扇外面,以便与门框圆筒式折面或圆形插销接合。铁门带与门扇组合时,应根据门框及门扇规格选择合理位置,用木钻在铁门带预留孔处将双层木板钻透。铁门带安装预留孔间距一般为250~350 mm,孔径以18~22 mm为佳,固定铁门带一般使用螺栓,螺柱长度65~70 mm,螺栓两端要垫不少于2个钢质平垫圈或一个弹性垫圈,用扳手拧牢。如图10-6所示。

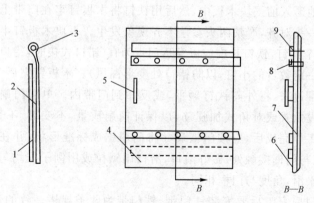

图10-6 双层木板中间加衬布门扇

1——门板;2——铁门带;3——弌门带圆筒折页;4 木质门带;
5——拉手;6——门扇沿口;7——衬布;8——螺栓;9——铁钉

　　如果巷道的断面较大,门扇断面过大,难以开启,门扇很可能发生歪扭或掉角,这时应在门扇四角处设角式加强筋或设置门扇对角线式加强筋,保证门扇平整严密,不漏风,不刮底板(或铁道)。也可以采用门上开小门的办法。

　　(2) 单层木板门扇的施工要求

　　单层木板门扇的厚度一般为 25~30 mm,两木板之间采用错口或销式连接,错口深度不少于 20 mm,销槽深度不少于 10 mm,槽宽比销厚应大 1~2 mm,销长应比槽深短 2~3 mm,并尽量加工成尖头窄、底部宽的形状。但头部与底部宽度相差不超过 3 mm,以保证接触严密。

　　加工门扇时,应先在底部铺设好木板门带,门带分上下两条相同的方木,且距门扇上下左右均留有一定的间距。门带要平行,不歪扭。门带铺设好后,从门带一头开始钉木板,第一块木板应为槽形或错口处外露形,并固定在门带上,并作为标准板。然后按销式及错口槽顺序延接木板,每块延接木板必须用斧子将其严实地砸入前一块木板中,然后用铁钉将木板钉牢在门带上。木板应一头对齐,严禁两头参差不齐现象发生。每块木板钉不少于6~8 个铁钉,铁钉长度应以穿透门带为宜(错口式接时,错口处应补上一定数量的小钉,以防错口处变形漏风)。木板钉完后,要将门扇翻过来,将外露铁钉砸平,或反扣到门带内。单层门扇一般应安设角式或对角式加强筋,以保证门扇质量,不变形、不歪扭。一切工作完成后,应按门框尺寸将门扇锯成标准形状,并在门扇四周(与门框接触处)做好沿口,沿口用锯拉或用刨子推均匀。沿口应平滑,角度与门框相同。

　　门扇完工后要安装铁门带,铁门带为两条规格一致的扁铁。铁门带在门扇两面。铁门带靠门轴的一端应伸出一定的距离。将圆筒折页露在门扇外面,以便与门框卷筒式折页或圆形插销接合。铁门带木门扇组合时,应根据门框及门扇规格选择合理位置,用木钻在铁门带预留孔处,将木板钻透。铁门带安装预留间距一般为 250～350 mm,孔径为 18～20 mm,螺栓直径按钻孔直径选择,长度为 40～50 mm。螺栓两端要垫不少于 2 个钢质垫圈或 1 个弹性垫圈,用扳手拧牢(图 10-7)。

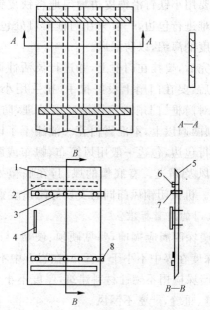

图 10-7　单层木板门扇

1——门板;2——木质门带;3——铁质门带;4——拉手

5——沿口;6——铁钉;7——螺栓;8——门带圆筒折页

（3）铁皮门扇的施工要求

用铁皮包门扇时,一般采用镀锌板或 1～1.5 mm 薄铁板,生产工作中,一般较小的门扇采用此方法(单层木板门扇),较大的门扇很少采用。选用铁皮时,应根据门扇的规格进行合理选用。

以单层木板门扇为例,在制作好的门扇上(在没有木质门带一侧)铺上铁皮,铁皮四周均要超出门扇 40～50 mm,然后用小铁钉沿门扇周边将铁皮钉在门扇上,小铁钉的间距以 15~20 mm 为宜,但小铁钉必须成直线。中间部位可以做些花形图案。门扇门带卷筒或拆页处及门扇四个拐角处,要用专用工具将铁皮剪好,用橡胶手锤或方木均匀地砸折到门扇的另一面,四个拐角处要叠压好。折好后要用小铁钉沿铁皮边均匀地将铁皮钉牢在门扇上。但铁皮门扇很难进行包边,一般只在门框沿口处包边,在包边时,应垫上一定厚度的海绵,以防漏风。

门扇加工完后,要挂在门框上,并进行灵活性调试,门轴要注油。门扇上好后,要在门扇上设好拉手,拉手用小方木或铁制材料均可。然后对门框、门扇进行刷油防腐处理,防腐用黑油漆为最好,油漆要刷两遍以上,不准露白茬。油漆干了以后,要对门框及门扇沿口进行包边,包边一般用风筒布、帆布或胶皮,保证门扇四周严密不漏风及漏光。有底槛的风门,在底槛处要设挡风布,尽量减少漏风。机械闭锁风门同时安设好闭锁装置。

4. 永久风门的质量标准

(1) 风门墙垛四周应掏槽,要见硬顶、硬帮,与煤岩接实。一般来说,掏槽深度在煤中不小于 0.3 m,在岩石中不小于 0.2 m。

(2) 风门墙垛应用不燃性材料建筑,厚度不小于 0.5 m;墙面应平整,无裂缝、重缝,严密不漏风。

(3) 门框要包边沿口,有可缩性衬垫;门扇平整,门扇与门框不得歪扭,四周接触严密。

(4) 木质风门门板采用双层错缝或单层对口结构,厚度不小于 30 mm;铁质风门铁板厚度不小于 2 mm。

(5) 风门对关闭方向应有适当的倾角(注:风门与巷道底面的夹角一般为 80°~85°),使其能依靠门扇的自重自动关闭。

(6) 门框下设门槛,过车巷道门槛处留轨道槽缝;水沟通过风门处要设反水池或挡风帘;电缆、风管、水管孔要堵严。

(7) 风门前后 5 m 内巷道支架完好,无空帮、空顶,无杂物,无积水和淤泥。

（8）自动风门结构要灵活、可靠,门开启时有足够的断面通过矿车,关闭时接缝严密。

（9）风门漏风率不大于 3%。

5. 注意事项

（1）使用工具施工时应穿戴好劳动保护用品。

（2）人员应服从安排,注意班组成员之间的相互协作。

（3）严格按操作规程的要求进行操作。

（4）注意操作地点的顶板、瓦斯、风量、风速的变化情况,确保施工安全。

（5）完成永久风门构筑操作后,要仔细检查工作地点,不得遗漏物品、工具、配件等。

三、永久性密闭的构建与质量标准

永久性密闭根据用途不同可分为:回采工作面回采结束后的密闭;进风与回风巷之间的联络道的密闭;采空区、旧巷的防火墙;火区的防爆墙。

（一）永久性密闭位置的选择

根据密闭的作用不同,密闭的位置选择应考虑以下几条原则:

（1）运输平巷、回风平巷:要选在巷道支护完好,无片帮、无冒顶,保证施工人员安全的位置。如达不到该要求应先选择条件相对较好的地点,进行维护后再从事设置挡风墙的工作。挡风墙距巷口的距离不超过 6 m,以保证扩散通风能带走局部瓦斯,并利于对挡风墙的观测。

（2）运输平巷、回风平巷间的联络巷:要选在巷道支护规整、帮顶完好,无片帮、无冒顶,距入、回风口不超过 6 m 的位置(巷道需维修段较长时,应对该段进行必要供风,也可设一道挡风墙。如果有害气体浓度较大,需要佩戴呼吸自救器和测量仪器作业

时,则该工作应由辅助救护队员或救护队员完成)。密闭前后 5 m
以内巷道支护材料要有防腐性;无积煤、冒顶;四周要掏槽。挡风
墙设在顶板压力大的地方时,要加强支护。

(3)倾角较大的巷道,密闭距下口距离要短,一般不超过
2 m;在上口封闭则较容易。

(4)防火墙的位置应选择在围岩稳定、无断层、无破碎带、巷
道断面小的地点,距巷道交叉口不大于 10 m。

设置密闭应注意的几点事项:

(1)施工地点必须通风良好,瓦斯、二氧化碳等有害气体的浓
度不得超过《规程》的规定,施工现场要吊挂常开式电子式瓦检器
或瓦斯探头,并派专人检查。

(2)施工前必须派专人由外向里逐步检查施工地点前后 6 m
范围内的支护、顶板情况,发现问题需及时处理,先清理顶、帮和
底矸,然后进行架棚,只有施工地点确认无危险后方可施工。

(3)施工前要保证安全出口畅通。拆除挡风墙位置支架时,
必须先加固其前后两组以上支架并清理杂物;若顶板破碎,应先
用托棚或探梁将梁托住,再拆棚腿,不准空顶作业。

(4)支架拆除后,要扫净浮煤、浮石,方可进行四周掏槽,掏槽
必须按照先上后下的原则进行,掏槽要达到规定要求,见硬帮硬
底。在巷道压力大而且帮顶裂缝较大时,应事先用水泥砂浆抹严
实。在砌碹巷道建永久挡风墙时,必须进行砌碹掏槽,砌碹要按
专项安全技术措施施工。

(5)在密闭中,应根据需要安设取气样及测温用的管子,并装
上放水管。

(6)保证墙体建筑质量,特别要保证进风侧墙体的质量。砌
墙时,应先留好封闭门孔,将密闭用水泥或黄泥抹严,方可堵上封
闭门孔。

（二）密闭施工前的准备工作

（1）准备随身携带的小型材料和工具。

（2）准备所需的材料，并通知有关人员将材料装车。装运材料要有专人负责。各种材料装车后均不能超过矿车高度、宽度，装车要整齐，两头要均衡。

（3）材料装车入井前必须与矿井调度室及有关单位联系，运送时应严格遵照运输部门的有关规定。

（4）井下装卸笨重材料时要互相照应，靠巷帮堆放的材料要整齐，不得影响运输、通风、行人。

（三）永久密闭的施工

1. 密闭的施工要求

密闭施工的总体要求是以不漏风为准，并严格按《煤矿安全质量标准化标准》中通风部分标准及设计施工，一般选用砖、料石等不燃性材料。如图 10-8 所示。施工的具体要求如下：

（1）密闭厚度在 0.5 m 以上时，煤巷中四周的掏槽深度要在 0.5 m 以上，要见实帮实顶。岩巷中四周掏槽深度要大于 0.2 m。当煤质较软时四周的掏槽深度不小于 1.0 m。

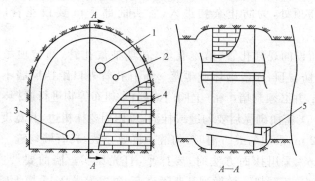

图 10-8　密闭施工示意图

1——措施（抽放）孔；2——观测孔；3——放水孔；4——红砖；5——反水池

（2）砌筑墙体时,竖缝要均匀错开,横缝要保持同一水平,所有缝隙要排列整齐。挡风墙面要平整,砖、料石缝要填满砂浆,墙心逐层用砂浆填实。

（3）有滴水的巷道要设反水池或反水管,并保证水流畅通,不能漏风。反水池或反水管在挡风墙内外入出口的高度,应根据墙内外压差而定,既保证墙内涌出的水不浸泡挡风墙,又保证反水池或反水管不漏风。

（4）有自然发火倾向的煤巷,要在密闭的中上部设观测孔管、措施孔。观测孔管直径在 $25\sim50$ mm,措施孔直径在 $100\sim159$ mm。观测孔管一般设在巷道的中上部,两头在密闭的内外,有利于气体的采样。放水管设在巷道的底部应制成 U 形状,利用水封防止放水管漏风。当密闭内涌水时应用木楔或棉花、帆布或风筒布等遮挡。措施孔可根据现场具体情况来确定。具体控制范围,原则上应同观测孔管一样设置。当密闭的区域瓦斯涌出量较大且有抽放的价值时,在挡风墙中上部应设瓦斯抽放管路,管路上应设置专用阀门,管径可根据抽放瓦斯量及压力来确定。瓦斯抽放管道必须穿过所有密闭设施,密闭内瓦斯抽放管必须放在巷道高顶处,为防止杂物进入,管头前部 1 m 要设花管,前头堵死。

所设的观测孔管、措施孔管、瓦斯抽放孔管,都必须吊挂牢固,严防冒顶、片帮砸坏或砸落。所有孔管外口距挡风墙不少于0.2 m,并必须封堵严密(上阀门或挡板、帆布等物进行遮挡)。

（5）密闭砌完后要勾缝或挂面,墙四周要抹裙边,其宽度不小于 0.2 m,采用勾缝方法时,勾缝宽度要一致,料石墙勾缝一般为40 mm。采用抹面方法时,要抹平,打光压实。墙面要严实、抹平、刷白、不漏风。要做到耳听无声音、眼看无光亮、手摸无感觉。

（6）采用对密闭时,两个密闭之间不宜过长,一般在 0.5 m 以内,两个密闭之间要用湿度不太大的黄土填实,并应随砌随填,层层用木槌捣实。

（7）密闭砌完后，要对密闭前巷道支护进行检查，支护不合格时应重新架棚或补锚杆，帮顶要刹严，保证支护完好，对施工剩余材料要清理干净，并及时设好栅栏、免进牌板、施工说明牌板及挡风墙检查牌板。栅栏要封闭巷道全断面的三分之二。规格可用200 mm×200 mm 的网状栅栏。栅栏所用材料为铁质或木质。

（8）密闭说明牌板内容包括：挡风墙所在巷道名称、密闭性质、密闭内外瓦斯浓度、一氧化碳浓度、二氧化碳浓度、气体温度、密闭内涌水温度、密闭内外空气压差、空气流向和观测人及观测时间等。

2. 永久性密闭的构筑方法

根据所用的材料不同，井下常见永久性密闭有木段密闭、砂袋或土袋密闭、混凝土块或料石密闭、混凝土浇筑密闭、砖密闭、充填式密闭和混合型密闭等。

（1）木段密闭

木段密闭是矿井常用的永久性密闭之一。它用一段段旧坑木和直径为 15～25 cm、长为 0.7～1.5 m 的木段砌成。各个木段顺长堆放（图 10-9），木段间用黏土或水泥砂浆砌筑，砌体用楔子挤紧。

木段密闭的砌筑方法如下：

开始时，开凿沟槽，用水冲刷底板沟槽，并用砂浆充填。然后堆放第一层木段，用砂浆大致铺平，砂浆厚度约为 5～7 cm，并在两木段空隙较大的地方加上用坑木做成的楔子（不是按木段全长加入）。再堆放第二层木段，但是上层木段对下层木段要错开铺放。这样一直铺设到顶板。砌完木段（巷道已封闭）后对密闭加楔。首先，楔子是沿密闭四周边缘打入，然后才在密闭中部打入。加楔时，一直打到楔子不再向前进入为止；楔子的外露部分用弓锯锯断。密闭的木段端面用黏土（水泥浆）涂抹，石灰刷白。

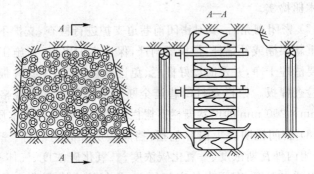

图 10-9 封闭木段密闭

在砌筑密闭的同时,按要求可铺设放水管和取气样管等。

大部分的木段密闭都是封闭式的,但有时也砌筑有门的木段密闭。为此,要预先制作强度高的专用门框;门框安设在一层排好的木段上,大约距离巷道底板的高度为 0.4~0.5 m。门框与其相近的木段之间的缝隙用砂浆和楔子充填。门框断面根据需要确定,如果是为了使戴氧气呼吸器的人员通过,断面可设计为 1.0 m×0.8 m。在砌筑结束后,门和整个密闭要用黏土涂抹和粉刷。有时,为了加强火区的隔绝,要砌筑双层木段密闭(图 10-10)。

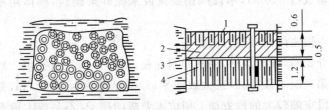

图 10-10　用黏土构建成的双层木段密闭
1——第一排木段;2——捣实的黏土;3——木板密闭墙;4——第二排木段

首先砌筑起双层密闭墙的部分 1,这层密闭墙厚度较小,一般为 0.6 m。然后在距第一排木段后面约 0.5~1.0 m 处(或更远些)设木板密闭墙 3,在 1 和 3 之间形成的空间内用黏土或其他致密的物质充填捣实。在紧靠木板密闭外侧砌筑第二排木段密闭4,要比第一排木段长一些。砌完后用黏土涂抹并粉刷。

（2）充填式密闭

黏土充填、水砂充填或其他致密性材料的充填式密闭是煤矿隔绝灭火时常采用的方式,如图10-11所示,在两排单幅的木板密闭1和2(或其他临时密闭薄墙)之间用湿黏土3充填。为增加密闭的稳定性,紧靠密闭外侧安设一行立柱4。

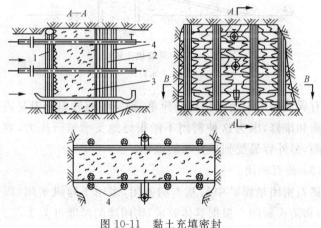

图10-11　黏土充填密封
1,2,4——立柱；3——湿黏土

充填式密闭的构筑方法是:首先选择一段支护完好、裂缝较少的巷道开凿沟槽。沟槽的长度根据密闭的厚度来定。在沟槽的内侧打一行立柱1,钉上木板形成第一道板闭(砌筑方法与木制临时密闭相同)。在沟槽的外侧打一行立柱2,在钉木板的同时要用黏土充填两道密闭的空间,并将黏土捣实。当两道密闭空间全部用黏土充满捣实后将第二道板封闭严。最后把密闭整个表面涂抹砂浆,并用石灰刷白。

如果填土密闭不得不在具有深裂隙的巷道里砌筑时,除了按上述方法砌筑填土密闭外,还应在密闭外侧沿巷道两帮设置翼墙(图10-12)。为此在巷道里安设一行立柱1;在立柱后面安设木板2;在巷道两帮和木板之间的空间里,填塞黏土3,并用力捣实。

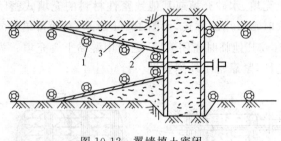

图 10-12　翼墙填土密闭

1——立柱;2——木板;3——黏土

　　有翼墙的填土密闭结构较简单,砌筑时间较短。但是需要定期观测和维修,因为这种密闭不能很好地支承岩石压力,容易出现裂隙,另外容易受到矿井水的破坏。

　　(3)砖石密闭

　　砖石密闭是煤矿中最基本的密闭,多用于通风密闭(隔绝瓦斯区)和防火密闭。根据具体要求,密闭墙的厚度可为 1.5、2、2.5 和 3 砖长边宽(砖石密闭厚度应以一块砖的长边倍数计算,砖石的长边算做是整砖,而砖石的短边作为半砖)。

　　当砌筑砖石密闭时,通常采用链式砌法。相邻的两行砖,必须按着规则错缝,这样才能得到坚固的砖石砌体。起隔绝作用的砖石密闭,通常使用比例为 1∶3 和 1∶4 的水泥浆填缝。

　　(4)砌筑砂袋或土袋密闭

　　砂袋(或土袋)密闭用充满砂(或黏土及其他惰性的松散材料、塑性材料)的袋砌筑而成(图10-13)。这种密闭砌筑时间快,常在隔绝灭火时采用,如果堆放一定厚度,则能起到耐爆和缓冲瓦斯爆炸冲击作用。因此它常作为防爆密闭的一部分。它的最大缺点是气密性差;此外,袋子燃烧或损坏,砂子会倾出引起密闭塌落,稳定性较差。

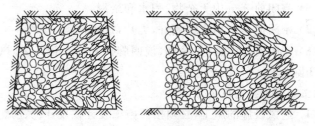

图 10-13　砂袋密闭

砂袋密闭的堆砌方法是:

① 装袋,把袋充满 3/4 体积的砂或黏土,不能装满,然后用细绳缝口或系口。袋子不装满的原因是使砂袋具有必需的柔性,这样不论在底板上,还是在巷道两帮都能把不平坦地方紧密地填满。

② 堆砌,按下列程序进行:第一层袋的长面沿着巷道方向堆砌,袋间的空隙用砂充填;第二层袋的长面垂直于巷道方向堆砌,以上各层交错堆砌。为了使密闭漏风少,在靠近巷道顶板的两层砂袋里,应装入袋容量的 1/2 或 1/3 的砂子,这样才能紧紧地靠着巷道顶板把砂袋堆砌起来。

(四) 密闭的建筑质量要求

(1) 用不燃性材料建筑,严密不漏风,墙体厚度不小于0.5 m。

(2) 密闭周边要掏槽(砌碹巷道要破碹后掏槽,掏槽深度符合有关规定的要求),见硬底硬帮且与煤岩接实,并抹有不少于0.1 m 的裙边。

(3) 密闭墙面平整(1 m 内凸凹不大于 10 mm,料石勾缝除外),无裂缝(雷管脚线不能插入)、重缝和空缝。

(4) 密闭内有水的要设反水池或放水管;有自然发火煤层的

采空区,风墙要设观测孔、注浆孔,孔口封堵严实。

(5)密闭前无瓦斯积聚。

(6)密闭前 5 m 内无杂物、积水和淤泥。

(7)密闭前 5 m 内支架完好,无片帮、冒顶。

(8)密闭前要设栅栏、警标、说明牌板和检查箱(入排风之间的密闭除外)。

(五)施工安全规定

(1)通风设施的施工,必须按照施工设计在设计位置施工,设计要符合有关规定;不得随意改变安装位置和种类。

(2)必须使用设计规定的材料,不得随意更改。

(3)密闭外的钢轨、电缆、管路必须断开,不得与密闭内的连通。

(4)在架线巷道中进行工作时,必须先和有关单位联系,在停电、挂好"有人工作,不准送电"的停电牌、设好临时接地线及保护好架线后才能施工。

(5)施工人员随身携带的小型材料和工具要拿稳,利刃工具要装入护套内,材料应捆扎牢固,要防止触碰架空线等其他物品。

(6)在运输巷道中施工风门时,要设专人指挥来往车辆,做到安全施工。

(7)每个风门前后 5 m 内的支护要保证完好,并应清理剩余材料,保持清洁、通畅。

(8)每个密闭前 5 m 内的支护要保证完好,按规定要求打好栅栏。

(9)行车风门间距不少于一列车长度,行人风门间距要大于 5 m。

(10)风门必须能够自动关闭;两道风门之间要安装连锁装置,保证不能同时打开。

(11)在刮板输送机道、运输机道运料时,要注意安全。不准用刮板输送机及带式输送机运送材料。

（12）密闭、门、风桥等通风设施的位置应选择在顶帮坚硬、未遭破坏的煤岩巷道内,尽量避免设在动压区。

（13）在有电缆线、管路处施工时,要妥善保护电缆、管路,防止碰坏。需移动高压电缆时,要事先与机电部门取得联系。

（14）掏槽只能用大锤、钎子、手镐、风镐施工,不准采用爆破方法。

（15）在立眼或急倾斜巷道中施工时,必须佩戴保险带,并制定安全措施。

（16）砌墙高度超过 2 m 时,要搭脚手架,保证安全牢固。

四、斜巷中风门的构筑及要求

一般情况下,不应在倾斜运输巷道设置风门。如因特殊情况必须在倾斜运输巷道设置风门的,要有防止撞坏风门的安全技术措施,且必须同时满足以下两个条件:

（1）必须设置人工操作的自动风门,且必须有操作人员躲避的硐室。

（2）必须安装声光语音警示装置。

斜巷中风门的构筑方法与质量标准与平巷中的风门相同。

五、反向风门的设置

一般来说,矿井有两种反向风门,即反风反向风门和防突反向风门。

1. 反风反向风门

反风反向风门的安设方法有两种:一种是在正向风门的同一门框上安装一个反向门扇或紧贴正向风门单独安设一个门框和门扇;另一种是在某些自动风门的门框上无法安装反向门扇的情况下,在此巷道中另选一点专门砌筑一道反向风门,砌筑方法与普通风门相同。

2. 防突反向风门

防突反向风门的构筑与普通风门大致相同,但要遵守下列规定:

(1) 反向风门必须坚固,并设两道。

(2) 风门墙垛可用砖或混凝土砌筑,嵌入巷道周边岩石的深度可根据岩石性质确定,但不能小于 0.2 m,墙垛厚度不得小于 0.8 m。

(3) 风门框和门扇可采用坚实的木质结构,门框厚度不得小于 100 mm,门扇厚度不得小于 50 mm,风门上要安装门栓。

(4) 两道风门的间距不得小于 4 m。

(5) 对通过门垛的风筒必须设隔挡装置。

(6) 防突反向风门距工作面的距离和反向风门组数,应根据掘进工作面通风系统和预计突出强度而定。

第四部分　高级工专业
知识和技能要求

第十一章 自动风门

自动风门是借助各种动力实现开启与关闭的一种风门。目前国内的自动风门常采用的动力驱动系统有 3 种方式,即液压驱动、电力驱动和压气驱动。

第一节 (液压驱动)矿用风门

一、使用场合

ZMK-127 风门自动控制系统使用于单扇或双扇、行人、行车或人车共用风门等设施处,全自动控制,可控制两道或三道风门,在有甲烷、煤尘爆炸性混合物,但无破坏绝缘的腐蚀性气体场合使用。

二、工作原理

风门自动控制装置采用红外线开关传感器作为检测器,在风门的两端分别形成一条不可见的监视线,当 A 门有人或车辆经过时,红外线检测发出触发信号,液压泵站电动机通电,A 门的液压缸工作,打开 A 风门,同时 B 门的液压缸闭锁上 B 门。风门上装有位置传感器,检测风门的闭、合状态。在开门时位置传感器为语音箱提供触发信号,语音箱开始语音提示,当 A 风门打开时,A 门的声光语音箱提示语音为"风门打开,请注意安全";B 门同时语音提示"前方风门打开,请您稍候"。待最后一个行人或车辆通过红外开关传感器后,经过适当延时(0～10 s 可以根据需要设定），A 门的液压缸关闭风门，风门报警语音和红灯关闭。绿灯常亮。

另外还设置了两个解除闭锁开关，在紧急情况下，当有人按下解除闭锁的磁控开关或主机开关时，主机断电，全系统停止工作，靠人力可以推开风门。这个功能主要是为了特殊情况下两道风门需要同时打开时使用。按下解除闭锁按钮后，要恢复自动控制必须先按下主机按钮关闭主机，然后再按主机按钮重新开机（注：重新开机时，要确认风门处于关闭状态时才能开机）。

图 11-1 风门巷道布置示意图

三、ZMK-127 电控装置

（一）组成

ZMK-127 风门控制用电控装置由控制装置主机、本质安全型红外线传感器、矿用本质安全型风门开闭状态传感器、矿用隔爆兼本安型语音报警及矿用隔爆电磁阀组成。

该主机为红外线传感器、风门开闭状态传感器提供本安电源，为外部声光语音箱提供无源点控制信号。

（二）技术参数

1. 矿用隔爆兼本安型风门电控装置用控制器

额定工作电压：AC 127 V；

允许电压波动范围:10%~-25%;

额定功率:15 W;

最高直流工作电压:DC 12 V。

2. 矿用本安型语音声光报警箱(KXB108-12)

最高工作电压:DC 12 V;

额定电流:500 mA。

3. 液压泵站防爆电动机

电压:127 V(660 V);

功率:1.5 kW;

液压缸工作推力:大于 400 kg(可根据需要设计制作)。

4. 红外开关传感器(KGH6)

额定工作电压:DC 12~24 V;

工作电流:35 mA;

有效工作距离:≤8 m。

5. 矿用本安型位置传感器(CGHC)

输入电压:DC 12 V;

触点的额定负载容量:0.1~1.2 A;

传感器与磁铁有效感应距离 0~40 mm。

(三)ZMK-127 风门控制系统功能特点

1. 控制功能

具有电气闭锁控制风门开启、关闭功能,配置有停电开门功能,便于在停电情况下,车辆及人员可以顺利通过,具有电动、手动控制功能。

2. 检测功能

采用高灵敏度、性能可靠、抗干扰性强的传感器检测车辆、人员通过信息。保证车辆、人员顺利通过风门,并可靠关闭。

3. 报警指示

每道门外均配有声光报警箱,在行人、车辆通过一侧风门时,另外一侧风门外的声光报警箱发出红灯、语音报警,警示来往人员注意安全。

4. 防夹伤功能

为了防止夹伤过往人员或车辆,装置有防夹功能,关门过程中如果突然检测到近门区域有人、车信号就会立即停止关门反向开门到打开位置停止。

第二节　(电力驱动)矿用风门

一、概述

ZJQS-127K 矿用风门自动装置是由西安航科电子有限责任公司生产的。井下风门及自动控制系统,适用于煤矿井下风门控制,行人和矿车通过时由该控制系统实现风门的安全启闭。

该装置具有风门自动启闭、遥控、电气闭锁等功能,井下风门实现了自动化控制,解决了行人、行车、人工启闭等问题,有效地防止了风门伤人事故的发生。由于风门启、闭时间可调、速度可调,有效地防止了风门的破损,减轻了工人的劳动强度,提高了生产率,降低了生产成本,确保了矿山的安全生产。

适应于有爆炸性气体的井下环境;环境温度:$-20\sim+40$ ℃;相对湿度:不大于 96%(25 ℃);无严重淋水的场合。

二、控制部分的组成

(1) ZJQS-127K 矿用隔爆兼本质安全型控制器。

(2) GUH5 矿用本质安全型位置传感器。

(3) 矿用本质安全型声光报警器。

(4) 矿用本质安全型遥控器。

(5) ZJC-12Z 矿用本安型伺服机构。

三、结构特征与工作原理

（一）结构特征

（1）机械部分由防爆电机、液压缸、位置传感器底座等组成，电液推杆的一端固定在风门上，另一端固定在巷壁上。

（2）电机部分由控制器、声光报警器、位置传感器等组成，通过接线端子和接线盒与外围设备连接。控制器位于 A 门（或 B 门处），声光报警器分别悬挂在 A 门和 B 门上方，位置传感器分别安装在 A 门和 B 门适当位置。

（二）功能

（1）行人通过风门时，可用手动开关或用矿灯操作使风门自动启闭。

（2）行车通过风门时，司机遥控（0～50 m）或用矿灯控制风门启、闭，行车畅通无阻。

（3）风门之间有电气闭锁，其中一侧开启，另一侧不能动作，并有对面风门开启的指示信号。

（4）风门启、闭时间可调。

（三）工作原理

1. 控制器的工作原理

控制器将接收到的遥控器、传感器及手动按钮的信号处理后，通过防爆电液推杆活塞杆的伸缩来控制风门的启、闭。在两道风门（A、B）两侧装设按钮和光敏传感器 1A（1a）、2A（2a）、1B（1b）、2B（2b），行人、行车到达 A 门时，按动按钮 1A（或 2A）或操作遥控器 A 键或用矿灯操作，其信号经控制器处理后输出，开启风门 A；行人通过后，须按动按钮 2A（或 1A）或操作遥控器 A 键或用矿灯操作，关闭风门 A。行人、行车通过 B 门原理同 A 门。

A 门、B 门各装设位置传感器，其启闭信号经控制器处理，保障 A 门、B 门不可同时开启，从而对两道风门在电气上闭锁。

2. 电液推杆的工作原理

（1）工作原理：电液推杆以电动机为动力源，通过电动机正向旋转，使液压油通过双向齿轮泵输出压力油，经油路集成块送至工作油缸，实现活塞杆的往复运动。

（2）过载自动保护功能：电液推杆工作时，如活塞杆受外力超过额定的输出力或活塞已到其终点，电机仍在转动，这时油路中油压增高到调定的压力，溢流阀迅速而准确地溢流，实现过载自动保护。电机虽在转动，但不会烧毁。

（3）自锁功能：电液推杆的油路集成块中设计了压力自锁机构，电机停止转动，活塞杆立即停留在一定位置，压力油处于保压状态。

与同类产品比较，电液推杆有如下优点：

（1）具有可靠的过载自动保护性能，即使超负荷或运动至疑点时，电机照常正常运转，却不会烧毁或损坏其他机件。

（2）电液推杆可以带负荷启动。

（3）同一台电液推杆在其额定的推、拉力范围内，其推拉力可无级调节，所以驱动力范围广，而电动推杆和气缸则无法办到。

（4）在推力和速度相同的情况下，电液推杆消耗的电能是电动推杆和电动执行机构的一半。

（5）电液推杆采用全液压传动，动作灵敏，运行平稳，能有效地减缓外来的冲击力，行程控制准确，汽缸、电动推杆和电动执行机构则不能做到。

（6）电液推杆采用机、电、液一体化全封闭结构，工作油路循环于无压的封闭缸筒内，体积小，不漏油，便于安装维修。在恶劣的环境下不吸尘、不进水，内部不锈蚀，使用寿命比气缸、电动推杆、电动执行机构长久。

四、技术特性

控制输入电压：AC 127 V±10%；

工作输入电压:AC 127 V/380 V/660 V±10%;

输出控制电压±10%:AC 127 V/380 V/660 V;

工作电流:0.5 A±10%;

风门启闭时间:5～30 s;

最大牵引力:500 kg。

第三节 (压气驱动)矿用风门

一、概述

MYQ系列风门是由大同煤矿集团衡安装备有限公司生产的全伺服自动安全联锁风门,属于新型风门,用于煤矿井下巷道阻隔通风风流,且保证行人及运输正常通行,具有以下特点:

(1)采用钢结构制作,内部填充阻燃聚氨酯发泡材料,外覆聚脲材料或阻燃纤维增强塑料,具有足够的强度和良好的阻燃防腐性能。

(2)采用压缩空气为动力,能够实现自动控制,有效地减轻了劳动强度。

(3)两道风门自动闭锁,能够防止通风系统短路运行。

(4)采用组装式结构,可以重复使用。

(5)专业化生产,保证了产品的标准化和外观效果的提升。

二、性能及用途

(1)本系列风门执行 Q/140200TML001—2006《全伺服自动安全联锁风门》标准。

(2)本系列风门以压缩空气为动力,手动操作控制阀,实现风门的整体自动控制及阻车器的联动控制。

(3)当井下现场无压缩空气时,需配备满足系统工作需要的空气压缩机,以提供动力。

(4) 两道风门互相闭锁,同一时间内只能够开启一道,并且关门优先,防止风流短路。

(5) 若远方风门未关,可就近按下复位按钮,将其关闭。

(6) 全套设备由两道风门及其控制系统、四台阻车器、两只导绳轮以及声光传感系统组成,符合《规程》规定,可满足不同种类通风系统阻隔通风风流,且保证行人和运输的正常通行。

(7) 关门时两扇门之间防挤人距离为 0.4~0.6 m。

(8) 与风门开关同步自动起落的阻车器,在风门关闭状态下,阻止矿车前行,具有防撞门功能,为自动安全联锁风门的配套设施。

(9) 导绳轮可以控制和疏导钢丝绳在局部范围内沿导轨中心运行,为自动联锁风门的配套设施。

(10) 声光警示系统可自动监测风门开闭状态,以声光形式发出警示。

三、井下安装布置及结构

风门在井下巷道的布置及其结构如图 11-2 和图 11-3 所示。

四、操作使用

(1) 开启或关闭风门,只需手动改变控制阀钮的当前状态,即将阀钮推进或拉出。

(2) 开启一道门,按系统要求必须先关闭另一道门。

(3) 若远方风门未关,可就近按下复位按钮,将其关闭。

(4) 阻车器由风门控制阀联动控制,随风门关闭或打开,同步抬起或落下。

(5) 若特殊情况确需两门同时打开,须先切断气源,然后手动拉开两道门。

图 11-2 风门巷道布置示意图

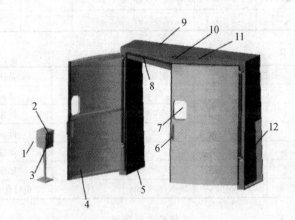

图 11-3 风门结构图

1——控制箱;2——控制阀;3——复位阀;4——门扇;
5——门柱;6——拉手;7——观察窗;8——顶箱;9——方盖板;
10——卸压孔;11——三角盖板;12——铰链

五、主要技术特征(见表 11-1～表 11-3)

表 11-1 风门主要技术指标

序号	型 号	规格/m		净重/kg	气动系统工作压力/MPa	工作压力 0.8 MPa 时风门受力/Pa
		通径宽×高	外形尺寸			
1	MYQ2525	2.5×2.5	2.82×2.72	970		2 200
2	MYQ2020	2.0×2.0	2.32×2.22	700		2 500
3	MYQ2523	2.5×2.3	2.82×2.52	930		2 200
4	MYQ2220	2.2×2.0	2.52×2.22	800		4 100
5	MYQ1818	1.8×1.8	2.12×2.02	600	0.4～0.8	2 200
6	MYQ2623	2.6×2.3	2.92×2.52	1 000		6 060
7	MYQ2225	2.2×2.5	2.52×2.72	950		4 100
8	MYQ1016	1.0×1.7	1.06×1.76	270		1 154
9	MYQ1717	1.7×1.7	2.02×2.02	540		1 962

表 11-2 阻车器主要指标

序号	型号	规格	质量/kg	备注
1	ZNQ624	24 K/600 mm	143	低位
2	ZNQ630	30 K/600 mm	143	低位
3	ZNQ924	24 K/900 mm	155	低位
4	ZNQ930	30 K/900 mm	155	低位
5	ZCS624	24 K/600 mm	166	低位
6	ZCSM624	24 K/600 mm	172	免打孔低位

表 11-3 导绳轮主要指标

序号	型号	规格	质量/kg	备注
1	DSL50	H50	52	轨距 600 mm
2	DSL150	H150	54	轨距 600 mm
3	DSL150	H150	62	轨距 900 mm

六、产品型号命名

1. 风门产品型号示例

MY——承压风门。

Q——气动。

B——改进序号。

2523——规格,通径 2.5 m×2.3 m。

2. 阻车器产品型号示例

ZCS——手动阻车器。

ZNQ——气动阻车器,气缸内置式。

624——规格,轨距 600 mm,轨重 24 kg。

七、风门的安装

(1) 顶箱与左右门柱组装。用 6 条 M12 六角螺栓,平垫、弹垫插入顶箱两边与左右门柱连接孔处,找平直外轮廓后紧固螺母。组装完成的门体后背朝下,平躺于巷道地面。

(2) 将组合完毕的门柱体竖起,置于预定位置,令门体向后倾斜 3°～5°,按风门通径确定高度,找平顶箱,左右门柱保持垂直平行,通径对角线相等。

(3) 门柱底部、两侧应用砖混结构砌筑或筑结构现浇。

(4) 左右门扇上转轴插入顶箱两边 $\phi 30$ mm 轴孔,轴下端与铰链座找正,旋拧带有 $\phi 20$ mm 钢球与 M30×130 mm 的顶丝螺栓,将门扇的高度调节至合适位置,锁紧顶丝螺栓的背母。将防挤人装置销轴与装在顶箱上的气缸前接头连接,装好门把手(现一般为暗拉手)。

(5) 连接气源,接通气路,按功能调试风门动作。

(6) 在顶箱上部装设横梁(顶箱为非承重物件),以轻体材料将顶箱上部空间密闭。

(7) 轨道阻车器安装。在导轨上选定位置,各钻 2 个 $\phi 22$ mm

通孔(中心距 92 mm);将驱动盘组件(含气缸)与侧连板定位座,以四条 M20 螺栓在导轨两边紧固;在顶位座上安装阻车器体,安装长铰接座、连杆,在道下接至短铰接座;接通气路,与风门联动,统一调试。

(8) 导绳轮选定安装位置,用道压板分别在道轨两边固定。

(9) 硬化地面并固定控制箱。

(10) 汽车阻车器安装见汽车阻车器使用说明。

第四节　其他自动风门简介

近年来,自动风门技术发展迅速,各类新产品不断在煤矿井下得到应用。下面简单介绍其他新型风门。

一、均压风门

如淮南矿区推广应用的一种适应高压力区域的均压风门。

1. 结构

该均压风门的门体主要由门框、门扇、平衡机构及其配重等部分构成。门框、门扇均采用钢制焊接结构。门扇为双扇结构,风门开启形式为异向同步开闭,它改变了长期以来老式传统风门的结构形式,巧妙地把作用在风门上的风压通过平衡机构将其转化为一种内力,将其平衡掉。

2. 工作原理

均压风门工作原理如图 11-4 所示。

3. 主要特点

(1) 开启力小,开启力与巷道内风压的大小和方向无关,手动开启力仅需 150 N 左右;双向隔风,不需再设反向风门。

(2) 通过调节配重,人车过后,风门能自动关闭。

(3) 双向密闭,漏风量小。

(4) 关闭平稳,安全可靠,不会发生挤伤过往人员的事故。

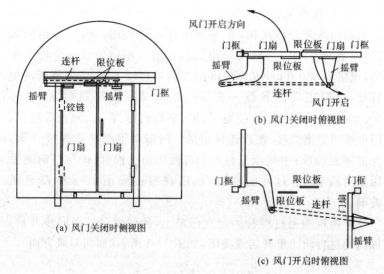

图 11-4 均压风门工作原理图

（5）风门防腐、防潮、阻燃、强度大、不变形。

（6）两道风门之间可实现闭锁。

（7）系统简单,易维修。

二、双向无压风门

1. 工作原理

双向无压风门采用压力平衡原理,每道风门为双扇钢制门框异向同步开闭,运用连杆平衡机构把作用在风门上的压力通过连杆平衡机构转化为一种内力并得到平衡,保证了风门打开时省力、方便灵活。由于压力平衡式风门为异向开闭,因此无论风流方向如何,两扇门均同时受到风流的推力和风流的压力,而且大小相等。另外在门框横梁上的风门开启方向的异侧焊接挡板,确保风流反向时风门不被吹开。同时通过配重块产生的牵引力实现风门自动关闭。

2. 门体结构

该门体为分体结构,在井下组合安装使用。风门为钢制风门,双扇对开,共二道,每一道风门中的一扇门留设一个行人小门,规格为 680 mm×1 680 mm,小门可自动关闭,带锁并能两面打开,小门正反面各设一把手。小门设一圆形观察窗(直径300 mm)。门体主要由门扇、门框、平衡机构、合页、配重等组成;门框采用型钢焊接、螺栓连接组成。门扇由钢型材质焊接骨架,外铺钢板构成;中间填充材料为硅酸铝防火棉;门框与门扇间采用密封胶垫,密封性能良好;风门观察窗采用 10 mm 厚有机玻璃。

平衡机构通过螺栓固定在门扇上,使两扇门异向同步开启,风门通过自动比重开启或关闭,如图 11-5 所示(面向迎风方向)。

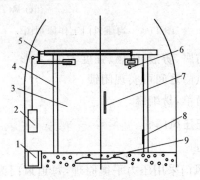

图 11-5　门体结构

1——水沟;2——平衡机构;3——风门;4——门框;5——连杆机构;
6——闭锁机构;7——拉手;8——门轴;9——轨道

3. 主要特点

(1) 开启力小,开启力与风压大小及方向无关;

(2) 双向隔风,无需再设反向风门;

(3) 双面密封,漏风量小;

（4）系统简单,安全可靠;

（5）防腐、防潮、阻燃、强度大。

三、撞杆式自动无压风门

1. 工作原理

ZFCM 型撞杆式自动无压风门是通过电机车或矿车将风门自动打开,通过后自动关闭的一种风门形式,是其他安全式自动风门有利的补充,主要用于矿山井下进回风巷和主要进回风巷之间每个联络巷中。

2. 主要特点

除具有普通无压风门的特点外,还具有以下特点:

（1）当机车或矿车通过时,通过机车或矿车的侧边对风门撞杆的挤撞作用可将风门打开,不需人工操作,安全实用。

（2）当机车或矿车失控时,通过机车或矿车的侧边对风门撞杆的挤撞作用将风门打开,能有效保护风门设施。

（3）系统结构简单,维护方便。

第十二章　通风网络及通风系统图的绘制

第一节　通风网络

矿井空气在井巷中流动时,风流分岔、汇合线路的结构形式,称为通风网路。用直观的几何图形来表示通风网路就得到通风网路图。通风网路中各风路的风量是按各自风阻的大小自然分配的。

一、通风网路的基本术语和概念

1. 分支

分支是指表示一段通风井巷的有向线段,线段的方向代表井巷风流的方向。每条分支可有一个编号,称为分支号。如图 12-1 中的每一条线段就代表一条分支。用井巷的通风参数如风阻、风量和风压等,可对分支赋权。不表示实际井巷的分支,如图 12-1 中的连接进、回风井口的地面大气分支 8,可用虚线表示。

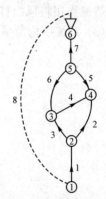

图 12-1　通风网路图

2. 节点

节点是指 2 条或 2 条以上分支的交点。每个节点有唯一的编号,称为节点号。在网路图中用圆圈加节点号表示节点,如图 12-1 中的①～⑥均为节点。

3. 回路

由 2 条或 2 条以上分支首尾相连形成的闭合线路,称为回路。单一一个回路(其中没有分支),又称网孔。如图 12-1 中,1→2→5→7→8、2→5→6→3 和 4→5→6 等都是回路,其中 4→5→6 是网孔,而 2→5→6→3 不是网孔,因为其回路中有分支 4。

4. 树

由包含通风网路图的全部节点且任意两节点间至少有一条通路和不形成回路的部分分支构成的一类特殊图,称为树;由网路图余下的分支构成的图,称为余树。如图 12-2 所示各图中的实线图和虚线图就分别表示图 12-1 的树和余树。可见,由同一个网路图生成的树各不相同。组成树的分支称为树枝,组成余树的分支称为余树枝。一个节点数为 m,分支数为 n 的通风网路的余树枝数为 $n-m+1$。

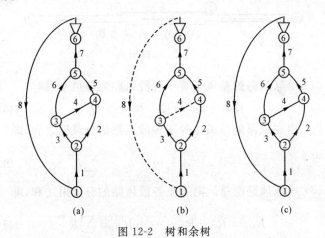

图 12-2　树和余树

5. 独立回路

由通风网路图的一棵树及其余树中的一条余树枝形成的回路,称为独立回路。如图 12-2(a)中的树与余树枝 5、2、3 可组成的三个独立回路分别是：5—6—4、2—4—6—7—8—1 和 3—6—7—8—1。由 $n-m+1$ 条余树枝可形成 $n-m+1$ 个独立回路。

二、通风网络及其性质

通风网路可分为简单通风网路和复杂通风网路两种。仅由串联和并联组成的网路，称为简单通风网路。含有角联分支，通常是包含多条角联分支的网路，称为复杂通风网路。

通风网路中各分支的基本连接形式有串联、并联和角联三种，不同的连接形式具有不同的通风特性和安全效果。

（一）串联通风及其特性

两条或两条以上风路彼此首尾相连在一起，中间没有风流分合点时的通风，称为串联通风，如图 12-3 所示。串联通风也称为"一条龙"通风，其特性如下：

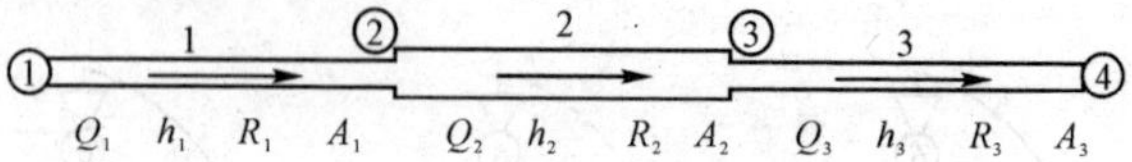

图 12-3　串联风路

（1）串联风路的总风量等于各段风路的分风量，即

$$Q_{串} = Q_1 = Q_2 = \cdots = Q_n \tag{12-1}$$

（2）串联风路的总风压等于各段风路的分风压之和，即

$$h_{串} = h_1 + h_2 + \cdots + h_n = \sum_{i=1}^{n} h_i \tag{12-2}$$

（3）串联风路的总风阻等于各段风路的分风阻之和，即

$$R_{串} = R_1 + R_2 + \cdots + R_n = \sum_{i=1}^{n} R_i \tag{12-3}$$

（4）串联风路的总等积孔平方的倒数等于各段风路等积孔平方的倒数之和。

$$\frac{1}{A_{串}^2} = \frac{1}{A_1^2} + \frac{1}{A_2^2} + \cdots + \frac{1}{A_n^2} \tag{12-4}$$

或
$$A_{串} = \cfrac{1}{\sqrt{\cfrac{1}{A_1^2} + \cfrac{1}{A_2^2} + \cdots + \cfrac{1}{A_n^2}}} \qquad (12\text{-}5)$$

（二）并联通风及其特性

两条或两条以上的分支在某一节点分开后，又在另一节点汇合，其间无交叉分支时的通风，称为并联通风，如图 12-4 所示。并联网路的特性如下：

（1）并联网路的总风量等于并联各分支风量之和，即

$$Q_{并} = Q_1 + Q_2 + \cdots + Q_n = \sum_{i=1}^{n} Q_i \qquad (12\text{-}6)$$

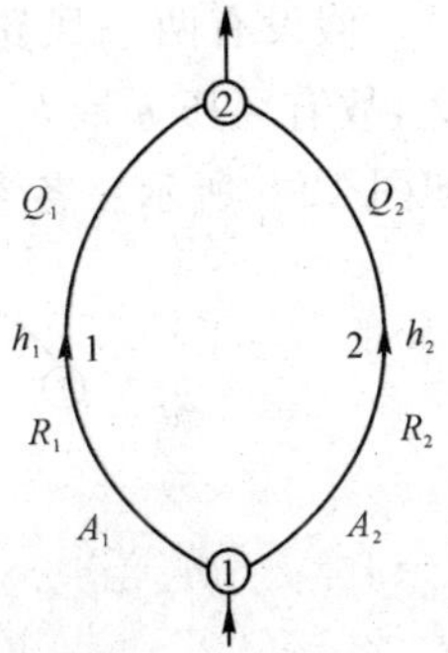

图 12-4 并联网络

（2）并联网路的总风压等于任一并联分支的风压，即

$$h_{并} = h_1 = h_2 = \cdots = h_n \qquad (12\text{-}7)$$

（3）并联网路的总风阻平方根的倒数等于并联各分支风阻平方根的倒数之和。

$$\frac{1}{\sqrt{R_{并}}} = \frac{1}{\sqrt{R_1}} + \frac{1}{\sqrt{R_2}} + \cdots + \frac{1}{\sqrt{R_n}} \qquad (12\text{-}8)$$

或
$$R_{并} = \cfrac{1}{\left(\cfrac{1}{\sqrt{R_1}} + \cfrac{1}{\sqrt{R_2}} + \cdots + \cfrac{1}{\sqrt{R_n}}\right)^2} \qquad (12\text{-}9)$$

当 $R = R_1 = \cdots = R_n$ 时，则

$$R_{并} = \frac{R_1}{n^2} = \frac{R_2}{n^2} = \cdots = \frac{R_n}{n^2} \qquad (12\text{-}10)$$

（4）并联网路的总等积孔等于并联各分支等积孔之和。

$$A_{并} = A_1 + A_2 + \cdots + A_n \qquad (12\text{-}11)$$

（三）串联与并联的比较

在矿井通风网路中，既有串联通风，又有并联通风。矿井的

进、回风风路多为串联通风,而工作面与工作面之间多为并联通风。从安全、可靠和经济角度看,并联通风与串联通风相比,具有明显优点:总风阻小,总等积孔大,通风容易,通风动力费用少。

假设有两条风路 1 和 2,其风阻 $R_1 = R_2$,通过的风量 $Q_1 = Q_2$,故有风压 $h_1 = h_2$。现将它们分别组成串联风路和并联网路,如图 12-5 所示。各参数比较如下:

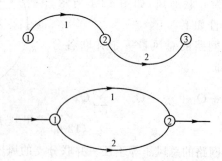

图 12-5　串联与并联通风比较

1. 总风量比较

串联时:
$$Q_串 = Q_1 = Q_2$$

并联时:
$$Q_并 = Q_1 + Q_2 = 2Q_1$$

故
$$Q_并 = 2Q_串$$

2. 总风阻比较

串联时:
$$R_串 = R_1 + R_2 = 2R_1$$

并联时:
$$R_并 = \frac{R_1}{n^2} = \frac{R_1}{4}$$

故
$$R_并 = \frac{R_串}{8}$$

3. 总风压比较

串联时:
$$h_串 = h_1 + h_2 = 2h_1$$

并联时:
$$h_并 = h_1 = h_2$$

故
$$h_{并} = \frac{h_{串}}{2}$$

通过上述比较可明显看出,在两条风路通风条件完全相同的情况下,并联网路的总风阻仅为串联风路总风阻的 1/8;并联网路的总风压为串联风路总风压的 1/2,也就是说并联通风比串联通风的通风动力要节省一半,而总风量却大了一倍。这充分说明:

(1)并联通风比串联通风经济得多。

(2)并联各分支独立通风,风流新鲜,互不干扰,有利于安全生产;而串联时,后面风路的入风是前面风路排出的污风,风流不新鲜,空气质量差,不利于安全生产。

(3)并联各分支的风量,可根据生产需要进行调节;而串联各风路的风量则不能进行调节,不能有效地利用风量。

(4)并联的某一分支风路中发生事故时,易于控制与隔离,不致影响其他分支巷道,事故波及范围小,安全性好;而串联的某一风路发生事故时,容易波及整个风路,安全性差。

所以,《规程》强调:井下各个生产水平和各个采区必须实行分区通风(并联通风);各个采、掘工作面应实行独立通风,限制采用串联通风。

(四)角联通风及其特性

在并联的两条分支之间,还有一条或几条分支相通的连接形式称为角联网路(通风),如图 12-6 所示。连接于并联两条分支之间的分支称为角联分支,如图 12-6 中的分支 5 为角联分支。仅有一条角联分支的网路称为简单角联网路;含有两条或两条以上角联分支的网路称为复杂角联网路,如图 12-7 所示。

角联网路的特性是:角联分支的风流方向是不稳定的。

现以图 12-6 所示的简单角联网路为例,分析其角联分支 5 中的风流方向变化可能出现的 3 种情况。

1. 角联分支 5 中无风流

当分支 5 中无风时,②、③两节点的总压力相等,即

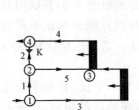 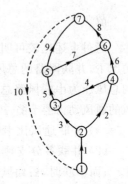

图 12-6　简单角联网络　　　图 12-7　复杂角联网络

$$P_{总2}=P_{总3}$$

又①、②两节点的总压力差等于分支 1 的风压,即

$$P_{总1}-P_{总2}=h_1$$

①、③两节点的总压力差等于分支 3 的风压,即

$$P_{总1}-P_{总3}=h_3$$

故 $h_1=h_3$,同理可得 $h_2=h_4$,则

$$\frac{h_1}{h_2}=\frac{h_3}{h_4}$$

亦即

$$\frac{R_1Q_1^2}{R_2Q_2^2}=\frac{R_3Q_3^2}{R_4Q_4^2}$$

又 $Q_5=0$,得 $Q_1=Q_2$,$Q_3=Q_4$

所以

$$\frac{R_1}{R_2}=\frac{R_3}{R_4} \tag{12-12}$$

式(12-12)即为角联分支 5 中无风流通过的判别式。

2. 角联分支 5 中风向由②→③

当分支 5 中风向由②→③时,②节点的总压力大于③节点的总压力,即

$$P_{总2} > P_{总3}$$

又知　　　　　　$P_{总1} - P_{总2} = h_1$　　　　$P_{总1} - P_{总3} = h_3$

则 $h_3 > h_1$，即 $R_3 Q_3^2 > R_1 Q_1^2$；同理可得 $h_2 > h_4$，即 $R_2 Q_2^2 > R_4 Q_4^2$。

　　将上述两不等式相乘，并整理得

$$\frac{R_1 R_4}{R_2 R_3} < \left(\frac{Q_2 Q_3}{Q_1 Q_4}\right)^2$$

又知　　　　　　　　$Q_1 > Q_2$，$Q_3 < Q_4$

所以　　　　　　　　　$\frac{R_1 R_4}{R_2 R_3} < 1$

$$\frac{R_1}{R_2} < \frac{R_3}{R_4} \tag{12-13}$$

式(12-13)即为角联分支 5 中风向由②→③的判别式。

3. 角联分支 5 中风向由③→②

同理可推导出角联分支 5 中风向由③→②的判别式

$$\frac{R_1}{R_2} > \frac{R_3}{R_4} \tag{12-14}$$

由上述 3 个判别式可以看出,简单角联网路中角联分支的风向完全取决于两侧各邻近风路的风阻比,而与其本身的风阻无关。通过改变角联分支两侧各邻近风路的风阻,就可以改变角联分支的风向。

可见,角联分支一方面具有容易调节风向的优点,另一方面又有出现风流不稳定的可能性。角联分支风流的不稳定不仅容易引发矿井灾害事故,而且可能使事故影响范围扩大。如图 12-6 所示,当风门 K 未关上使 R_2 减小,或分支巷道 4 中某处发生冒顶或堆积材料过多使 R_4 增大,这时因改变了巷道的风阻比,可能会使角联分支 5 中无风或风流③→②,从而导致两工作面完全串联通风或上工作面风量不足而使其瓦斯浓度增加造成瓦斯事故。此外,在发生火灾事故时,由于角联分支的风流反向可能使火灾烟流蔓延而扩大了灾害范围。因此,保证角联分支风流的稳定性是安全生产所必需的。

角联网路中,对角分支风流存在着不稳定现象,对简单角联网路来说,角联分支的风向可由上述判别式确定;而对于复杂角联网路,其角联分支的风向的判断,一般通过通风网路解算确定。在生产矿井,也可以通过测定风量确定。

三、风量分配及复杂通风网路解算

（一）并联网路的风量自然分配

1. 风量自然分配的概念

在并联网路中,其总风压等于各分支风压,即

$$h_{并} = h_1 = h_2 = \cdots = h_n$$

亦即

$$R_{并} Q_{并}^2 = R_1 Q_1^2 = \cdots = R_n Q_n^2$$

由上式可以得出如下各关系式:

$$Q_1 = \sqrt{\frac{R_{并}}{R_1}} Q_{并} \qquad (12\text{-}15)$$

$$Q_2 = \sqrt{\frac{R_{并}}{R_2}} Q_{并} \qquad (12\text{-}16)$$

$$Q_n = \sqrt{\frac{R_{并}}{R_n}} Q_{并} \qquad (12\text{-}17)$$

上述关系式表明:当并联网路的总风量一定时,并联网路的某分支所分配得到的风量取决于并联网路总风阻与该分支风阻之比。风阻大的分支自然流入的风量小,风阻小的分支自然流入的风量大。这种风量按并联各分支风阻值的大小自然分配的性质,称之为风量的自然分配,也是并联网路的一种特性。

2. 自然分配风量的计算

根据并联网路中各分支的风阻,计算各分支自然分配的风量。各分支分配的风量计算公式如下:

$$Q_1 = \frac{Q_{并}}{1 + \sqrt{\dfrac{R_1}{R_2}} + \sqrt{\dfrac{R_1}{R_3}} + \cdots + \sqrt{\dfrac{R_1}{R_n}}} \tag{12-18}$$

$$Q_2 = \frac{Q_{并}}{\sqrt{\dfrac{R_2}{R_1}} + \sqrt{\dfrac{R_2}{R_3}} + \cdots + \sqrt{\dfrac{R_2}{R_n}}} \tag{12-19}$$

$$Q_n = \frac{Q_{并}}{\sqrt{\dfrac{R_n}{R_1}} + \sqrt{\dfrac{R_n}{R_2}} + \cdots + \sqrt{\dfrac{R_n}{R_{n-1}}} + 1} \tag{12-20}$$

当 $R_1 = R_2 = \cdots = R_n$ 时,则

$$Q_1 = Q_2 = \cdots = Q_n = \frac{Q_{并}}{n} \tag{12-21}$$

计算并联网路各分支自然分配的风量,也可根据并联网路中各分支的等积孔进行计算。各分支分配的风量计算公式如下

$$Q_1 = \frac{A_1}{A_{并}} Q_{并} = \frac{A_1}{A_1 + A_2 + \cdots + A_n} Q_{并} \tag{12-22}$$

$$Q_2 = \frac{A_2}{A_{并}} Q_{并} = \frac{A_2}{A_1 + A_2 + \cdots + A_n} Q_{并} \tag{12-23}$$

$$Q_n = \frac{A_n}{A_{并}} Q_{并} = \frac{A_n}{A_1 + A_2 + \cdots + A_n} Q_{并} \tag{12-24}$$

综合上述,在计算并联网路中各分支自然分配的风量时,可根据给定的条件选择公式,以方便计算。

(二)风量分配的基本定律

风流在通风网路中流动时,都遵守风量平衡定律、风压平衡定律和阻力定律。它们反映了通风网路中三个最主要通风参数——风量、风压和风阻间的相互关系,是复杂通风网路解算的理论基础。

1. 通风阻力定律

井巷中的正常风流一般均为紊流。因此,通风网路中各分支都遵守紊流通风阻力定律,即

$$h = RQ^2$$

2. 风量平衡定律

风量平衡定律是指在通风网路中,流入与流出某节点或闭合回路的各分支的风量的代数和等于零,即

$$\sum Q_i = 0$$

若对流入的风量取正值,则流出的风量取负值。

如图 12-8(a)所示,节点⑥处的风量平衡方程为

$$Q_{1-6} + Q_{2-6} + Q_{3-6} - Q_{6-4} - Q_{6-5} = 0$$

如图 12-8(b)所示,回路②→④→⑤→⑦→②的风量平衡方程为

$$Q_{1-2} + Q_{3-4} - Q_{5-6} - Q_{7-8} = 0$$

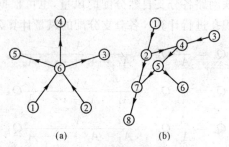

(a)　　　　　　(b)

图 12-8　节点和闭合回路

3. 风压平衡定律

风压平衡定律是指在通风网路的任一闭合回路中,各分支的风压(或阻力)的代数和等于零,即

$$\sum h_i = 0$$

若回路中顺时针流向的分支风压取正值,则逆时针流向的分支风压取负值。如图 12-8(b)中的回路②→④→⑤→⑦→②,有

$$h_{2-4} + h_{4-5} + h_{5-7} - h_{2-7} = 0$$

当闭合回路中有通风机风压和自然风压作用时,各分支的风

压代数和等于该回路中通风机风压与自然风压的代数和,即

$$h_{通} \pm h_{自} = \sum h_i$$

式中,$h_{通}$ 和 $h_{自}$ 分别为通风机风压和自然风压,其正负号取法与分支风压的正负号取法相同。

(三)解算复杂通风网路的方法

复杂通风网路是由众多分支组成的包含串、并、角联在内结构复杂的网路。其各分支风量分配难以直接求解。通过运用风量分配的基本定律建立数学方程式,然后用不同的数学手段,可求解出网路内各分支自然分配的风量。这种以网路结构和分支风阻为条件,求解网路内风量自然分配的过程,称为通风网路解算,也称为自然分风计算。

目前解算通风网路使用较广泛的是回路法,即首先根据风量平衡定律假定初始风量,由回路风压平衡定律推导出风量修正计算式,逐步对风量进行校正,直至风压逐渐平衡,风量接近真值。在回路法中使用最多的是斯考德—恒斯雷法。随着计算机的应用,利用计算机解算复杂通风网路,速度快、精度高。随着计算机的发展与普及,计算机解算通风网路得到了迅速发展,并已有了一些较成熟的通风网路解算软件。如安徽理工大学研制开发的通风网路解算软件 MVENT。

第二节　矿井通风系统图的绘制

一、通风系统图的主要内容及用途

矿井通风系统图是表示矿井通风网络、通风设备、设施风流方向和风量等参数的图件。它是煤矿设计、建设和生产必须绘制和必备的图纸,亦是煤矿安全生产管理工程图中最基础的图纸。

1. 矿井通风系统图中图示的主要内容

(1)矿井进风井、回风井数目及布置方式。

(2) 矿井通风网络结构(井下通风巷道系统结构)。

(3) 矿井通风设备型号、台数、主要技术参数和安装位置。

(4) 矿井通风网络新鲜风流、污浊风流的方向、路线。

(5) 各巷道、硐室、采煤工作面、掘进工作面名称及通过的风量。

(6) 矿井通风设施及其位置。矿井通风设施包括有防爆门、测风站、风窗、风帘、密闭墙等。

2. 通风系统图用途

(1) 指导矿井日常通风管理工作,如测风、测阻力、调节风量和排放瓦斯等。

(2) 随着矿井开拓的延深、采区和工作面位置的变化,利用矿井通风系统图能够科学、合理地调整矿井通风系统,满足矿井安全生产的要求。

(3) 分析矿井通风系统、用风地点风量分配的合理性、稳定性、安全性,从中发现问题及时处理。

(4) 利用矿井通风系统图分析和评价矿井防灾抗灾能力的强弱,制订相应的切实可行的安全防范措施。

(5) 根据矿井通风系统图,可绘制矿井通风网络图,分析矿井风网结构,计算矿井通风阻力。

(6) 根据矿井通风系统图,制定矿井井下避灾路线,绘制矿井井下避灾路线图。

(7) 核定矿井通风能力,编制以风定产计划。

(8) 矿井一旦发生灾害,依据矿井通风系统图等资料,制定和实施抢险救灾方案。

二、矿井通风系统图的绘制

(一) 绘制依据

矿井通风系统图是矿井安全工程图中的一种,亦属于矿井生产系统图的一类。绘制矿井通风系统图的依据资料有:

（1）矿井开拓开采技术资料。矿井开拓开采技术资料是绘制矿井通风系统图的首要基础资料。这些资料主要有：矿井采掘工程平面图，矿井采掘工程剖面图，采掘工程单项图，矿井开拓方式平面图，矿井开拓方式剖面图，采区巷道布置平、剖面图等。

（2）矿井通风技术资料。矿井通风技术资料是指依据矿井开拓开采布置所确定的矿井通风技术方案和其参数。主要包括：矿井通风方式，矿井通风方法，矿井通风网络结构，通风路线，风流方向，采掘工作面，硐室、巷道配风量，通风设备（包括地面和井下）型号、技术参数、数量及设置位置，控制风流设施结构及设置位置。

（二）绘制方法和步骤

绘制矿井通风系统图，首先应识读矿井采掘工程平面图或矿井开拓方式平面图，熟悉掌握整个矿井巷道系统的空间相互联系，为绘制矿井通风系统图建立起基本框架；然后，根据通风系统方案、通风系统图技术要求及矿井井巷复杂程度确定绘制矿井通风系统图的类别和图幅大小。最后，根据不同类型的通风系统图的绘制方法进行绘制。

1. 矿井通风系统工程平面图

矿井通风系统工程平面图是直接在采掘工程平面图或矿井开拓方式平面图上，加注风流方向、风量、通风设备及通风构筑物而绘制成的，其绘制方法和步骤如下：

（1）先复制一张采掘工程平面图或矿井开拓方式平面图。为使图纸清晰、明了，可删去图中与矿井通风系统关系不大的图示内容，如保安煤柱线、煤层小柱状、运煤路线及采区、区段划分线等。保留坐标网、指北方向、煤层底板等高线、断层、采空区范围、巷道及采掘工作面等图示内容。

（2）根据所确定的矿井通风方式、通风方法和通风风网结构，在复制图上用专用符号标注进风风流和回风风流路线、通风构筑物、巷道风量、局部通风机位置及数量。标注顺序从进风井开始，先进风系统后回风系统，先采煤工作面系统后掘进工作面系统和硐室（巷道）系统。

（3）标注矿井主要通风设备的型号、台数及技术参数。

（4）标注绘制矿井通风系统图的依据资料。

（5）绘制图例。

2．矿井通风系统平面示意图（图 12-9）

矿井通风系统平面示意图是根据开拓巷道、准备巷道、回采巷道在水平面上投影的相对位置关系，不按比例绘制的，其绘制方法及步骤如下：

（1）根据采掘工程平面图或矿井开拓方式平面图，不按比例，用双线条绘制出井下各种巷道、硐室及采掘工作面的平面位置。为使矿井通风系统平面示意图能较切合实际地反映矿井巷道相互关系，绘制中，矿井主要井巷，各采区及工作面相对位置、尺寸一般尽可能按投影关系与比例绘制。对于在水平投影下重叠或交叉巷道，可不严格按照各巷道的实际位置和比例绘制，只要求能清楚地反映出各巷道在通风系统中的相互关系。

（2）标注图示内容。

3．矿井通风系统立体示意图

矿井通风系统立体示意图是根据轴测投影原理绘制的，其绘制方法及步骤如下：

（1）根据采掘工程平面图、剖面图，或矿井开拓方式平、剖面图，采用轴测投影方法绘制出矿井巷道轴测图。为了使作图方便和增强轴测图的立体感，一般多采用斜角二测投影和斜角三测投影。若以 X 轴表示煤层走向，Y 轴表示煤层倾向，Z 轴表示空间垂直方向，$X-Y$ 轴间角可取 $30°$、$45°$、$60°$、$75°$ 中任何一种，$X-Z$ 轴间角为 $90°$。X 轴的轴向变形系数和 Z 轴的轴向变形系数取 1，Y 轴的轴向变形系数取 0.5。

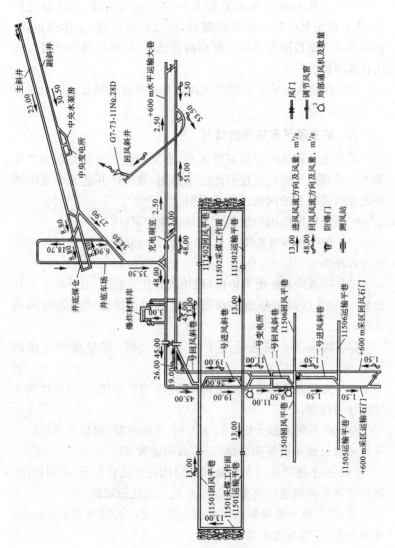

图 12-9 矿井通风系统平面示意图

由于通风系统立体示意图是一种示意性的图,在绘制过程中,为了避免某些巷道重叠和拥挤,使图纸更清晰,立体感更强,巷道不必严格按照其平面位置和高程绘制,某些局部巷道可以简化和移动位置。

(2)在绘制的矿井巷道轴测图上标注矿井通风系统图中应标注的图示内容。

三、矿井通风网络图的绘制

矿井通风网络图是用不按比例、不反映巷道空间关系的单线条表示矿井通风路线连接形式的示意图,是将矿井通风系统图抽象成点与线集合的网状线路示意图。

矿井通风网络图的绘制方法与步骤如下:

(1)在矿井通风系统图上,沿风流方向对风流的分点和汇点进行有序编号。

(2)以通风系统图为依据,用单线条代表巷道,由下而上或从左到右按节点的编号顺序和通风巷道的连接形式绘制通风网络图。

(3)按风流系统先绘主干线,后绘支线,尽量减少风路的交叉。

(4)完成通风网络图的雏形后,应适当美化加工,尽量绘成光滑弧状对称图。

(5)在各条风路上标注风流方向、巷道风阻、风量及通风阻力等数值以及通风设备和设施、工作面的位置等。

(6)按上述方法绘制的通风网络图往往比较复杂,不便使用。还应根据分析问题的需要进一步简化。简化原则是:

① 阻力很小的局部风网或两个节点之间的阻力很小时,可简化为一个点,如井底车场等。

② 某些并联(或串联)的分支群,可用风阻值与该并联(或串联)分支群的总风阻相等的等效分支来代替。

　　③ 正在掘进的局部通风巷由于不消耗主要通风机功率,可以不在通风网络图中绘出。

　　④ 简化、合并那些对整个风网不产生影响,解算风网时又不影响准确性的部分(一般多在风网的进风和回风区内)。但对重点分析的部分要慎重处理,不可随意简化,以免疏漏实际存在的通风问题。

　　(7) 简化后的网络图,还应将节点编号、风阻值及风量等重新调整。各分支巷道也应按风流方向重新进行编号。图 12-10 为某矿井通风系统图和通风网络图。

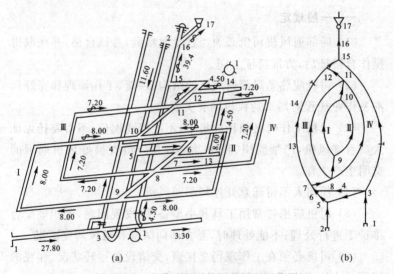

图 12-10　矿井通风系统图和通风网络图

第十三章 局部通风机的操作

第一节 局部通风机的操作

一、一般规定

（1）局部通风机司机必须经过专业培训，考试合格，并在取得操作合格证后，方准持证上岗。

（2）司机应熟悉局部通风机的结构、性能、工作原理和完好标准及作业规程对局部通风机的有关要求。

（3）司机工作时必须精神集中，不准擅离岗位，不得委托无证人员看守风机，严禁脱岗、睡岗、漏岗，并应负责搞好风机周围的文明生产工作。

（4）任何人不得随意开停局部通风机。

（5）司机应携带常用工具和小型备件，发现问题，要积极配合维护工进行处理；不能处理时，要立即向队部和通风调度汇报。

（6）司机必须在工作现场交接班，交清设备运转状况、存在的问题及应注意事项，并应做好交接班记录。

二、安全规定

（1）局部通风机不得随意停机，严禁无计划停风。

（2）掘进工作面临时停工时，不准停止局部通风机的运转。

（3）启动前，应先由瓦斯检查员检查掘进工作面、停风区和局部通风机及其开关附近 10 m 内风流中的瓦斯浓度，当各处瓦斯浓度符合规定时,才能启动。超过规定浓度时,要立即向调度室和通防部门汇报、处理。

(4) 局部通风机进风口前 5 m 范围内不得有杂物。

(5) 必须挂有局部通风机管理牌板,填有司机姓名、风机编号、风筒长度、使用地点、风机型号、功率等内容。

(6) 瓦斯超限时,必须及时向队部和生产调度汇报并按生产调度的指挥操作风机。

(6) 司机交接班时,应在现场交接,不允许停风交接。

(7) 专职司机工作期间不得擅自离开工作岗位。

(8) 兼职司机必须在局部通风机启动 10 min 后,经检查确认一切正常后,才能从事其他工作。但是必须时刻注意局部通风机的运转情况。

三、操作准备

(1) 局部通风机司机要准时进入工作面接班地点,询问上一班局部通风机工作状况。

(2) 启动前应先检查局部通风机的网罩是否牢固,机体是否稳固,进风口附近是否有易被吸入的杂物。

(3) 要现场检查局部通风机温度、声音、运转情况以及"三专"(专用变压器、专用开关、专用电缆)"一闭锁"(风电)的设施齐全完好情况。

(4) 沿途检查风筒的完好及吊挂情况,需及时处理的问题必须按有关规定及时处理。

(5) 检查局部通风机与风筒的连接处是否牢固。

(6) 用小棍拨动叶片两三圈检查是否灵活,有无卡住现象。

(7) 发现问题,落实责任,按汇报后的处理意见,履行接班手续。

四、操作顺序

检查气体浓度 → 检查风机、风筒 → 断续启动 → 观察运转情况。

五、正常操作

（1）接班后，要实验检查双局部通风机的自动换机、风电闭锁情况。

（2）区分标志，看清牌板。特别是同一地点安装两台以上局部通风机时，操作前更要看清牌板，以免发生误操作。

（3）断续启动，仔细观察开关的正反向位置。不要一次启动，以防止风筒脱节或吊环脱落。

（4）启动后观察风机运转情况。发现旋转方向不对，应当立即停止运转，待停止稳定后，再将开关手柄扳向另一方向。

（5）局部通风机启动后，发现颤动、异常时，要及时查清原因，进行处理。

（6）局部通风机运行过程中，要密切注意局部通风机运行是否正常，高压垫是否完好，消音装置是否有效，并做好各种记录。每班至少检查风筒两次，发现有脱节、挤压、扭折、破裂、脱挂及漏风等现象要及时处理。

（7）局部通风机要保证连续运转，如果停转，要及时查明原因，及时汇报处理。

（8）局部通风机的电动机两端的滚动轴承，需要定期添加润滑油。润滑油应填满轴承的 1/2，不宜过多，以免引起流失。每月可以加注一次润滑油，每 3～6 个月将轴承座拆开进行一次清洗换油。

（9）没有相关部门的正式通知，不得擅自决定移动局部通风机。

六、特殊操作

（1）局部通风机运转中，发出"沙沙"声时，说明缺少润滑油，要及时添加润滑油。

（2）局部通风机运转中，发出低沉的运转声时，说明局部通风机的电压过低,此时局部通风机的供风量有较大的下降,要根据情况,及时测定风量。如果影响安全生产,要立即撤出工作人员,进行处理。

(3) 发现局部通风机外壳温度过高等异常情况,要撤出人员,进行检查处理。

(4) 为了保证局部通风机在单巷长距离供风时的正常运转,可以采用双路供电,以备电路发生故障时,及时接通备用电路供电。

(5) 局部通风机停止运转后,司机必须通知工作面撤出人员,并在巷道口 2 m 处设置醒目的栅栏,禁止人员进入停风区。

(6) 局部通风机发生故障后,要立即向调度室进行汇报,等待处理,不得离岗。

(7) 停机要拉开电磁开关停止电机运转。

第二节　掘进时的通风机管理

掘进通风管理技术措施主要有加强风筒管理的措施、保证局部通风机安全运转的措施、掘进通风安全技术装备系列化和局部通风机的消声措施等。

一、保证局部通风机安全可靠运转

在掘进通风管理工作中,应加强对局部通风机的检查和维修,严格执行局部通风机的安装、停开等管理制度,以保证局部通风机正常运转。

《规程》规定,局部通风机的安装和使用必须符合下列要求:

(1) 局部通风机必须由指定人员负责管理,保证经常运转。

(2) 压入式局部通风机和启动装置必须安装在进风巷道中,距回风口距离不得小于 10 m;全风压供给该处的风量必须大于局部通风机的吸风量,局部通风机安装地点到回风口间的巷道中的最低风速必须符合《规程》的规定。

（3）必须采用抗静电、阻燃风筒。风筒口到掘进工作面的距离以及混合式通风的局部通风机和风筒的安设，应在作业规程中明确规定。

（4）严禁使用 3 台以上（含 3 台）的局部通风机同时向一个掘进工作面供风。不得使用一台局部通风机同时向两个作业的掘进工作面供风。

（5）瓦斯喷出区域、高瓦斯矿井、煤（岩）与瓦斯（二氧化碳）突出矿井中，掘进工作面的局部通风机应采用"三专"（专用变压器、专用开关，专用线路）供电；也可采用装有选择性漏电保护装置的供电线路供电，但每天应有专人检查一次，保证局部通风机可靠运转。低瓦斯矿井掘进工作面的局部通风机，可采用装有选择性漏电保护装置的供电线路供电，或与采煤工作面分开供电。

（6）使用局部通风机通风的掘进工作面不得停风；因检修、停电等原因停风时，必须撤出人员，切断电源。恢复通风前，必须检查瓦斯。只有在局部通风机及其开关附近 10 m 以内风流中的瓦斯浓度都不超过 0.5％时，方可人工开启局部通风机。

二、加强风筒管理，降低风筒阻力

通过改进风筒接头方法、减少接头数、减少针眼和砂眼漏风和防止风筒破口漏风等具体方法，减少风筒漏风。

1. 改进风筒接头方法和减少接头数

风筒接头的好坏直接影响风筒的漏风和风筒阻力。改进风筒接头方法和减少风筒接头数，是减少风筒漏风的重要措施之一。

（1）改进接头方法

风筒接头方法，一般是采用插接法，即把风筒的一端顺风流方向插到另一节风筒中，并拉紧风筒使两个铁环靠紧。这种接头方法操作简单，但漏风量大。为减少漏风，普遍采用反边接头法。

① 反边接头法分单反边、双反边（图 13-1）和多反边（图 13-2）三种形式。单反边接头法，是在一个接头上留反边，只将缝有铁

环的接头 1 留 200～300 mm 的反边,而接头 2 不留反边,将留有反边的接头插入(顺风流)另一个接头中,然后将两风筒拉紧使两铁环紧靠,再将接头 1 的反边翻压到两个铁环之上即可。

双反边接头的连接程序如图 13-1 所示:首先在两节风筒的相邻一端分别套上铁环 1,2,各留 200～300 mm 的反边,如图 13-1(a)所示;第二,按风流方向将套有铁环 1 的风筒插入套有铁环 2 的风筒中,拉紧风筒,使两节风筒的铁环紧扣在一起,不要使风筒歪斜和褶皱,如图 13-1(b)所示;第三,将风筒 1 的反边翻卷到风筒 2 上,再将两节风筒的反边一同翻卷到风筒 1 上[图 13-1(c)]即可。

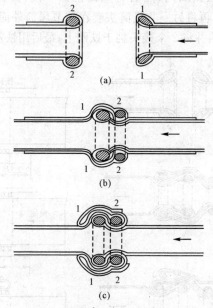

图 13-1　双反边接

多反边接头的连接程序如图 13-2 所示:首先在两节风筒的相邻一端分别套上铁环 1,2,各留出 200～300 mm 的反边,并在下风侧一节风筒端再套上铁环 3,如图 13-2(a)所示;第二,顺风流方向将上风侧风筒(铁环1)插入下风侧风筒(铁环2)内,将铁环1的反边翻卷包在铁环2的风筒上,并将铁环3套在铁环1和2的反边上面,如图13-2(b)所示;第三,将1和2的反边同时翻压在铁环3,1上[图13-2(c)]即可。

反边接头法的翻压层数越多,漏风越少。

②罗圈接头法。枣庄矿创造的罗圈接头法,接头严密而牢固,漏风和阻力都比较小。如图13-3所示,做一个直径稍小于风筒直径的铁圈,宽100 mm,厚1.5 mm。在铁圈外面焊上2个直径为6~7 mm的铁环,以便接好风筒后用铁丝紧固。接头时,先将风筒一端伸入铁圈内;然后将风筒翻回一段,其长度约为铁圈宽度的2.5倍;再将另一节风筒头套在前节风筒外面,套入长度为铁圈宽度的2倍并将2个接头翻于铁圈上;最后用铁丝紧固即成。

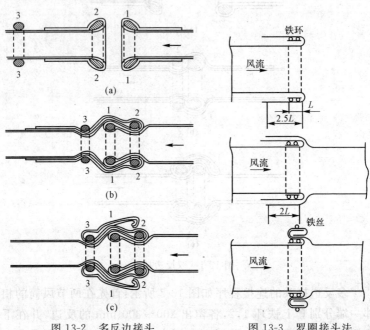

图 13-2　多反边接头　　　　　图 13-3　罗圈接头法

③ 胶粘接头法。即将现有的 10 m 一节的胶质风筒 5～10 节粘在一起，使每节风筒长度增大到 50～100 m，从而大量减少接头数目，这对于减少风筒漏风和降低阻力都很有效。

④ 圆胎支撑粘接法。这种方法粘合处光滑平整，无褶皱和卡腰，阻力小而不漏风。其做法是用 1.5 mm 厚的铁板做成宽 300 mm 的两个半圆铁胎，一头用螺钉连接，另一头能灵活张开，如图 13-4(a)所示。粘接时，将一节风筒的一端穿过圆胎并留出 450～500 mm 的边，反边包上圆胎，再将余下的边反折过来；然后将另一节风筒的一端反边 150～200 mm 套在圆胎上，并在 2 个铁胎接合处加木楔，使风筒稍有扩张，以防接头处卡腰；最后，在两接风筒反边接头处涂上胶浆，并将未穿过铁胎的那节风筒的反边翻过来，贴在前一节风筒涂胶浆的地方[图 13-4(b)]，压实粘接处，取下铁胎即成。

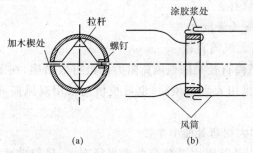

图 13-4　圆胎支撑粘接法

(2) 减少接头数目

不论采用哪种接头方法，都无法杜绝漏风，因此，应尽量减少接头数目，即尽量选用长节风筒。目前普遍使用的柔性风筒，每节长 10 m，可采用胶粘接头法，将 5～10 节风筒顺序粘接起来，使每节风筒的长度增到 50～100 m，从而减少大量接头数以减少漏风。

2．减少针眼和砂眼漏风

胶布风筒是用线缝制成的，在风筒吊环鼻和缝合处，都有很多针眼，据现场观测，在 1 kPa 压力下，针眼普遍漏风。

在采用有接缝的柔性风筒时，应将所有的针眼喷胶或粘补，以防止漏风；柔性风筒使用一段时间后，将会出现砂眼，也应经常检查，及时修补，以免漏风。另外，吊鼻环和风筒脊也是经常发生漏风的地方，应重点检查，发现漏风要及时修补。

3．防止风筒破口漏风

风筒靠近工作面的前端，应设置 3～4 m 长的一段铁风筒，随工作面推进向前移动，以防爆破崩坏胶布风筒，也可在爆破时遮挡保护风筒。使用柔性风筒，容易被矿车及硬物刮破，容易被冒顶及片帮砸坏，容易被爆破崩坏，因此，应将风筒吊挂在巷道一侧上部的一定高度；应加强支护，防止冒顶和片帮；若发现风筒破口，要及时修补。

4．降低风筒阻力

（1）增大风筒直径

增大风筒直径是降低风筒阻力的最有效措施，在条件容许的情况下，应采用大直径风筒；也可视情况采用双风筒并联向工作面供风。

（2）加大拐弯处曲率半径

风筒的局部阻力系数与曲率半径有关：风筒曲率半径越小，局部阻力系数越大；反之，风筒曲率半径越大，局部阻力系数越小。因此，吊挂风筒时要尽量减少拐弯，需要拐弯时应尽量加大其曲率半径，以减小风筒的局部阻力。

（3）采用异径缓变接头

在一条巷道内，应尽量使用同规格的风筒，风筒直径应与局部通风机出风口直径一致。如果风筒直径大于或小于局部通风机出风口直径，或者采用不同直径风筒串联使用时，应使用长

800～2 000 mm 的异径缓变接头连接。根据实测,直径为800 mm的风筒与直径为 600 mm 的风筒直接连接时,接头处的局部阻力相当于直径为 800 mm、风筒长 73 m 的阻力。

（4）保证风筒吊挂质量

风筒吊挂要平、直、稳、紧,应逢环必挂,缺环必补,吊挂平直,拉紧吊稳。即在水平面上无弯曲,在竖直面上无起伏,风筒无褶皱、无扭曲,防止急转弯。风机安装、悬吊也要与风筒保持平直。这样做可以降低通风阻力,延长送风距离,保证工作面的风量。风筒中有积水时,要及时放掉,以防止风筒变形破裂和增大风阻值。放水方法,可在积水处安设自行车气门嘴,放水时拧开,放完水再拧紧。风筒吊挂质量的好坏对风筒的风阻和工作面风量都有很大的影响。

三、掘进通风安全技术装备系列化

掘进安全技术装备系列化,对于保证掘进工作面通风安全可靠性具有重要意义。掘进安全技术装备系列化是在治理瓦斯、煤尘、火灾等灾害的实践中不断发展起来的多种安全技术装备,是预防和治理相结合的防止掘进工作面瓦斯、煤尘爆炸、火灾等灾害的行之有效的综合性安全措施。

（一）保证局部通风机稳定运转的装置

1. 双风机、双电源、自动换机和风筒自动倒风装置

正常通风时由专用开关供电,使局部通风机运转通风;一旦常用局部通风机因故障停机时,电源开关自动切换,备用风机即刻启动,继续供风,从而保证了局部通风机的连续运转。由于双风机共用一道主风筒,风机要实现自动倒换时,则连接两风机的风筒也必须能够自动倒风,风筒自动倒风装置有以下两种结构:

（1）短节倒风。如图 13-5（a）所示,将连接常用风机风筒一端的半圆与连接备用风机风筒一端的半周胶粘、缝合在一起（其长度为风筒直径的 1～2 倍）,套入共用风筒,并对接头部进行粘连

防漏风处理,即可投入使用。常用风机运转时,由于风机风压作用,连接常用风机的风筒被吹开,将与此并联的备用风机风筒紧压在双层风筒段内,关闭了备用风机风筒;若常用风机停转,备用风机启动,则连接常用风机的风筒被紧压在双层风筒段内,关闭了常用风机风筒,从而达到自动倒风换流的目的。

(2)切换片倒风。如图 13-5(b)所示,在连接常用风机的风筒与连接备用风机的风筒之间平面夹粘一片长度等于风筒直径 1.5~3.0 倍、宽度大于 1/2 风筒周长的倒风切换片,将其嵌套在共用风筒内并胶粘在一起,经防漏风处理后便可投入使用。常用风机运行时,由于风机风压作用,倒风切换片将连接备用风机的风筒关闭;若常用风机停机,备用风机启动,倒风切换片又将连接常用风机的风筒关闭,从而达到自动倒风换流的目的。

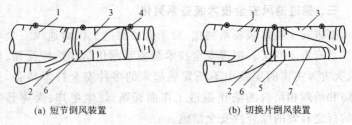

(a) 短节倒风装置   (b) 切换片倒风装置

图 13-5　倒风装置

1——常用风筒;2——备用风筒;3——共用风筒;

4——吊环;5——倒风切换片;6——风筒粘接处;7——缝合线

2."三专两闭锁"装置

"三专"是指专用变压器、专用开关、专用电缆,"两闭锁"则指风电闭锁和瓦斯电闭锁。其功能是只有在局部通风机正常供风、掘进巷道内的瓦斯浓度不超过规定限值时,方能向巷道内机电设备供电;当局部通风机停转时,自动切断所控机电设备的电源。当瓦斯浓度超过规定限值时,系统能自动切断瓦斯传感器控制范围内的电源,而局部通风机仍可正常运转。若局部通风机停转、停风区内瓦斯浓度超过规定限值时,局部通风机便自行闭锁。重新恢复通风时,要人工复电,先送风,当瓦斯浓度降到安全允许值以下时才能送电,从而提高了局部通风机连续运转供风的安全可靠性。

3. 局部通风机遥讯装置

其作用是监视局部通风机开停运行状态。高瓦斯和突出矿井所用的局部通风机要安设载波遥讯器,以便实时监视其运转情况。

(二) 加强瓦斯检查和监测

(1) 安设瓦斯自动报警断电装置,实现瓦斯遥测。当掘进巷道中瓦斯浓度达到1%时,通过低浓度瓦斯传感器自动报警;瓦斯浓度达到1.5%时,通过瓦斯断电仪自动断电。高瓦斯和突出矿井要装备瓦斯断电仪或瓦斯遥测仪,在炮掘工作面迎头5 m内和巷道冒顶处瓦斯积聚地点设置便携式瓦斯检测报警仪。班组长下井时也要随身携带这种仪表,以便随时检查可疑地点的瓦斯浓度。

(2) 瓦斯检查员配备瓦斯检测器,坚持"一炮三检",在掘进作业的装药前、爆破前和爆破后都要认真检查爆破地点附近的瓦斯浓度。

(3) 实行专职瓦斯检查员随时检查瓦斯制度。

(三) 综合防尘措施

当用钻眼爆破法掘进时,掘进巷道的矿尘主要产生于钻眼、爆破、装岩工序,其中以凿岩产尘量最高;当用综掘机掘进时,切割和装载工序以及综掘机整个工作期间,矿尘产生量都很大。因此,要做到湿式煤电钻打眼,爆破使用水炮泥,综掘机内外喷雾。要有完善的洒水除尘和灭火两用的供水系统,实现爆破喷雾、装煤岩洒水和转载点喷雾,安设喷雾水幕净化风流,定期用预设软管冲刷清洁巷道,从而达到减少矿尘飞扬和堆积的目的。

（四）防火防爆安全措施

机电设备严格采用防爆型及安全火花型；局部通风机、装岩机和煤电钻都要采用综合保护装置；移动式和手持式电气设备必须使用专用的不延燃性橡胶电缆；照明、通讯、信号和控制专用导线必须用橡套电缆。高瓦斯及突出矿井要使用乳化炸药，推广屏蔽电缆和阻燃抗静电风筒。

（五）隔爆与自救措施

设置安全可靠的隔爆设施，所有人员必须携带自救器。煤与瓦斯突出矿井的煤巷掘进，应安设防瓦斯逆流灾害设施，如防突反向风门、风筒，水沟防逆风装置，压风急救袋和避难硐室，并安装直通地面调度室的电话。

实施掘进安全技术装备系列化的矿井，提高了矿井防灾和抗灾能力，降低了矿尘浓度与噪声，改善了掘进工作面的作业环境，尤其是煤巷掘进工作面的安全性得到了很大提高。

四、局部通风机的消声措施

局部通风机运转时噪声很大，常达 $100 \sim 110$ dB，大大超过《规程》规定的允许标准。《规程》规定：作业场所的噪声不应超过 85 dB(A)。大于 85 dB(A)时，需配备个人防护用品；大于或等于 90 dB(A)时，还应采取降低作业场所噪声的措施。高噪声严重影响井下人员的健康和劳动效率，甚至可能成为导致人身事故的环境因素。降低噪声的措施，一是研制、选用低噪声高效率局部通风机；二是在现有局部通风机上安设消声器。

局部通风机消声器是一种能使声能衰减并能通过风流的装置。对消声器的要求是通风阻力小、消音效果好、轻便耐用。图13-6 所示的局部通风机消声的方法是：在局部通风机的进、出口各加一节 1 m 长的消声器，消声器外壳直径与局部通风机相同，外壳内套以用穿孔板（穿孔直径 9 mm）制成的圆筒，直径比外壳小 50 mm，在圆筒与外壳间充填吸声材料。消声器中间安设用穿孔板制的芯筒,其内也充填吸声材料。另外,在局部通风机壳也设一吸声层。因吸声材料具有多孔性,当风流通过消声器时,声波进入吸声材料的孔隙而引起孔隙中的空气和吸声材料细小纤维的振动,由于摩擦和黏滞阻力,使相当一部分声能转化为热能而达到消声目的。这种消声器可使噪音降低 18 dB。

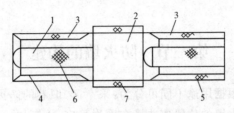

图 13-6　局部通风机消声装置

1——芯筒;2——局部通风机;3——消声器;
4——圆筒;5、6——吸声材料;7——吸声层

　　还有一种用微孔板做的消声器。它利用气流经微孔板时空气在微孔(孔径 1 mm)中来回摩擦而消耗能量。微孔板消声器是在外壳内设两层微孔板风筒,其直径分别比外壳小 50 mm、80 mm,内外层穿孔率分别为 2% 和 1%。微孔板消声器的芯筒也用微孔板制作。这种消声器可使局部通风机噪音降低 13 dB。

　　上述两种消声器消声效果较好,但体积较大,潮湿粉尘黏在吸声材料上或堵塞微孔板时会使消声功能降低。

第十四章　防火墙的构建与火区的启封

第一节　防火墙的构建

防火墙根据用途不同可分为:采空区、旧巷的防火墙;火区的防爆墙。防火墙的位置应选择在围岩稳定、无断层、无破碎带、巷道断面小的地点,距巷道交叉口不大于 10 m。

总体要求是防火墙严密不漏气,造成火区缺氧以消灭明火,同时利用煤(岩)体的传热性使火区温度降到《规程》规定的温度之下,从而起到控制火势的作用。施工应严格按照《规程》、《煤矿安全生产质量标准化标准》中通风部分标准及设计施工。一般选用红砖、料石、河砂、石膏等不燃性材料及方木板材、帘子、消火抽放管件等。

一、一般防火墙的施工

1. 红砖、料石防火墙的施工(图 14-1)

具体施工要求如下:

防火墙的厚度一般为 0.5~0.8 m,煤巷中四周掏槽深度为 0.5~0.6 m,必须见巷道实帮实顶;岩巷中四周掏槽深度为 0.2~0.3 m。河砂、石膏防火墙长度一般为 5~10 m。在紧急情况下,当防火墙具有防爆作用时,为争取时间在瓦斯爆炸前施工完毕,可以不掏槽。

采用砖、料石材料构筑时,竖缝隙要均匀错开,上、下层竖缝保持一致,横缝要在同一水平上,缝隙要排列整齐,防火墙要表面平整,砖、料石层与层之间、块与块之间的缝隙用水泥砂浆填满。需要注水及有涌水地点的防火墙,墙厚及四周掏槽深度可根据现场实际情况确定,必要时底顶板及四周充实水泥砂浆,保证不漏水。同时要安设好排水管及反水池,排水管及反水池的规格位置以能排放干净防火墙内涌水或积水为原则。

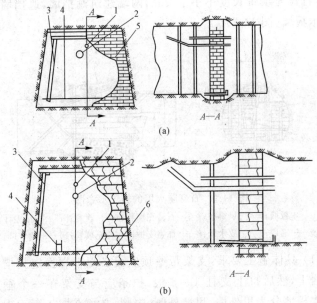

图 14-1　防火墙的施工示意图

(a) 红砖防火墙;(b) 料石防火墙;

1——观测管;2——措施管;3——架棚;4——反风管;5——红砖;6——料石

　　为观察火情及有效地预防火灾,防火墙中上部应设观测管(25~50 mm);还应设措施孔管(100 mm)。措施管孔管必须设在防火墙里边高顶处并固定牢固,孔口管外露不小于 0.5 m,并封堵严密。

　　防火墙施工完成后,应尽快抹面和勾缝,四周边裙厚度要加厚加宽,压实抹光,保证严密不漏水、不漏风,并清理好现场,修好排水沟或铺设好排水管路及设施,并设好免进牌板、说明牌板及检查牌板。

2. 石膏防火墙的施工

采用石膏材料构筑防火墙时,必须保证 $10\sim15$ m 巷道支护完好,石膏充填带长度不小于 5 m,两端建筑遮挡墙,遮挡墙一般采用木板墙(图 14-2)。

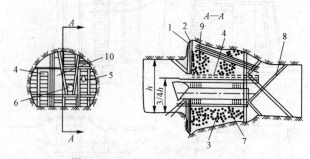

图 14-2　石膏防火墙的施工示意图

1——木板墙;2——风帘布;3——石膏充填料;4——观测管;5——压差计;

6——通口;7——放水管;8——加强支护;9——充填管;10——调节口

(1)具体施工要求:支架帮壁顶底板必须牢靠稳定掏槽到坚实围岩上,然后打上支柱 $1\sim3$ 根,拉条应与支架在一个垂直面上。木板墙分为里外墙,里墙外侧、内侧,必须在同一断面内打不少于 4 根立柱,上下柱窝深度不少于 0.5 m 或者触到坚实的围岩中,并用木楔打牢或固定在邻近坚固的棚架上。为保证木板墙坚固并防止在充填石膏时将墙推倒,在立柱外侧要打不少于 2 根横梁的加强柱,立柱和横梁之间要捆好绑牢。立柱必须用木质材料,横梁可以用铁质或木质材料,在横梁及立柱侧必须打不少于 4 根顶子,并固定在顶底板上。

(2)施工的注意事项:在充填带木板墙里侧,由上向下钉木板。因石膏含水比较少,木板要尽量钉成鱼鳞板,即木板要自上而下地横放钉,第一块应钉在支架顶梁上并尽可能镶到围岩顶槽上,第二块木板的上缘盖住第一块木板的下缘,其余的木板依次钉好,最后一块木板除压好上一块木板下缘还要深入底槽中。木板钉好后,如有不严密之缝隙应补钉上小板,同时要钉上风帘布。木板墙四周的缝隙必须堵塞严密(一般用草袋子、尼龙袋子均可),并在堵塞物外边铺好风帘布,以保证在充填时不跑漏充填物。木板厚度一般为 20～25 mm,宽度为 200～300 mm。

在充填带里中部顶板上,必须做好高顶(高顶高度必须高于里外木板墙 400～500 mm),以保证充实充严,所设的充填管及排水管必须固定牢固,排水管入口紧靠底板,管口用网布封好,以防跑漏充填物。排水管径应与充填管径相同,充填带内应设观测管、取样管,根据实际需要还可设通风口。

在上山中设防火墙时,还应根据充填材料的用水量,在充填带底部增加排水管,以防积水过多而压垮充填带木板墙,同时做好排水工作。充填工作完成后,所用过塘管口必须封堵严密(上阀门或上挡进行封堵),严禁用草袋、木楔等材料封管口。

3. 砂带或砂袋防火墙的施工

具体施工要求:砂带或砂袋防火墙也可做防爆墙,砂带两端设砂门子,砂门子为木质结构。一个砂门子分为里砂门子和外砂门子。靠封闭区域外侧的砂门子称外砂门子。里砂门子外侧、外砂门子外侧必须打不少于 4 根立柱,并在同一断面内,立柱上下柱窝深度不少于 500 mm,并用木楔打牢或固定在邻近坚固的棚梁上,为防止砂门子被砂带或砂袋充填压力挤倒,在里、外砂门子立柱外边要打不少于 2 根横梁。横梁两端伸入巷道帮内深度不少于 500 mm,并固定在棚梁腿上,立柱与横梁之间要捆绑牢固。横梁采用木质材料,也用钉子钉牢。

立柱一般选用直径 200 mm 以上的圆木,具有一定的抗压强度。每根横梁外必须打不少于 4 根加强顶子,加强顶子要固定在顶底板。

在砂门子里侧要钉木板墙,木板墙每行木板之间要留有10～20 mm泄水间隙。在木板墙里侧要钉草帘子、荆条帘子、高粱秆帘子、纤维布帘子或旧风筒布帘子(必须有孔),钉帘子时,要用木条或拌子将帘子固定在木板上,帘子要从下而上施工,保证鱼鳞口向下,以防跑漏河砂。木板墙里侧四周的缝隙必须用草帘子或荆条帘子堵塞严密,必要时用木楔钉牢。四周帘子要折边,折边长度不少于300 mm,上下顶底板折边长度不少于400 mm。

砂带中部顶板挑出高500 mm,体积1.5 m³的高顶,高顶高度必须高于里、外砂门子500～600 mm,以保证砂带充严充实、密不漏风,高顶处要设充填管及泄水管,充填管及泄水管必须固定在高顶处,泄水管入口高于充填管出口200 mm。泄水管入口距高顶处板150～200 mm,管口用网布包好,保证泄水不跑漏河砂。泄水管径与充填管径相同(大于108 mm)。

充填砂带根据巷道标高,分为上山、下山及水平砂带。水平及上山砂带充填时必须在砂带底部设泄水管路,距砂带外门子3～5 m设1～2道半截门子,材料采用荆条或高粱秆帘子等,用其挡河砂及有效地排水(打卡子时)。有时充下山砂带也设返水管使充填水返回采空区。施工时可根据现场实际情况具体确定。

4. 设置防火墙要注意的问题

(1)对于火区或有自然发火倾向的煤巷,要在挡风墙的中上部设观测孔管、措施孔。观测孔管直径在25～50 mm,措施孔直径在100～159 mm。观测孔管一般设在巷道的中上部,两头在密闭墙的内外,有利于气体的采样。放水管设在巷道的底部应制成U形状,利用水封防止放水管漏风。当密闭内涌水时应用木楔或棉花、帆布或风筒布等遮挡。措施孔可根据现场具体情况来确定。具体控制范围,原则上应同观测孔管一样设置。当密闭的区域瓦斯涌出量较大且有抽放的价值时,在挡风墙中上部应设瓦斯抽放管路,管路上应设置专用阀门,管径可根据抽放瓦斯量及压力来确定。瓦斯抽放管道必须穿过所有密闭设施,挡风墙内瓦斯抽放管必须放在巷道高顶处,为防止杂物进入,管头前部 1 m 要设花管,前头堵死。

所设的观测孔管、措施孔管、瓦斯抽放孔管,都必须吊挂牢固,严防冒顶、片帮、砸坏或砸落。所有孔管外口距挡风墙不少于 0.2 m,并必须封堵严密。

(2)设置防火墙说明牌板,其内容包括:防火墙所在巷道名称、防火墙性质、防火墙内外瓦斯浓度、一氧化碳浓度、二氧化碳浓度、气体温度、防火墙内涌水温度、防火墙内外空气压差、空气流向和观测人及观测时间等。

二、巷道帮顶防火墙的施工

井下实际生产过程中,煤巷煤壁及煤巷高顶处经常发生自燃火灾,通防工必须根据实际情况,正确处理。处理时就要增加一项通风设施,即包帮顶门子防火墙。包帮顶门子密闭的作用是:将发火或有发火征兆的煤壁或煤巷高顶与巷道隔开,以保证巷道正常行车、行人及通风。包帮顶门子根据现场实际情况分为包顶门子和包帮门子。

1. 包顶门子的施工(图 14-3)

当煤巷高顶有发火预兆时,一般采用包顶充砂或充其他阻燃物,控制火情及防治自然发火。

具体施工要求如下:在进行包顶门子施工时,要认真分析火情及现场情况,尽可能判断出火情范围,一般采用挖掘法清除浮煤。清除浮煤时,要注意人身安全,特别是必须认真检查瓦斯及一氧化碳、二氧化碳含量,只有有害气体不超限时方可作业。清理浮渣时,人应处于入风侧,用撬棍从底部一点一点将浮渣撬下。巷道断面大、冒顶较高时,必须搭人行梯子进行作业。找高顶浮煤时,要做好自主保安工作,进入架棚上方作业时,要在架棚顶梁上部搭好过桥,并从人身体位置处先清净浮煤(岩石),然后逐步清净其他部位的浮煤(岩石)。只有清除所有浮煤(岩石)后方可进行包顶门子施工作业。

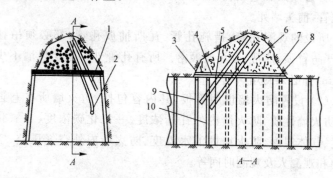

图 14-3 包顶门子施工示意图

1——泄水管;2——充填管;3——帘子外方木;4——帘子;5——帘子内方木;
6——充填物;7——帘子折边;8——棚梁;9——棚腿;10——加强支护

当巷道为铁棚子时,必须在铁梁上方搭上方木(方木规格、厚度不少于 20 mm,长、宽不限)或背板(预制品)均匀地固定在棚梁上,方木上部钉 1~2 层草帘子、荆条帘子或高粱秆帘子,帘子之间至少有 20 mm 搭边。帘子上方用木板条将帘子固定在方木的上面。方木必须与煤壁接触严密,煤壁松软时要做好柱窝。高顶底部与架棚四周必须用帘子堵塞严密,四周帘子上折长度不少于 300 mm。

在铺设帘子时应预先插好充填管、泄水管。充填管及泄水管要固定在高顶处(距最高点 200~300 mm)。帘子与管接触处,要堵塞严密,防止跑砂。若支护间距较大、架棚质量差、高顶面积较大,可在铁棚之间重新架棚。

2. 包帮门子的施工

当煤巷帮壁有发火灾预兆时,一般采用包帮充砂或充其他阻燃物(凝胶、石膏、绝缘脂等),目的是控制火情及防治自然发火。

　　具体施工要求如下：在进行包帮门子施工时，一般应采用挖掘清除欲燃浮煤。若煤巷浮渣较多，帮顶难以控制时（浮渣深度较大、顶板下沉较大），应采用煤壁与巷道隔开方法，即将原架棚横木刹杆去净，重新给上拌子或方木，拌子或方木紧紧靠在原支护与新棚之间。包帮门子两端四周棚子与煤壁之间必须堵严，若帮顶较深，端头应设木抬棚，将原端头架棚包上，在抬棚与原架棚之间设好立柱，钉好拌子或方木，钉好帘子。帘子上下、左右要有不少于 300 mm 的折边，并与包帮所钉帘子接好。抬棚与煤壁口处用草帘子、荆条及高粱秆帘子堵塞严密，抬棚要设一定数量的撑木，撑木可固定在煤壁上或不包帮的原架棚上，包帮两端的原架棚不少于 4 根撑木，保证棚子稳定。

　　在钉帘子时，要事先插好充填管、泄水管道。充填管及泄水管道要固定在包帮门子的最高顶处，距高顶顶板 150～200 mm。施工人员可根据包帮门子的规模来确定充填点的数量，但必须保证包帮门子全部充实充严。包帮门子中所设的充填管、泄水管与帘子之间接口处必须用草帘子或高粱秆帘子堵塞严密，包帮门子完工后要清干净排水沟，保证水沟畅通无阻；若用泵排水时，要事先设好泵及排水管路。将备用的材料码放整齐或清净运走，为防止充填过程中出现跑砂事故，应备有足够数量的拌子、木条及帘子等。

三、混合型耐爆防火墙的构建

　　混合型耐爆防火墙要求砌筑特别坚硬且有缓冲作用，常见混合型耐爆防火墙有如下几种：

　　（1）由 2～3 道用砖和黏土砌成的耐爆防火墙。每两墙之间堵塞碎岩石或惰性材料，充填带长度应为 5～10 m。

　　（2）砖墙—板闭—水砂充填式耐爆防火墙，如图 14-4 所示。

　　砂段耐爆防火墙由两道过滤加固木板挡墙，中间用水砂充填形成防爆墙，如图 14-5 所示。

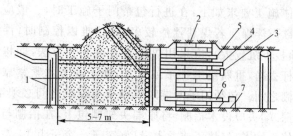

图 14-4　砖墙—板闭—水砂充填式耐爆防火墙

1——木板密封;2——砖墙;3——充填管;

4——观测孔;5——注浆管;6——放水管;7——反水池

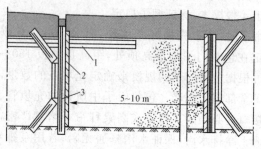

图 14-5　砂段耐爆防火墙

1——水砂充填;2——滤砂挡墙;3——支柱

　　这两种耐爆防火墙适合有水砂充填设备或管路系统的矿井应用。如有黄泥灌浆管路也可用黄泥取代水砂砌筑耐爆防火墙。

　　(3) 砂袋—砖墙充填式耐爆防火墙(图 14-6)。先砌砂袋密闭,长度不小于 5 m,然后砌砖墙,同时用砂、碎石等材料充填两密闭之间的空间。

　　(4) 石膏耐爆防火墙。它与水砂充填式耐爆防火墙相似,只是把充砂变成充石膏。这是近年来新采用的密闭方法(图 14-7)。此方法具有砌筑时间快、早期强度高和密闭性能好等优点。

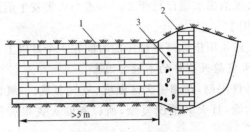

图 14-6　砂袋—砖墙充填式耐爆防火墙

1——砖墙;2——砂袋密闭;3——砂石

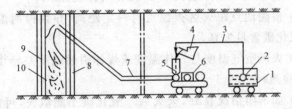

图 14-7　注浆密封工艺系统

1——水车;2——潜水泵;3——供水管;4——螺旋供料器;5——搅拌器;
6——注浆泵;7——输浆管;8——外侧模板;9——内侧模板;10——石膏墙

第二节　火灾的熄灭与火区启封

一、火灾的熄灭

(一)火灾熄灭的条件

《规程》规定:火区同时具备下列条件时,方可认为火已熄灭。

(1)火区内空气温度下降到 30 ℃以下,或与火灾发生前该区的日常空气温度相同。

(2)火区内空气中的氧气浓度下降到 5.0%以下。

(3)火区内空气中不含有乙烯、乙炔,一氧化碳浓度在封闭时间内逐渐下降,并稳定在 0.001%以下。

（4）火区的出水温度低于 25 ℃，或与火灾发生前该区的日常出水温度相同。

（5）上述 4 项指标持续稳定的时间在 1 个月以上。

（二）火灾熄灭条件的不确定因素

由于条件限制，在测量火区温度、氧气含量、一氧化碳浓度大都在火区边缘，且火区情况复杂，所以判断火灾熄灭条件仍有不确定因素。

（1）由于多种原因，如火区内煤层瓦斯涌出量大，焦炭对一氧化碳的吸附作用等会造成火区 O_2、CO 气体成分下降。

（2）检测地点距火区火源点有一定距离，导致检测温度，氧气、一氧化碳含量失真。

（3）火区空气温度与岩体温度或煤体引燃温度差异较大，导致温度检测"失真"。

（4）如密闭情况良好，灭火后一氧化碳不能散失，可能长期存在。

二、火区的启封

经观测后，达到火灾熄灭的条件后，确认火源已经熄灭后，制订启封安全措施，经有关部门批准后，可以启封火区。启封火区工作一般由救护队完成。

（一）启封火区的准备工作

（1）要有完善的安全措施。

（2）对参加启封人员进行专项培训。

（3）启封失败后的应对措施及重新封闭火区的材料和工具。

（4）打开密封的程序。

（二）启封火区的方法

1. 通风启封火区法

一般在火区面积不大，复燃可能性较小时采用一次性打开火区的办法。顺序如下：

（1）使用局部通风机风筒、风障对防火墙进行通风。

（2）确定有害气体排放路线，撤出此路线上及邻近区的人员，并切断路线上的电源。

（3）打开一个出风侧密闭，打开方法是先打一个小孔无危险后逐渐扩大，严禁一次全部拆除密闭。

（4）观察一段时间，无异常现象且稳定后，从进风侧小断面打开密闭（如有问题时，立即重新封闭）。

（5）当火区瓦斯排放一定时间后，相继打开其他进回风密闭。

注意事项：① 开启密闭时，应估计到有火区瓦斯、二氧化碳等有害气体涌出；② 打开进、回侧密闭后短期内要采取强力通风以迅速降低火区内的瓦斯浓度，预防瓦斯爆炸，应把人员撤到安全地点，至少等 1 h，再派人进入火区进行清理工作，喷水降温，挖除发热的煤炭等；③ 排放火区内的瓦斯，应控制在《规程》允许浓度以内。

2. 锁风启封火区法

如果火区范围较大，长期封闭，可能积存大量瓦斯，且火区是否完全彻底熄灭尚难断定时，可采用分段打开火区的方法——锁风法。锁风启封火区就是在保持火区密闭的情况下，由外向里、向火源逐段移动密闭位置缩小火区，进入火源，实现火区全部启封的过程。

如图 14-8 所示。首先在火区进风侧原有防火墙 1 的外面5～6 m 的地方，构筑带门的临时防火墙 3，救护队员佩戴仪器进入，风门关闭，形成一个封闭的空间，再打开原防火墙 1，进入火区侦察。根据火区实际情况，当情况允许时，在防火墙里边适当地点，重新建立带风门临时防火墙 2，才能打开原防火墙 1。然后用局部通风机 5 作压入式通风，排出 1～2 区段内积存的有害气体，并加固支架。恢复通风后，观测火区无异常，然后逐段进行，逼近发火地点。火区要求始终处于封闭、隔绝状态。

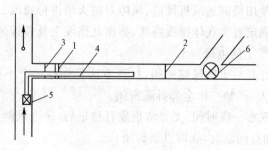

图 14-8 锁风法启封火区

1——原防火墙；2、3——临时防火墙；4——风筒；5——局部通风机；6——火源

注意事项：① 锁风工作必须在无爆炸危险的条件下进行；② 锁风作业时，要有专人对封闭区内的情况进行监测，发生异常情况，如密闭处风流方向有变化，烟雾增大等，应立即停止作业，撤出人员，进行观察，无危险后方可重新进入火区。

无论采用哪种启封火区的方法，在工作过程中都要经常检查火区气体，如果发现有火灾复燃征兆，要及时处理。

参 考 文 献

[1] 王德明. 矿井通风安全理论与技术[M]. 徐州:中国矿业大学出版社,1999.

[2] 刘志成. 通防工[M]. 北京:煤炭工业出版社,2004.

[3] 许瑞祯,郁建明,等. 通防工[M]. 北京:煤炭工业出版社,1997.

[4] 韩宏杰,顾孔利. 通防工(B类)[M]. 徐州:中国矿业大学出版社,2002.

[5] 国家安全生产监督管理总局宣传教育中心. 矿井通防工[M]. 徐州:中国矿业大学出版社,2009.

[6] 张国枢. 矿井实用通风技术[M]. 北京:煤炭工业出版社,1992.

[7] 徐海云. 煤矿安全[M]. 北京:煤炭工业出版社,1988.

[8] 国家煤矿安全监察局人事培训司. 矿井瓦斯防治(A类)[M]. 徐州:中国矿业大学出版社,2002.

[9] 国家煤矿安全监察局人事培训司. 矿尘防治[M]. 徐州:中国矿业大学出版社,2002.

[10] 徐永圻. 采矿学[M]. 徐州:中国矿业大学出版社,2003.

[11] 煤炭工业职业技能鉴定指导中心. 矿井通风工[M]. 北京:煤炭工业出版社,2010.

[12] 国家安全生产监督管理总局,国家煤矿安全监察局. 煤矿安全规程[M]. 北京:煤炭工业出版社,2011.

[13] 吴中立. 矿井通风与安全[M]. 徐州:中国矿业大学出版

社,1997.

[14] 宁尚根. 矿井通风与安全[M]. 北京:中国劳动社会保障出版社,2006.

[15] 全国职业培训教学工作指导委员会煤炭专业委员会. 矿井通风与安全[M]. 北京:煤炭工业出版社,2008.

[16] 胡献伍,戴保华,王浩. 矿井通风与安全检测仪器仪表[M]. 北京:煤炭工业出版社,2007.

[17] 严建华. 矿井通风技术[M]. 北京:煤炭工业出版社,2009.

[18] 俞启香. 矿井瓦斯防治[M]. 徐州:中国矿业大学出版社,1990.

[19] 张国枢. 通风安全学[M]. 徐州:中国矿业大学出版社,2007.